"十二五"职业教育国家规划教材
经全国职业教育教材审定委员会审定

高职高专艺术设计专业"互联网+"创新规划教材

Premiere Pro 2020
影视后期制作
（第 3 版）

主　编　伍福军　张巧玲　董金月
主　审　陈公凡

U0195007

北京大学出版社
PEKING UNIVERSITY PRESS

内 容 简 介

本书根据编者多年的教学实践经验和对学生实际情况的了解而编写，书中精心挑选了几十个经典案例进行详细讲解，并通过与这些案例配套的练习来巩固相应的知识点和操作技能。本书注重理论与实践的结合，将设计案例的制作过程与理论相结合进行讲解。

本书内容分为非线性编辑及镜头语言运用、后期剪辑基础操作、丰富的视频过渡效果、神奇的视频效果、强大的音频效果、后期字幕制作、综合案例制作和专题训练八部分内容。编者将 Premiere Pro 2020 的基本功能和最新功能融入案例，读者可以边学边练，既能掌握软件功能，又能尽快进行实际操作。

本书既可作为高职高专院校及中等职业院校计算机专业教材，也可作为影视后期制作人员与爱好者的参考书。

图书在版编目 (CIP) 数据

Premiere Pro 2020 影视后期制作 / 伍福军，张巧玲，董金月主编 . —3 版 . —北京：北京大学出版社，2021.7

高职高专艺术设计专业"互联网 +"创新规划教材

ISBN 978-7-301-32294-9

Ⅰ . ① P… Ⅱ . ①伍… ②张… ③董… Ⅲ . ①视频编辑软件—高等职业教育—教材 Ⅳ . ① TN94

中国版本图书馆 CIP 数据核字（2021）第 131897 号

书　　　名	Premiere Pro 2020 影视后期制作（第 3 版）
	Premiere Pro 2020 YINGSHI HOUQI ZHIZUO（DI-SAN BAN）
著作责任者	伍福军　张巧玲　董金月　主编
策 划 编 辑	孙　明
责 任 编 辑	翟　源
数 字 编 辑	金常伟
标 准 书 号	ISBN 978-7-301-32294-9
出 版 发 行	北京大学出版社
地　　　址	北京市海淀区成府路 205 号　100871
网　　　址	http://www.pup.cn　　新浪微博：@ 北京大学出版社
电 子 邮 箱	编辑部 pup6@pup.cn　总编室 zpup@pup.cn
电　　　话	邮购部 010-62752015　发行部 010-62750672　编辑部 010-62750667
印 刷 者	三河市博文印刷有限公司
经 销 者	新华书店
	889 毫米 ×1194 毫米　16 开本　21.5 印张　680 千字
	2019 年 12 月第 1 版　2015 年 6 月第 2 版
	2021 年 7 月第 3 版　2024 年 1 月第 3 次印刷
定　　　价	59.00 元

第 3 版前言

本书是在前版本的基础上，根据编者多年的教学经验和对学生实际情况的了解编写而成的。编者精心挑选了几十个经典案例进行详细讲解，并通过这些案例的配套练习来巩固所学的内容，通过实际操作与理论分析相结合的编写方式，让学生在实际案例的制作过程中既提高了设计思维能力，又掌握了理论知识。同时，扎实的理论知识又为实际操作奠定了坚实的基础。使学生每做完一个案例就会有所收获，从而提高学生的动手能力与学习兴趣。

本书的编写体系进行了精心设计，按照"案例内容简介→案例效果欣赏→案例制作（步骤）流程→制作目的→制作前需要解决的问题→详细操作步骤→拓展训练"这一思路编排，从而达到以下效果。

（1）通过案例内容简介，使学生了解案例制作的基本情况。

（2）通过案例效果欣赏，提高学生的积极性和主动性。

（3）通过案例制作（步骤）流程，使学生在制作前了解整个案例的制作流程、案例用到的知识点和制作大致步骤。

（4）通过制作目的，使学生了解通过该案例的学习需要达到的目的。

（5）通过制作前需要解决的问题，使学生了解在制作之前需要具备的基础知识和基本技能。

（6）通过详细操作步骤，使学生了解整个案例制作过程中需要注意的细节、方法以及技巧。

（7）通过拓展训练，使学生对所学知识进一步巩固、加强和提高知识迁移能力。

本书的具体知识结构如下：

第 1 章 非线性编辑及镜头语言运用：主要介绍线性编辑与非线性编辑、镜头技巧及组接方法、电影蒙太奇和 Premiere Pro 2020 新增功能。

第 2 章 后期剪辑基础操作：通过 6 个案例介绍 Premiere Pro 2020 的相关基础知识。

第 3 章 丰富的视频过渡效果：通过 5 个案例介绍视频过渡效果的创建、参数设置和过渡效果的作用。

第 4 章 神奇的视频效果：通过 10 个案例来介绍视频效果的创建及参数设置。

第 5 章 强大的音频效果：通过 6 个案例全面介绍音频素材的剪辑、音频过渡效果的添加和参数设置、音频特效的创建和参数设置以及 5.1 声道音频文件的创建等相关知识。

第 6 章 后期字幕制作：通过 4 个案例全面介绍字幕的创建、滚动字幕的制作和各种图形的绘制方法与技巧。

第 7 章 综合案例制作：通过 5 个案例对前面所学知识进行综合运用和巩固。

第 8 章 专题训练：通过对《MTV——世上只有妈妈好》专题片案例的讲解，全面介绍使用 Premiere Pro 2020 制作 MTV 和专题片的创作思路、流程、使用技巧和节目的最终输出等知识。

广东省岭南工商第一技师学院院长陈公凡对本书进行了全面审阅和指导，广东省岭南工商第一技师学院影视动画专业教师伍福军编写了第 2 章、第 7 章和第 8 章，广东省岭南工商第一技师学院影视动画专业教师张巧玲编写了第 1 章、第 3 章和第 6 章，广东省岭南工商第一技师学院计算机专业教师董金月编写了第 4 章和第 5 章。

本书的每一章都配有 Premiere Pro 2020 影视效果文件、节目源文件、PPT 课件、教学视频和素材文件等。

由于编者水平有限，疏漏和不当之处在所难免，敬请广大读者批评指正。如有需要本书相关资源或疑问请与出版社或编者联系（电子信箱：281573771@qq.com）。

伍福军

2021 年 1 月 28 日于广州

【资源索引】　　　　　【全书案例效果图】

目　　录

第1章
非线性编辑及镜头语言运用

知识点

　　案例 1：线性编辑与非线性编辑

　　案例 2：镜头技巧及组接方法

　　案例 3：电影蒙太奇

　　案例 4：Premiere Pro 2020 新增功能

说　明

　　本章通过 4 个案例详细介绍线性编辑与非线性编辑及非线性编辑与 DV、镜头技巧与镜头组接方法、电影蒙太奇的概念与作用，以及 Premiere Pro 2020 的新增功能。

教学建议课时数

　　一般情况下需要 4 课时，其中理论 2 课时，实际操作 2 课时（特殊情况可做相应调整）。

思维导图

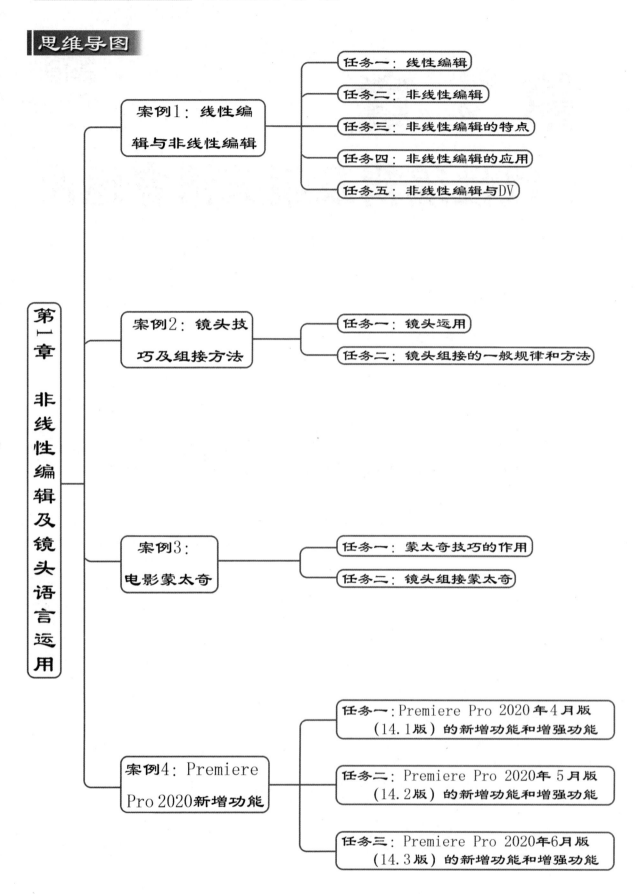

第一章 非线性编辑及镜头语言运用

案例1：线性编辑与非线性编辑
- 任务一：线性编辑
- 任务二：非线性编辑
- 任务三：非线性编辑的特点
- 任务四：非线性编辑的应用
- 任务五：非线性编辑与DV

案例2：镜头技巧及组接方法
- 任务一：镜头运用
- 任务二：镜头组接的一般规律和方法

案例3：电影蒙太奇
- 任务一：蒙太奇技巧的作用
- 任务二：镜头组接蒙太奇

案例4：Premiere Pro 2020新增功能
- 任务一：Premiere Pro 2020年4月版（14.1版）的新增功能和增强功能
- 任务二：Premiere Pro 2020年5月版（14.2版）的新增功能和增强功能
- 任务三：Premiere Pro 2020年6月版（14.3版）的新增功能和增强功能

本章主要介绍线性编辑的概念、非线性编辑的概念、非线性编辑与 DV 的关系、镜头运用的技巧和影视后期组接的方法。通过本章的学习使读者初步认识线性编辑和非线性编辑的含义，蒙太奇的概念和蒙太奇在视频编辑中的作用，以及 Premiere Pro 2020 的新增功能。

案例 1：线性编辑与非线性编辑

一、案例内容简介

本案例主要介绍线性编辑、非线性编辑、非线性编辑的特点和非线性编辑的应用。

【案例 1　简介】

二、案例效果欣赏

本案例为理论，无效果图。

三、案例制作（步骤）流程

任务一：线性编辑➡任务二：非线性编辑➡任务三：非线性编辑的特点➡任务四：非线性编辑的应用➡任务五：非线性编辑与 DV

四、制作目的

（1）了解线性编辑和非线性的概念。
（2）了解线性编辑和非线性编辑的特点。
（3）掌握线性编辑与非线性编辑之间的联系与区别。
（4）了解非线性编辑的应用。

五、制作前需要解决的问题

（1）需要有良好的网络环境，提供资料查询。
（2）视听语言基础知识。
（3）摄影基础知识。
（4）Photoshop 基础知识。
（5）DV 的概念。

六、详细操作步骤

影视后期剪辑已经从早期的模拟视频的线性编辑时代完全转到数字视频的非线性编辑时代，这是影视后期剪辑的革命性飞跃，从专业时代走向大众化时代。

任务一：线性编辑

线性编辑是指录像机通过机械运动使磁头以 25 帧 / 秒的模拟视频信号顺序记录在磁带上，然后再寻找下一个镜头，接着进行记录工作，通过一对一或二对一的台式编辑机将母带上的素材剪接成第二版的完成带。使用这种编辑方法，在编辑时也必须按顺序寻找所需要的视频画面。

【任务一：线性编辑】

使用线性编辑无法在已有的画面之间插入一个镜头，也无法删除一个镜头，除非把这之后的全部画面重新录制一遍。

使用线性编辑的效率非常低，现在已经被淘汰，因为这种编辑方法常常因为一个小小的细节而前功尽弃。使用这种编辑方法，在一般情况下，常常以牺牲节目质量为代价而省去重新编辑的麻烦。

视频播放：具体介绍，请观看配套视频"任务一：线性编辑.mp4"。

【任务二：非线性编辑】

任务二：非线性编辑

非线性编辑是指应用计算机图像技术，在计算机中对各种原始素材进行反复的编辑操作而不影响节目和素材的质量，把最终编辑好的结果输出到存储介质（计算机硬盘、磁带、录像机或光盘）上的一系列完整的工艺过程。

非线性编辑基本上是以计算机为载体的数字技术设备代替传统制作工艺中需要十几套机器才能完成的影视后期剪辑合成，以及其他特技的制作。

非线性编辑的优势主要体现在以下几点。

（1）素材被数字化存储在计算机硬盘上，存储的位置是并列平行的，与原始素材输入到计算机时的先后顺序无关。

（2）可以对存储在硬盘上的数字化音视频素材进行随意的排列组合。

（3）可以方便快捷地随意修改而不损坏图像质量。

随着科学技术的进步，非线性编辑系统的硬件高度集成化和小型化，将传统的线性编辑制作系统中的字幕机、录像机、录音机、编辑机、切换机和调音台等外部设备集成到一台计算机中。现在用户使用一台普通的计算机并配合相应的后期制作软件，在家里就可以完成影视节目的后期剪辑。

> **视频播放：** 具体介绍，请观看配套视频"任务二：非线性编辑.mp4"。

【任务三：非线性编辑的特点】

任务三：非线性编辑的特点

非线性编辑的特点主要有以下几方面。

（1）非线性编辑是对数字视频文件的编辑和处理，与其他文件的处理方法相同，在计算机中可以随意进行编辑和重复使用而不影响质量。

（2）在非线性编辑过程中只是对编辑点和特技效果的记录，所以在剪辑过程中随意修改、复制和调动画面前后顺序而不影响画面的质量。

（3）可以对采集的素材文件进行实时编辑和预览。

（4）非线性编辑系统功能高度集成化，设备小型化，可以和其他非线性编辑系统及个人计算机实现网络资源共享。

> **视频播放：** 具体介绍，请观看配套视频"任务三：非线性编辑的特点.mp4"。

【任务四：非线性编辑的应用】

任务四：非线性编辑的应用

非线性编辑其实就是制作影视节目的一个工具，是把编导人员的想法变为现实的途径。

1. 非线性编辑的种类

非线性编辑大致可以分为以下三类。

（1）娱乐类，主要面对家庭用户。

（2）准专业类，主要面对小型电视台、专业院校、广告公司和商业用户等。

（3）专业级配置，主要面对大中型电视台和广告公司等。

2. 非线性编辑的组成

随着科学技术的发展，各种硬件设备的升级和非线性软件的更新，曾经高档的非线性编辑设备，现在都处于被淘汰的边缘。不过，无论哪个品牌，哪种型号，非线性编辑系统始终由三个部分组成，即计算机主机、广播级视频采集卡和非线性编辑软件。

> **视频播放：** 具体介绍，请观看配套视频"任务四：非线性编辑的应用.mp4"。

任务五：非线性编辑与 DV

在本任务中将非线性编辑与数字摄像机（DV）放在一起来介绍，并非说它们归属于同一个系统，而是因为，DV 是收集素材最快捷的途径，为影视后期制作带来了极大的方便。DV 逐渐替代各种专业摄像机是影视行业的一个发展趋势，也是影视编辑进入普通家庭的最好途径。

【任务五：非线性编辑与 DV】

影视后期编辑所涉及的内容非常广泛，并不是熟练掌握某个软件就完全足够的。我们学习后期编辑软件的目的是为了制作出好的影视作品，要达到这一目的，除了熟练掌握后期制作软件之外，还必须了解与影视后期制作相关的知识。

随着科学的发展，数码技术的不断成熟，DV 已进入普通家庭，这为广大影视爱好者提供了丰富的素材来源，在这里主要针对前期拍摄和后期制作注意事项对 DV 做一个大致的介绍。

我们经常看到很多 DV 爱好者拿着 DV 漫无目的地拍摄，这样不仅浪费时间、精力和资源，也会影响良好拍摄习惯的养成。作为一个后期编辑人员来说，在每次拿起摄像机拍摄之前，首先应该考虑这次拍摄的目的和用途，建议把精力多花在拍摄前的酝酿和准备阶段，拍摄时就会有的放矢、事半功倍，这样才能收集到高质量的素材，给后期剪辑工作带来方便。对于所有 DV 爱好者来说，认识到这一点尤其重要。

视频播放： 具体介绍，请观看配套视频"任务五：非线性编辑与 DV.mp4"。

七、拓展训练

根据所学知识完成如下作业。

（1）上网了解非线性编辑的特点。

（2）非线性编辑的应用领域有哪些？

（3）非线性编辑的发展前景。

（4）非线性编辑与 DV 之间的关系。

【案例 1：拓展训练】

学习笔记：

学习笔记：

案例2：镜头技巧及组接方法

【案例2 简介】

一、案例内容简介

本案例主要介绍各种镜头的概念、作用、应用场合，镜头的一般组接规律，镜头的技巧和组接方法。

二、案例效果欣赏

三、案例制作（步骤）流程

任务一：镜头运用 ➡ 任务二：镜头组接的一般规律和方法

四、制作目的

（1）了解镜头的概念和叙述方式。

（2）掌握各种镜头的作用和应用。

（3）掌握镜头的一般组接规律、方法和技巧。

五、制作前需要解决的问题

（1）视听语言基础知识。

（2）轴线的概念。

（3）越轴镜头的概念和应用。

六、详细操作步骤

镜头是构成影片的最小单位。从拍摄的思维角度来说，镜头是连续拍摄的一段视频画面，是电影的一种表达方式。

任务一：镜头运用

在很大程度上，电影语言是指镜头的运用。在文学写作当中，常用倒叙、顺序、插叙等方法叙事，这些方法运用到电影当中，就称为蒙太奇。蒙太奇的运用实际上是指镜头的运用。

【任务一：镜头运用】

1. 推镜头

（1）推镜头的两种叙述方式。

① 被摄对象固定，将摄像机由远而近推向被摄对象。

② 通过变焦距的方式，使画面的景别发生由小到大的连续变化。

使用推镜头可以模拟一个前进的角色观察事物的方式。在推镜头的过程中，被摄对象面积越来越大，逐渐占据整个画面，如图 1.1 所示。

图 1.1　推镜头的画面截图效果

（2）推镜头的主要作用。

① 用来引导观众的视线，凸显全局中的局部，整体中的细节，以此强调重点形象或者突出某些重要的戏剧元素。

② 模拟从远处走近角色的主观视线或者注意中心的变化，给观众身临其境的感受。

③ 给观众的视觉感受是主体越来越近，主体的动作和情绪表达也越来越清晰，观众与表演者的距离缩短，更容易走近角色内心。

2. 拉镜头

（1）拉镜头的两种叙述方式。

① 被摄对象固定，将摄像机逐渐远离被摄对象。

② 运用变焦距的方式，使画面的景别发生由大到小的连续变化。

使用拉镜头可以模拟一个远离的角色观察事物的方式，在拉镜头的过程中，被摄对象面积越来越小，如图 1.2 所示。

图 1.2　拉镜头的画面截图效果

（2）拉镜头的主要作用。

① 表现镜头主体与环境的关系。

② 表现角色精神的崩溃。

③ 用来表现主角退出现场。

3. 摇镜头

（1）摇镜头的叙述方式。

摇镜头是指摄像机位置不变，摄像机镜头围绕被摄对象做各个方向、各种形式的摇动拍摄得到的运动镜头形式。

摇镜头主要用来表现环顾周围环境的空间展现方式，如图1.3所示。

图 1.3 摇镜头的画面截图效果

（2）摇镜头的作用。

① 展示广阔空间。

② 模拟角色主观视线。

③ 变换镜头主体。

④ 辅助角色位移表现场面调度。

⑤ 表现主体运动。

4. 移镜头

（1）移镜头的叙述方式。

移镜头是指在被摄对象固定，焦距不变的情况下，摄像机做某个方向的平移拍摄。移镜头主要用来代表角色的主观视线，也可以作为导演表达创作意图的工具。

移镜头主要包括横移、竖移、斜移、弧移、前移、后移和跟移，如图1.4所示，是一组横移和弧移镜头。

图 1.4 移镜头的画面截图效果

（2）移镜头的作用。

① 展现连续空间的丰富细节。

② 使用前移和后移镜头来展现多层次空间。

③ 展现场景，引出叙事。

④ 辅助场景转换。

5. 甩镜头

（1）甩镜头的叙述方式。

甩镜头也称扫镜头是指从一个对象飞速摇向另一个对象，如图1.5所示。

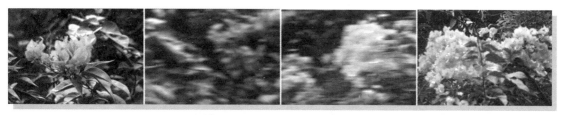

图 1.5　甩镜头的画面截图效果

（2）甩镜头的作用。

① 增强视觉变化的突然性和意外性。

② 表达紧张和激烈的影片气氛。

③ 连接两个镜头，使两个镜头连接在一起而不露剪辑痕迹。

6．跟镜头

（1）跟镜头的叙述方式。

跟镜头是指摄像机镜头与被摄对象的运动方向一致且保持等距离运动。跟镜头能保持被摄对象的运动过程的连续性与完整性，如图 1.6 所示。

图 1.6　跟镜头的画面截图效果

（2）跟镜头的作用。

① 展现角色运动的同时，表现角色的形态和神态。

② 引出新场景。

7．旋转镜头

（1）旋转镜头的叙述方式。

旋转镜头是指机位不动，旋转拍摄或者是摄像机围绕被摄物体旋转拍摄，如图 1.7 所示。

图 1.7　旋转镜头的画面截图效果

（2）旋转镜头的作用。

① 表现角色眼中形象的变化。

② 表达画面后的情绪或者思想。

③ 增强艺术感染力。

8．晃动镜头

（1）晃动镜头的叙述方式。

晃动镜头是指摄像机做前后、左右的摇摆，如图1.8所示。

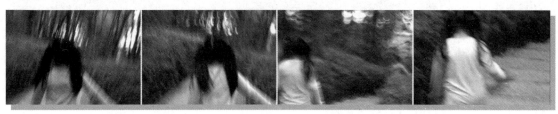

图1.8　晃动镜头的画面截图效果

（2）晃动镜头的作用。

①模拟乘车、乘船、地震等效果。

②表示头晕、精神恍惚等主观感受。

视频播放：具体介绍，请观看配套视频"任务一：镜头运用.mp4"。

【任务二：镜头
组接的一般规律
和方法】

任务二：镜头组接的一般规律和方法

视频编辑的主要任务是将镜头按照一定的排列次序组接起来，使镜头能够延续并使观众能够看出它们是融合的完整统一体。要达到这一点，在视频编辑中一定要遵循镜头的发展和变化的规律。

镜头的发展和变化规律主要有如下几点。

1. 符合人的思维方式和影视表现主题

要使观众看懂你的影视作品并满足观众的心理要求，镜头的组接一定要符合生活逻辑和思维逻辑，而且影视节目的主题与中心思想要明确。

2. 景别的变化要"循序渐进"

在拍摄过程中要注意，有两种方式不宜用于后期组接：一是在拍摄一个场景的时候，景别的发展过分剧烈；二是景别的变化不大，而且拍摄角度变化也不大。

作为一个摄影师在拍摄的过程中一定要遵循景别的发展变化规律，循序渐进地变换镜头。

在视频编辑中一定要注意，同一机位，同景别又同一个主题的画面不能组接在一起。因为它们之间的景别变化小，角度不大，一幅幅画面看起来雷同，接在一起就像同一个镜头在不断地重复。如果画面中的景物稍有变化，就会在人的视觉中产生跳动或者使人感觉一个长镜头被剪断了好多次，破坏了画面的连续性。

3. 拍摄方向和轴线规律

在视频编辑中要遵循轴线规律，否则，两个画面接在一起主体对象会出现"撞车"现象。

在拍摄过程中，一般情况下，摄像师不能越过轴线，到另一侧进行拍摄。如果为了特殊表现的需要，在越轴的时候，也要使用过渡镜头，这样才不会使观众产生误会。

4. "动"接"动"，"静"接"静"

"动"接"动"是指画面中同一主题或者主体的动作是连贯的，可以动作接动作，达到流畅、简洁过渡的目的。

"静"接"静"是指两个画面中的主体运动是不连贯的，或者它们中间有停顿，那么这两个镜头的组接，必须在前一个画面主体做完一个完整动作停下来后，接入另一个从静止到开始的运动镜头。

为了表现特殊的需要，也可以"静"接"动"或"动"接"静"。这需要在实践中不断摸索和总结。

5. 镜头组接的时间长度

在视频编辑中，每个镜头的停滞时间长短不一定相同，要根据表达内容的难易程度，观众的接受情况和画面构图等因素来确定。例如，景别选择不同，包含在画面中的内容也不同。远景、中景等大景别的画面包含的内容比较多，观众需要看清楚这些画面中的内容，所需要的时间就相对要长。而对于近景、特写等小景别的画面，所包含的内容较少，观众只需要短时间就可以看清楚，所以画面停留的时间可以短一些。

即使在同一画面，亮度高的部分比亮度低的部分也更能引起人们的注意。因此，如果该画面要表现亮的部分时停滞时间应该短些，如果要表现暗的部分，停滞时间就应该长一些。在同一画面中，动的部分比静的部分更能引起人们的注意，如果要重点表现动的部分，画面停滞时间则要短些；表现静的部分，则画面停滞的时间应该稍微长一些。

6. 影调色彩的统一

在视频编辑中无论是黑白还是彩色画面的组接，都应该保持画面色调的一致性。如果把明暗或者色彩对比强烈的两个镜头组接在一起，就会使人感到生硬和不连贯，进而影响画面内容的表达。

视频播放：具体介绍，请观看配套视频"任务二：镜头组接的一般规律和方法.mp4"。

七、拓展训练

（1）各种镜头的叙述方式如何表达？

（2）各种镜头的作用是什么？

（3）镜头组接的一般规律和组接方法。

【案例 2：拓展训练】

学习笔记：

案例3：电影蒙太奇

一、案例内容简介

在本案例中主要介绍叙事蒙太奇和表现蒙太奇的概念和作用。

二、案例效果欣赏

本案例为理论，无效果图。

【案例3 简介】

三、案例制作（步骤）流程

任务一：蒙太奇技巧的作用➡任务二：镜头组接蒙太奇

四、制作目的

（1）了解蒙太奇的概念和分类。
（2）了解叙事蒙太奇的概念和作用。
（3）了解表现蒙太奇的概念和作用。

五、制作前需要解决的问题

（1）调节【首选项】参数对话框的原因。
（2）在参数调节过程中需要注意的事项。
（3）各项参数的作用和调节方法。

六、详细操作步骤

蒙太奇来自法文 Montage 的音译，意为装配和构成，本来是建筑学的词汇，苏联蒙太奇学派大师库里肖夫首先将其运用于电影艺术，并且沿用至今。在无声电影时代，蒙太奇表现技巧和理论的内容只局限于画面之间的组接，到了有声电影时代，影片的蒙太奇表现技巧和理论又包括了声画蒙太奇和声声蒙太奇的技巧和理论。

任务一：蒙太奇技巧的作用

一部影片成功与否的重要因素之一就是蒙太奇组接镜头和音效的技巧。蒙太奇的作用主要表现在以下几个方面。

【任务一：蒙太奇技巧的作用】

（1）表达寓意，创造意境。
（2）选择和取舍，概括与集中。
（3）引导观众注意力，激发联想。
（4）创造荧幕上的时间概念。
（5）使影片画面形成不同的节奏。

视频播放：具体介绍，请观看配套视频"任务一：蒙太奇技巧的作用.mp4"。

任务二：镜头组接蒙太奇

镜头组接蒙太奇在不考虑音频效果和其他因素的情况下，根据表现形式可分为两大类：叙事蒙太奇和表现蒙太奇。

【任务二：镜头组接蒙太奇】

1. 叙事蒙太奇

叙事蒙太奇是以镜头、场景或者段落的连接展现影片情节的蒙太奇形态。一般是以时间或者故事逻辑为线索展现一个或者几个空间内的故事，叙事蒙太奇主要分为连续蒙太奇、平行蒙太奇、交叉蒙太奇、颠倒蒙太奇、复现蒙太奇和错觉蒙太奇。

（1）连续蒙太奇，是以时间为顺序维度，由始至终地组织镜头、场景或者段落。在实际运用中，它通常与平行蒙太奇、交叉蒙太奇结合使用。

（2）平行蒙太奇，在很多影片中，故事的发展要通过两条甚至更多条线索的并列表现和分头叙述展现完整的故事。

（3）交叉蒙太奇，是平行蒙太奇的发展。交叉蒙太奇中同样是几条线索的共同叙事，与平行蒙太奇相比，几条线索除了有严格的同时性之外，更注重线索间的影响和关联，即其中一条线索的发展必定决定或影响其他线索的发展。

（4）颠倒蒙太奇，对应的是文学作品中的插叙或者倒叙方式，它将故事发展的时间顺序打乱重组，将现在、过去、回忆、幻觉的时空有机地交织在一起，通常用于特定叙述需要。

（5）复现蒙太奇，是指将具有戏剧因素的某种形象或者镜头画面在剧情发展的关键时刻反复出现于影片之中，既构成影片的内在情节结构，又是情绪上的强调。

（6）错觉蒙太奇，是指在影片叙事中先故意让观众猜测到情节的必然发展，然后突然揭示出与观众猜测恰好相反的结局。这样的目的是突出影片的戏剧效果。

2. 表现蒙太奇

表现蒙太奇是以镜头的连续展现影片情感或者寓意的蒙太奇形态。表现蒙太奇不同于叙事蒙太奇可以在镜头、场景和段落间展现，而通常只是以镜头为单位进行组接表达某种含义，有时还可以通过一个镜头内的调度来表意。表现蒙太奇包括隐喻蒙太奇、对照蒙太奇、积累蒙太奇、抒情蒙太奇、心理蒙太奇、想象蒙太奇和声画蒙太奇。

（1）隐喻蒙太奇，是指通过两个或者两个以上镜头的并列，产生一种类似于文学中象征或者比喻的效果，表达影片暗示的潜在的思想情感。

（2）对照蒙太奇，也称对比蒙太奇，是通过镜头间的内容或者形式的强烈对比，表达创作者的某种寓意，或者强化影片内容、情绪。对照蒙太奇利用差异夸大矛盾，达到强烈的对比效果，令观众产生难忘的心理印象。

（3）积累蒙太奇，类似于文学中的排比句，将一系列性质相同或相近的镜头组接在一起，以镜头的积累表现某种场景。

（4）抒情蒙太奇，在影视制作中往往与叙事相结合，在影片叙事的框架内展现主人公的情绪或者感受。

（5）心理蒙太奇，是指通过镜头呈现角色内心世界变化的一种电影表现手法。

（6）想象蒙太奇，是指运用摄影表现手法的高度自由性和方便性，通过镜头画面的自由变化与切换表现影片主题，构成这个影片的镜头无需有逻辑上、情节上的关联，而只需要符合本影片的主题，表达最终的表现目的即可。

（7）声画蒙太奇，指的是声画结合共同达到叙事或表意功能的蒙太奇形态。在声画蒙太奇中，声音与画面一样也是构成影片内容的艺术因素之一。

视频播放： 具体介绍，请观看配套视频"任务二：镜头组接蒙太奇.mp4。

七、拓展训练

根据所学知识完成如下作业。

【案例 3：拓展训练】

（1）蒙太奇技巧的作用表现在哪些方面？

（2）什么叫做叙事蒙太奇？叙事蒙太奇的种类主要包括哪些？

（3）什么叫做表现蒙太奇？表现蒙太奇的种类主要包括哪些？

学习笔记：

案例 4：Premiere Pro 2020 新增功能

【案例 4　简介】

一、案例内容简介

本案例主要介绍 Premiere Pro 2020 新增功能。

二、案例效果欣赏

本案例为理论，无效果图。

三、案例制作（步骤）流程

　　任务一：Premiere Pro 2020 年 4 月版（14.1 版）的新增功能和增强功能➡任务二：Premiere Pro 2020 年 5 月版（14.2 版）的新增功能和增强功能➡任务三：Premiere Pro 2020 年 6 月版（14.3 版）的新增功能和增强功能

四、制作目的

了解 Premiere Pro 2020 新增功能基本情况。

五、制作前需要解决的问题

（1）Premiere Pro 的发展历史。
（2）视频编辑的基本概念。

六、详细操作步骤

任务一：Premiere Pro 2020 年 4 月版（14.1 版）的新增功能和增强功能

该版本的新增功能提供了灵活、可扩展的框架，用于组织多项目工作流。可将复杂工作流拆分为可管理的项目，以提高整体效率并使用共享本地存储进行协作。可以在 Premiere Pro 2020 内部的项目之间共享资源，而无需创建重复的文件。

【任务一：Premiere Pro 2020 年 4 月版（14.1 版）的新增功能和增强功能】

可以对项目中各个编辑人员进行分组，以提高组织能力和效率。大型项目（纪录片、电影、电视）可以拆分为多个卷或剧集，以便各个编辑人员根据自己的首选工作流，通过共享存储网络进行协作。

新增功能主要包括以下 3 项。

1. 项目锁定

使用 Premiere Pro 进行工作时，可以在编辑时锁定项目，以防止不必要的冲突。锁定的项目将以只读状态供其他用户使用，以便编辑人员复核彼此的工作，甚至从锁定的项目中复制一些内容，而无需请求项目所有者发布项目。

2. 跨项目引用

一个项目中的剪辑可以在作品中的其他任意项目中重复利用。这样可减少对于复制主剪辑的需求。避免复制主剪辑具有多种优点。
（1）只需管理一次主剪辑属性。
（2）单个项目文件大小可以保持较小的状态，这有助于保持较快的项目加载速度，从而节省时间。

3. 共享项目设置

项目设置包括暂存盘、GPU 渲染器和收录设置等重要设置。同步项目设置的好处是可以共享预览渲染文件。当某个序列由团队中的任何编辑人员进行了渲染后，它就会为打开该项目的所有其他编辑人员自动显示渲染结果，从而确保为每个人顺畅回放并为团队节省时间。

视频播放：具体介绍，请观看配套视频"任务一：Premiere Pro 2020 年 4 月版（14.1 版）的新增功能和增强功能.mp4"。

任务二：Premiere Pro 2020 年 5 月版（14.2 版）的新增功能和增强功能

该版本主要新增了 ProRes RAW 支持、图形改进、自动重构改进、硬件加速 H.264、HEVC 编码、自动更新音频设备（仅限 macOS）和用于添加特定标记颜色的键盘快捷键。

【任务二：Premiere Pro 2020 年 5 月版（14.2 版）的新增功能和增强功能】

1. ProRes RAW 支持

从摄像机媒体到交付，Premiere Pro 现在可为 Apple ProRes 工作流提供全方位的跨平台（Windows 和 macOS）解决方案。

2. 图形改进

Premiere Pro 现在可为使用钢笔工具的贝塞尔曲线提供更好的支持，并提供了一个用于筛选效果的全新选项，只显示包含关键帧或调节后参数的属性。在 Premiere Pro 中使用基本图形面板中的工具创建图形和字幕时，可大幅提升工作效率。

3. 自动重构改进

使用"自动重构"可将视频序列的分析速度最高提升四倍（具体程度取决于素材类型和计算机硬件）。在 Adobe Sensei 机器学习技术支持下，"自动重构"可自动调整视频的格式并调整视频在不同长宽比（如方形和纵向视频）内的位置，以便您为不同的观看平台提供进行针对性优化的视频。"自动重构"可加速对应的工作流，例如（需要针对移动观看平台配对横向和纵向文件）创建 Quibi 内容的工作流。

现在，使用"自动重构"效果编辑剪辑时，可以复制和编辑关键帧。利用此功能，可将它们与其他运动关键帧分开编辑。

4. 硬件加速 H.264 和 HEVC 编码

新增 Windows 平台上的 NVIDIA 和 AMD GPU 支持后，现在所有平台上都可使用 H.264 和 H.265（HEVC）硬件编码。这意味着，这些广泛使用的格式，在各平台上可实现趋向一致的导出加速。

5. 自动更新音频设备（仅限 macOS）

将 macOS 上的"音频硬件"偏好设置为"系统默认"，以在操作系统音频设备设置发生变化时随之切换，例如连接耳机或 AirPods 或插入 USB 麦克风时，可以为输入和输出设备单独配置此设置，从而为不同的编辑环境提供更好的控制力和灵活性。

6. 用于添加特定标记颜色的键盘快捷键

可以通过将首选键映射到首选标记颜色来定义默认标记颜色。此外，还可为多个甚至所有标记颜色创建默认键盘快捷键。

视频播放： 具体介绍，请观看配套视频"任务二：Premiere Pro 2020 年 5 月版（14.2 版）的新增功能和增强功能.mp4"。

【任务三：Premiere Pro 2020 年 6 月版（14.3 版）的新增功能和增强功能】

任务三：Premiere Pro 2020 年 6 月版（14.3 版）的新增功能和增强功能

该版本新增了 Adobe Stock 音频、Afterburner 支持和新文件格式支持。

1. Adobe Stock 音频

Adobe Stock 正在推出全新的音频内容类别，提供需要获得许可的音乐曲目。可以通过 Premiere Pro 中的基本声音面板，从 Adobe Stock 搜索、下载许可免版税音频配乐。

2. Afterburner 支持

该功能只适用于 macOS，可以使用 Premiere Pro 搭配 Apple Afterburner 卡解码 ProRes 422 和 ProRes 4444 媒体（硬件解码而不是软件解码）。

提示： Afterburner 支持需要 Metal Renderer。使用其他渲染器对 ProRes 内容进行解码的项目，将使用软件解码而不是 Afterburner 硬件解码。要禁用 Afterburner 支持，在【首选项】→【媒体】→弹出对话框，在对话框中取消选择"启用硬件加速解码（需要重新启动）"首选项。禁用该首选项后，将关闭 Afterburner 支持，所有解码将使用软件解码。

3. 新文件格式支持

Premiere Pro 新增了支持以下文件格式。

（1）JPEG 2000 MXF 导出的高级比特率控件。

（2）导入 Canon EOS R5 素材（相机释放后）。

（3）导入 Canon EOS-1D X Mark III 素材。

（4）导入 RED Komodo 素材。

> **视频播放：**具体介绍，请观看配套视频"任务三：Premiere Pro 2020 年 6 月版（14.3 版）的新增功能和增强功能.mp4"。

七、拓展训练

根据本案例所学知识，利用网络，了解 Premiere Pro 的发展趋势、后续新增功能的作用和使用方法。

【案例 4：拓展训练】

学习笔记：

第2章

后期剪辑基础操作

知识点

案例1：后期剪辑流程

案例2：素材编辑的基本方法

案例3：运动视频效果制作

案例4：序列嵌套的使用方法

案例5：各种格式素材的导入

案例6：声画合成、输出与打包

说明

本章主要通过6个案例详细介绍视频编辑基本操作，这些操作是学习后面章节和进行作品创作的基础。读者要熟练掌握这些案例的操作步骤。

教学建议课时数

一般情况下需要10课时，其中理论4课时，实际操作6课时（特殊情况可做相应调整）

思维导图

第2章 后期剪辑基础操作

案例1：后期剪辑流程
- 任务一：制作流程
- 任务二：了解Premiere Pro 2020
- 任务三：了解Premiere Pro 2020的应用领域
- 任务四：了解素材收集的主要途径
- 任务五：创建新项目、序列和导入素材
- 任务六：添加背景音乐和视频剪辑
- 任务七：给视频轨道中两段素材之间添加过渡效果
- 任务八：项目输出

案例2：素材编辑的基本方法
- 任务一：创建新项目
- 任务二：Premiere Pro 2020的主要工具
- 任务三：工作界面切换和定制
- 任务四：自定义快捷键和删除快捷键
- 任务五：三点编辑和四点编辑
- 任务六：编辑视频轨道中的素材

案例3：运动视频效果制作
- 任务一：创建新项目和导入素材
- 任务二：将素材添加到视频轨道中
- 任务三：制作运动视频效果
- 任务四：添加音频文件、图片和调节透明度

案例4：序列嵌套的使用方法
- 任务一：创建新项目和导入素材
- 任务二：制作嵌套序列
- 任务三：进行序列文件嵌套
- 任务四：对嵌套序列进行抠像和添加音频

案例5：各种格式素材的导入
- 任务一：创建新项目
- 任务二：导入素材的方法
- 任务三：Premiere Pro 2020支持的文件格式
- 任务四：各种格式素材的导入方法
- 任务五：精彩瞬间

案例6：声画合成、输出与打包
- 任务一：创建新项目
- 任务二：导入素材并将音频文件拖拽到音频轨道中
- 任务三：设置标记点
- 任务四：声画对位
- 任务五：项目输出
- 任务六：素材打包

本章主要介绍后期剪辑流程、素材编辑的基本方法、运动视频效果制作、序列嵌套的使用方法、各种格式素材的导入、声画合成、输出与打包。本章是学习后面章节的基础，希望读者熟练掌握本章所介绍的内容。

案例 1：后期剪辑流程

一、案例内容简介

本案例主要介绍 Premiere Pro 2020 的发展历程和应用领域，素材收集的主要途径，后期剪辑流程。

【案例 1 简介】

二、案例效果欣赏

三、案例制作（步骤）流程

任务一：制作流程➡任务二：了解 Premiere Pro 2020 ➡任务三：了解 Premiere Pro 2020 的应用领域➡任务四：了解素材收集的主要途径➡任务五：创建新项目、序列和导入素材➡任务六：添加背景音乐和视频剪辑➡任务七：给视频轨道中两段素材之间添加过渡效果➡任务八：项目输出

四、制作目的

（1）了解素材收集的主要途径。

（2）掌握项目的创建流程。

（3）掌握 Premiere Pro 2020 界面布局的调节。

（4）掌握视频编辑的操作流程。

（5）了解项目制作流程。

五、制作前需要解决的问题

（1）需要有良好的网络环境，提供资料查询。

（2）视听语言基础知识。

（3）非线性编辑的概念。

（4）视频拍摄的基础知识。

（5）镜头的概念、景别作用和镜头组接的基本原则。

六、详细操作步骤

在本案例中主要介绍后期剪辑流程、素材收集的方法、界面布局的调节、各种格式素材的导入、后期基本编辑方法、作品输出和打包。

任务一：制作流程

在这里主要介绍项目制作流程和后期剪辑流程。

【任务一：制作流程】

1. 项目制作的流程

（1）与客户进行交流，确定项目要求，进行策划。

（2）将策划书交给客户，与客户进行沟通，根据客户意见进行修改（此过程可能会重复多次）。

（2）根据最终策划书，收集素材。

（3）对收集的素材进行后期剪辑，制作完毕之后，输出小样。

（4）将小样交给客户进行审查，根据客户意见进行修改。

（5）通过审查之后，将最终剪辑项目，根据要求输出最终结果。

（6）交给客户，项目完成。

2. 后期剪辑流程

（1）新建项目文件，将收集的素材分类导入【项目库】中。

（2）根据策划书要求，对【项目库】中的素材进行编辑、添加字幕和声画对位。

（3）根据创意要求使用视频特效和视频切换对编辑后的素材进行画面和转场处理。

（4）对制作的项目进行检查和修改。

（5）确定项目没有问题之后，进行输出。

视频播放： 具体介绍，请观看配套视频"任务一：制作流程.mp4"。

任务二：了解 Premiere Pro 2020

在使用 Premiere Pro 2020 进行视频编辑之前，首先需要了解软件类型。

Premiere Pro 2020 大家都简称它为 PR 2020，全称为 Adobe Premiere Pro 2020，是由 Adobe Systems 公司开发和发行的视频编辑、影视特效处理软件。

【任务二：了解 Premiere Pro 2020】

在 Adobe Premiere Pro 2020 中，"Adobe"是开发 Premiere Pro、Photoshop、Illustrator 等软件所属公司名称，"Premiere"为软件名称，常被缩写为"PR"，"Pro 2020"为版本号，一般以年份为版本号。

1. Premiere Pro 版本中的 CS 和 CC 的含义

在 Premiere Pro 版本中，CS 是 Creative Suite 的首字母缩写。Adobe Creative Suite（Adobe 创意套件）是 Adobe 公司出品的一个图形设计、视频编辑与网络开发的软件产品套装。CC 是 Creative Cloud（创意云）的缩写，发展到 Adobe Premiere Pro CC 时，进入"云"编辑时代，如图 2.1 所示为 Adobe CC 套装包的软件图标。

图 2.1　Adobe CC 套装包中的软件图标

2. Premiere Pro 版本发展经历的几个阶段

Premiere Pro 版本发展主要经历了以下 4 个阶段。

（1）第一个阶段。主要版本经历了 Premiere 6.5 和 Premiere 7.0 版本。

（2）第二个阶段。主要版本经历了 Premiere Pro 1.5 和 Premiere Pro 2.0 版本。

（3）第三个阶段。主要版本经历了 Premiere Pro CS3、CS4、CS5、CS5.5 和 CS6 版本。

（4）第四个阶段。主要版本经历了 Premiere Pro CC、Premiere Pro CC 2014、Premiere Pro CC 2015、Premiere Pro CC 2017、Premiere Pro CC 2018、Premiere Pro CC 2019 和 Premiere Pro CC 2020 版本。

视频播放： 具体介绍，请观看配套视频"任务二：了解 Premiere Pro 2020.mp4"。

【任务三：了解 Premiere Pro 2020 的应用领域】

任务三：了解 Premiere Pro 2020 的应用领域

在学习 Premiere Pro 2020 之前，首先要了解该软件的应用领域。

Premiere Pro 2020 的主要应用领域包括电视栏目包装、影视片头、宣传片、影视特效合成、广告设计、MG 动画、自媒体、视频编辑、vlog 和 UI 动效等。

1. 电视栏目包装

使用 Premiere Pro 2020 可以对电视节目、栏目、频道和电视台整体形象进行特色化和个性化的包装宣传，从而达到以下 5 个目的。

（1）突出节目、栏目和频道的个性化特征和特色。

（2）增强观众对节目、栏目和频道的识别能力。

（3）建立节目、栏目和频道的持久品牌地位。

（4）使节目、栏目和频道保持统一的风格。

（5）给观众更精美的视觉体验。

2. 影视片头

电影、电视剧和微电影等作品都有片头和片尾，其目的是为观众提供更好的视觉体验。使用 Premiere Pro 2020 结合 After Effects CC 2020 可以制作出极具特点的片头、片尾动画效果。

3. 宣传片

使用 Premiere Pro 2020 制作婚礼宣传片、企业宣传片、活动宣传片非常方便和快捷。

4. 影视特效合成

使用 Premiere Pro 2020 强大的特效功能，可以很轻松地给电影制作出以假乱真的特效镜头，从而实现很多不容易拍摄的镜头，例如：爆破、撞车、火海和烟雾等。

在视频编辑中经常使用 Premiere Pro 2020 进行抠像、合成、配乐和调色，实现无法通过拍摄来完成的创意。

5. 广告设计

随着网络的发展和手机的普及，人们对广告的要求越来越高，从静态的图片广告转换到动态的全方位了解产品的时代。使用 Premiere Pro 2020 可以给广告制作炫酷的动画、舒适的色彩搭配和虚幻的特效，给用户一个完美的体验。

很多大型网络平台都在使用该软件来制作动态广告，使产品更加吸引消费者。例如，淘宝、京东和今日头条等。

6. MG 动画

MG 动画的英文全称为 Motion Graphics，直译为动态图形或者图形动画，它是目前比较流行的动画风格。它的最大特点是扁平化、点线面、抽象简洁。

7. 自媒体、微视频、vlog

随着移动互联网的不断发展，特别是 5G 技术的发展和成熟，移动端出现了越来越多的视频社交 App。例如：抖音、快手和微博等。这些 App 需要海量的自媒体、微视频和 vlog 等内容来丰富。使用 Premiere Pro 2020 软件，可以轻松地给自媒体、微视频和 vlog 等内容进行简单包装。例如：创建文字动画、添加动画元素、设置转场特效和视频特效等。

8. UI 动效

UI 动效是指针对手机和平板电脑等移动设备端上运行的 App 动画效果。随着硬件设备性能的提升，动效已不再是视觉设计中的奢侈品。通过 UI 动效可以提高用户对产品的体验、增强用户对产品的理解、使动画过渡更加平滑舒适、增加用户的应用乐趣、提升人机互动感。

视频播放：具体介绍，请观看配套视频"任务三：了解 Premiere Pro 2020 的应用领域.mp4"。

任务四：了解素材收集的主要途径

素材收集主要有如下几个途径。

（1）使用数码设备收集素材。数码设备主要包括摄像机、摄影机和扫描仪。使用摄像机和摄影机都可以收集视频素材和图片素材。使用扫描仪可以对收集的书籍、图片和杂志中的图片及文字素材进行扫描，将其转换为可用的素材。

【任务四：了解素材收集的主要途径】

（2）通过网络收集素材。随着网络技术的不断发展，人们对网络的依赖程度也越来越高，在制作项目时，我们通过网络可以很容易地收集到很多有用素材。

（3）通过第三方软件制作一些有特殊要求的素材。在制作项目的时候，如果通过上面两种途径没法收集到素材，就要靠后期制作人员通过第三方软件来完成。例如，一些有特殊要求的视频特效、三维模型和一些创意图片等。后期制作人员可以使用 Adobe Photoshop、3ds Max、Maya 和 After Effects 等第三方软件来制作完成。

（4）通过电视或发售的影片收集素材。在制作项目时，有时候可以通过收集电视或电影中的部分片段素材。例如，在制作教学片的时候，就可以引用电视或历史科教片中的一些素材来说明教学中某个问题或观点。

（5）随着社会的进步和科技的发展，手机的拍摄功能已经达到专业级的画质效果，可以随时随地拍摄收集素材。

视频播放：具体介绍，请观看配套视频"任务四：了解素材收集的主要途径.mp4"。

任务五：创建新项目、序列和导入素材

1. 创建新项目

步骤01：如果桌面上有 Adobe Premiere Pro 2020 的快捷图标█，用鼠标直接双击即可启动。

步骤02：如果桌面上没有 Adobe Premiere Pro 2020 的快捷图标，则单击█→█ Adobe Premiere Pro 2020 项，弹出如图 2.2 所示的【主页】对话框。

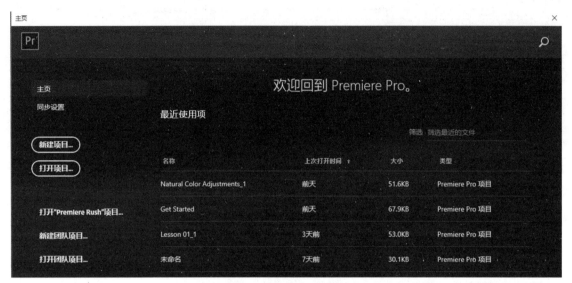

图 2.2 【主页】对话框

该对话框主要包括【主页】、【同步设置】、【新建项目...】、【打开项目...】、【打开"Premiere Rush"项目...】、【新建团队项目...】和【打开团队项目...】7 个按钮，单击这些按钮可执行相应的功能。

（1）【主页】：该项页面内容为启动的默认显示项，主要包括【最近使用项】和【筛选】两项。

①【最近使用项】：显示最近使用过的项目的名称、上次使用打开时间、大小和类型等信息。

②【筛选】：如果没有在【最近使用项】中显示，用户可以直接在【筛选】右边的文本输入框中输入项目名称直接查找和打开。

（2）【同步设置】：在该项页面中主要包括【使用另一个账户的设置】和【立即同步设置】两个选项。

（3）【新建项目...】：单击该按钮，弹出【新建项目】对话框，用户可以根据项目要求设置参数来创建新项目。

（4）【打开项目...】：单击该按钮，弹出【打开项目】对话框，在该对话框中选择需要打开的项目文件，单击【打开（O）】按钮即可。

（5）【打开"Premiere Rush"项目...】：单击该按钮，弹出【打开"Premiere Rush"项目】对话框，选择需要打开的项目，单击【打开（O）】按钮，即可打开选择的项目文件。

（6）【新建团队项目...】：单击该按钮，弹出【新建团队项目】对话框，用户可以根据项目要求设置参数来创建团队项目。

（7）【打开团队项目...】：单击该按钮，弹出【打开团队项目】对话框，选择需要打开的项目，单击【打开（O）】按钮即可。

步骤03：单击【新建项目...】按钮→弹出【新建项目】对话框→设置【新建项目】对话框参数，具体设置如图 2.3 所示，单击【确定】按钮，完成项目的创建。

2. 创建序列

创建序列的方法主要有通过文件菜单创建、通过在【项目】窗口中单击鼠标右键创建、通过拖拽素材到【时间轴】面板中创建和快捷键创建 4 种方法。

步骤 01：通过菜单创建序列。在菜单栏中单击【文件（F）】→【新建（N）】→【序列（S）...】→弹出【新建序列】对话框→设置参数，具体设置如图 2.4 所示。

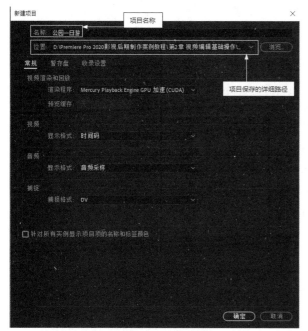

图 2.3　【新建项目】对话框参数设置

图 2.4　【新建序列】对话框参数设置

步骤 02：通过在【项目】窗口中单击鼠标右键创建序列。在新建的【项目】窗口中单击鼠标右键，弹出快捷菜单→在弹出的快捷菜单中单击【新建项目】→【序列 ...】命令→弹出【新建序列】对话框→根据项目要求设置序列参数。

步骤 03：通过快捷键创建序列。按键盘上的"Ctrl+N"组合键→弹出【新建序列】对话框→根据项目要求设置序列参数。

步骤 04：通过拖拽素材创建序列。将鼠标移到导入的素材上→按住鼠标左键不放拖拽到【时间轴】面板上→松开鼠标左键，此时，Premiere Pro 2020 根据拖拽素材的信息自动创建序列。

参数说明：

（1）【可用预设】：在该列表中，用户可以根据自己的需要选择配置方案。下面对其中的设置选项进行简单介绍。

①【DV-24P】：这种预设用于 24P 的 DV 摄像机，如松下 AG-DVX100 和佳能 XL2249，有时也用于电影制作。

②【CV-NTSC】：北美、南美和日本的电视显示标准，在这些国家大多数 Premiere Pro CS6 用户使用此选项。

③【DV-PAL】：大多数西欧国家、澳大利亚和中国的电视显示标准，在这些国家大多数 Premiere Pro CS6 用户使用此选项。

④【DVCPRO50】：用于编辑以 Panasonic P2 摄像机拍摄录制的 4∶3 或 16∶9 MXF 的素材，隔行或逐行扫描渲染。

（2）【序列名称】：在【序列名称】文本框中输入新建序列的文件名，单击【确定】按钮即可创建一个新的序列文件。

步骤 05：单击【确定】按钮，完成序列的创建，创建序列之后的界面如图 2.5 所示。

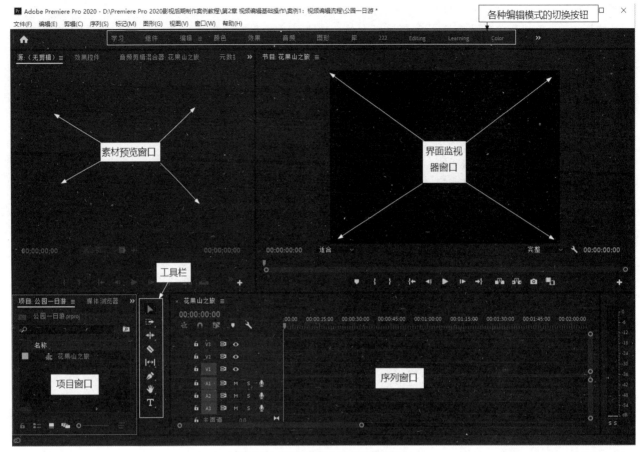

图 2.5　创建序列之后的界面效果

3. 导入素材

导入素材可以通过菜单栏导入、通过在【项目】窗口中单击鼠标右键导入、通过在【项目】窗口中双击鼠标左键导入和通过快捷键导入 4 种方法。

步骤 01：通过菜单栏导入。在菜单栏中单击【文件（F）】→【导入（I）...】命令→弹出【导入】对话框，在【导入】对话框选择需要导入的素材，如图 2.6 所示。

步骤 02：单击【打开（O）】按钮，完成素材导入，导入的素材如图 2.7 所示。

图 2.6　被选中的素材

图 2.7　导入的素材

步骤 03：通过在【项目】窗口中单击鼠标右键导入。在【项目】窗口中单击鼠标右键，弹出快捷菜单，在弹出的快捷菜单中单击【导入】命令，弹出【导入】对话框，选择需要导入的素材，单击【打开（O）】按钮，完成素材导入。

步骤 04：通过在【项目】窗口中双击鼠标左键导入。在【项目】窗口的空白处双击鼠标左键，弹出【导入】对话框，选择需要导入的素材，单击【打开（O）】按钮，完成素材导入。

步骤 05：通过快捷键导入。直接按键盘上的"Ctrl+I"组合键，弹出【导入】对话框，选择需要导入的素材，单击【打开（O）】按钮，完成素材导入。

视频播放：具体介绍，请观看配套视频"任务五：创建新项目、序列和导入素材.mp4"。

任务六：添加背景音乐和视频剪辑

【任务六：添加
背景音乐和视频
剪辑】

在本任务中简单介绍后期剪辑中的背景音乐的添加和视频剪辑。详细的介绍在后续案例中再介绍。

1. 添加背景音乐

步骤 01：将"背景音乐 .mp3"音频文件拖拽到"花果山之旅"序列中的"A3"轨道上，如图 2.8 所示。

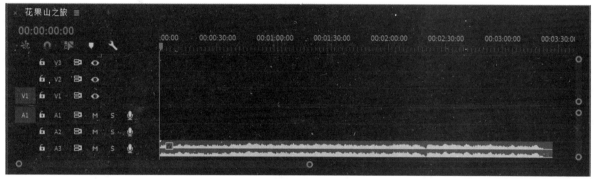

图 2.8　添加背景音乐之后的序列窗口

步骤 02：锁定音频轨道。单击"A3"左侧的🔓图标，单击之后变成🔒图标，序列素材上出现黑色的斜杠表示该音频素材被锁定，如图 2.9 所示。

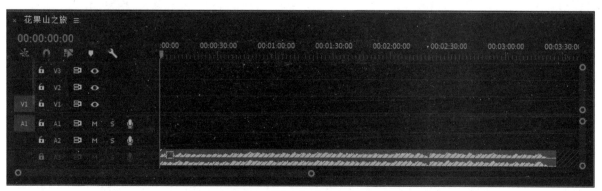

图 2.9　锁定之后的音频在序列窗口中的效果

提示：在后期剪辑中，有时根据音频来配视频，有时根据视频来配音频。例如，在制作 MTV 或一些专题片时采用根据音频来配视频画面；在电影后期剪辑或动画片剪辑的时候，一般情况下，根据视频画面来配音乐、动效和对白。当然，采用哪一种剪辑方法不一定完全遵循某一规则，要根据具体情况而定。

2. 视频剪辑

所谓视频剪辑是指根据项目或客户要求，对拍摄的素材进行取舍，将需要的视频片段插入到序列轨道中。

在进行视频剪辑之前需要了解两个概念，即入点和出点的概念。

入点是指一段视频的开始点，出点是指一段视频的结束点。

视频编辑的集体操作方法如下所述。

步骤 01：在【项目：花果山之旅】窗口中双击需要剪辑的素材，此时，在【素材监视器】窗口中显示双击的素材。

步骤 02：单击【素材监视器】窗口下边的播放 - 停止切换（Space）按钮▶（或在【素材监视器】中单击，激活该窗口，此时，通过按键盘上的空格键来控制素材的播放和停止对素材进行预览，播放到需要停止的帧时，单击播放 - 停止切换（Space）按钮□停止播放。

步骤 03：单击【素材监视器】窗口下边的标记入点（I）按钮█，确定素材的入点位置，如图 2.10 所示。

步骤 04：按键盘上的空格键继续播放，播放到需要标记出点的位置，再按键盘上的空格键停止播放。

步骤 05：单击【素材监视器】窗口下边的标记出点（O）按钮█，确定素材的出点位置，如图 2.11 所示。

图 2.10　素材的入点位置　　　　　　　　　图 2.11　素材的出点位置

步骤 06：将光标移到【素材监视器】窗口中的素材上，按住鼠标左键不放，将素材拖拽到"V1"轨道中"时间指示器"所在的位置，如图 2.12 所示。松开鼠标左键即可将素材拖拽到"V1"轨道中，如图 2.13 所示。

步骤 07：将光标移到"V1"轨道中的素材上，单击鼠标右键，弹出快捷菜单，在弹出的快捷菜单中单击【取消链接】命令，解除"V1"轨道中素材的视频与音频之间的关联。

步骤 08：单选"A1"轨道中的音频素材，按键盘上的"Delete"键，将音频删除，如图 2.14 所示。

步骤 09：将"时间指示器"移到"V1"视频轨道中第 1 段素材出点的位置，如图 2.15 所示。

步骤 10：在【项目：花果山之旅】窗口中双击第 2 段需要放置到"V1"视频轨道中的素材，在【素材监视器】窗口中标记素材的入点和出点。

步骤 11：将标记好入点和出点的素材拖拽到"V1"轨道中"时间指示器"所在的位置，如图 2.16 所示。松开鼠标左键即可将素材放置到视频轨道中，如图 2.17 所示。

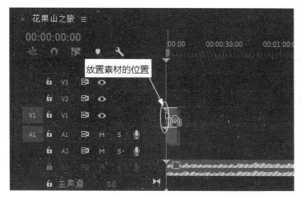

图 2.12　与"时间指示器"对齐的位置

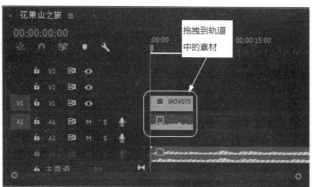

图 2.13　拖拽到轨道中的素材

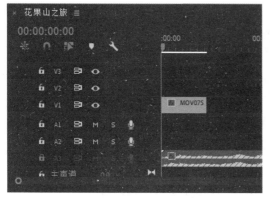

图 2.14　删除音频之后的序列效果

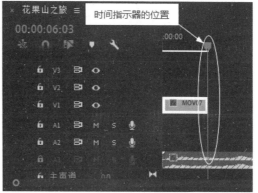

图 2.15　时间指示器的位置

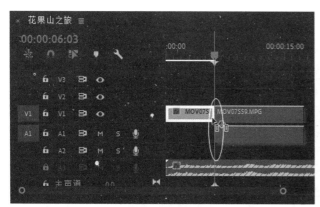

图 2.16　"时间指示器"所在的位置

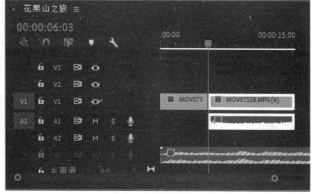

图 2.17　添加第 2 段素材之后的效果

步骤 12：取消"V1"轨道中第 2 段素材的视频与音频之间的关联，并将其音频删除，如图 2.18 所示。

步骤 13：方法同上，根据项目要求将其他素材拖拽到"V1"轨道中，最终效果如图 2.19 所示。

提示：添加图片的方法比视频剪辑简单，在【项目】窗口中选择需要添加到序列窗口中的图片，按住鼠标左键不放，将其直接拖拽到需要放置图片的视频轨道中即可。

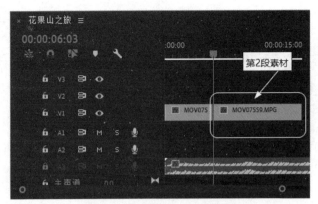

图 2.18　删除音频之后的效果

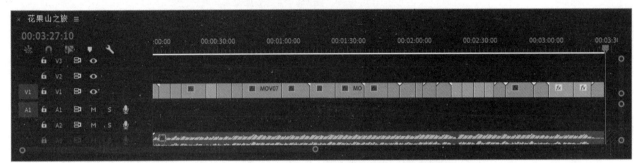

图 2.19　视频剪辑的最终效果

3. 调节画面大小

在本项目中添加的素材和图片与新建序列的大小不一致，需要调节视频画面和图片的大小。

（1）调节视频画面大小。

步骤 01：在"V1"轨道中单选需要调节大小的视频，如图 2.20 所示。该视频在【项目：花果山之旅】监视器窗口中的效果，如图 2.21 所示。

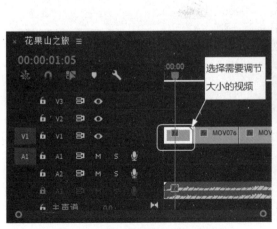

图 2.20　选择需要调节大小的视频

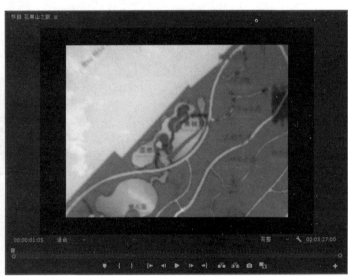

图 2.21　调节大小之后的效果

步骤 02：在【效果控件】面板中调节视频的缩放参数，具体调节如图 2.22 所示。调节缩放参数之后，在【项目：花果山之旅】监视器窗口中的效果，如图 2.23 所示。

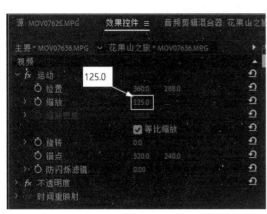

图 2.22　"缩放"参数的调节

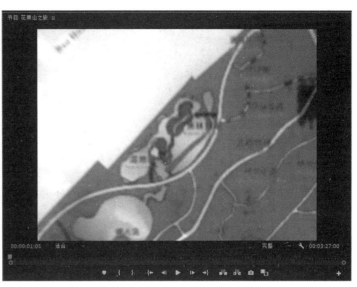

图 2.23　调节参数之后的效果

步骤 03：调节其他视频画面大小的方法同上。

（2）调节图片画面大小。

在此，通过添加关键帧和调节缩放参数来制作图片缩放运动效果。

步骤 01：单选"V1"视频轨道上需要添加关键帧和调节大小的图片，再将"时间指示器"移到需要添加关键帧的位置，如图 2.24 所示。

步骤 02：在【效果控件】面板中，单击"缩放"左边的切换动画图标 ，即可给"缩放"参数添加一个关键帧，调节"缩放"参数为"40.0"，如图 2.25 所示。

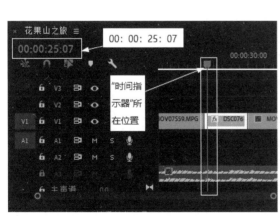

图 2.24　"时间指示器"所在位置

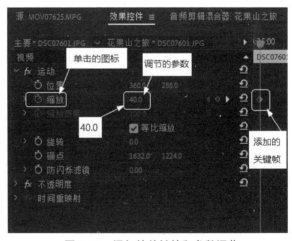

图 2.25　添加的关键帧和参数调节

步骤 03：添加关键帧和参数调节之后，在【项目：花果山之旅】监视器窗口中的效果，如图 2.26 所示。

步骤 04：将"时间指示器"移到第 29 秒 06 帧的位置出，在【效果控件】面板中将"缩放"参数调节为"25.0"，此时，系统自动给"缩放"参数添加一个关键帧，调节参数之后的效果，如图 2.27 所示。

步骤 05：方法同上，根据项目要求继续给其他图片添加关键帧和缩放参数调节。

视频播放：具体介绍，请观看配套视频"任务六：添加背景音乐和视频剪辑.mp4"。

图 2.26　添加关键帧和参数调节之后的效果

图 2.27　调节参数之后的效果

任务七：给视频轨道中两段素材之间添加过渡效果

【任务七：给视频轨道中两段素材之间添加过渡效果】

在前面已经根据背景音乐和剪辑要求，将素材添加到视频轨道中，单击【项目：花果山之旅】监视器窗口下边的【播放 - 停止切换】按钮■或按键盘上的空格键播放预览剪辑效果。再单击【播放 - 停止切换】按钮■或按键盘上的空格键停止播放。从预览可知，在两段素材之间的过渡不自然，在 Premiere Pro 2020 中可以通过添加视频切换效果来解决，具体操作方法如下所述。

步骤 01：将光标移到需要添加的视频过渡效果上，如图 2.28 所示。

步骤 02：按住鼠标左键不放的同时，将鼠标移到需要添加视频过渡效果的两段素材之间，此时，光标的形态发生改变松开鼠标即可。添加视频过渡之后的效果，如图 2.29 所示。

步骤 03：单选添加的视频过渡效果，在【效果控件】面板中设置视频过渡效果的参数，具体设置如图 2.30 所示。调节之后的视频过渡效果如图 2.31 所示。

步骤 04：方法同上。继续给其他素材之间添加视频过渡效果，最终效果如图 2.32 所示。

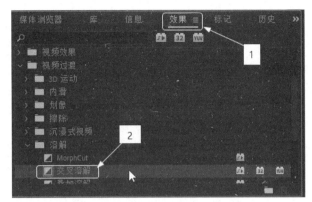

图 2.28　需要添加的视频过渡效果

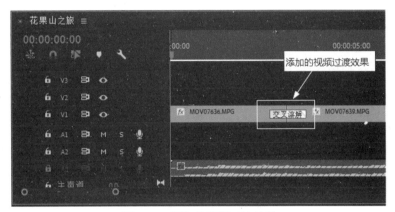

图 2.29　添加的视频过渡效果

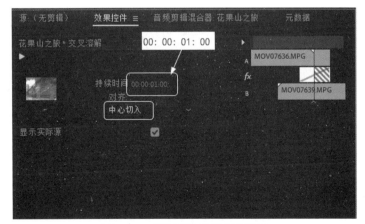

图 2.30　视频过渡效果参数设置

图 2.31　调节后的视频过渡效果图

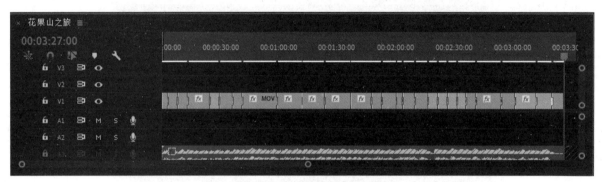

图 2.32　添加完视频过渡之后的效果

提示： 在给素材之间添加视频过渡效果时，一定要注意，视频切换效果是为剪辑、解决素材之间过渡僵硬和创意服务的，不要在每个过渡之间都添加视频过渡效果，这是初学者最容易犯的错误。要根据实际和创意需要添加视频过渡效果。

视频播放： 具体介绍，请观看配套视频"任务七：给视频轨道中两段素材之间添加过渡效果.mp4"。

【任务八：项目
输出】

任务八：项目输出

剪辑完成之后，按键盘上的空格键播放完成的项目序列，检查是否有问题。如果发现问题及时进行修改，重复进行播放预览、检查和修改，直到满意为止。预览检查完成进行项目输出。

步骤 01： 在菜单栏中单击【文件（F）】→【导出（E）】→【媒体（M）...】命令或按"Ctrl+M"组合键，弹出【导出设置】对话框，根据项目要求设置对话框，具体设置如图 2.33 所示。

步骤 02： 单击【导出】按钮即可根据要求导出项目文件，并出现一个【导出进程】提示框，如图 2.34 所示。

步骤 03： 在【导出进程】对话框中提供了导出时需要的时间和进度百分比，让用户了解导出需要的大致时间。

步骤 04： 最终输出的部分截图效果请观看案例效果欣赏和配套素材中的"花果山之旅.mp4"文件。

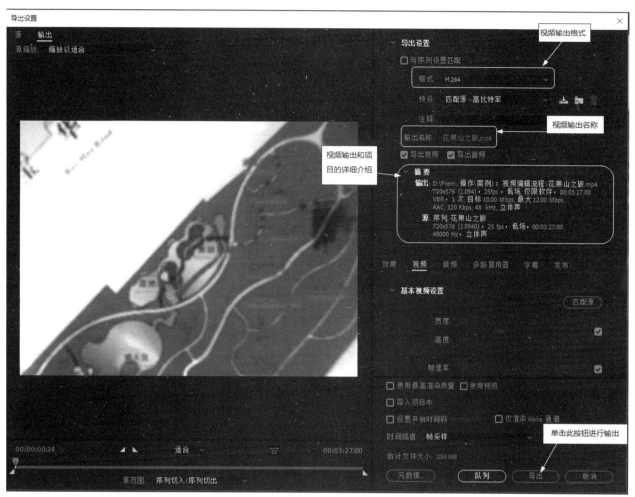

图 2.33　【导出设置】对话框参数设置

图 2.34　【导出进程】提示框

> **视频播放：** 具体介绍，请观看配套视频"任务八：项目输出.mp4"。

七、拓展训练

使用该案例介绍的方法，自己创建一个名为"我的第一次练习 .prproj"项目文件，导入自己收集的视频和音频素材进行简单编辑，输出命名为"我的第一次练习.mp4"文件。

【案例 1：拓展训练】

学习笔记：

案例 2：素材编辑的基本方法

【案例 2　简介】

一、案例内容简介

本案例主要介绍 Premiere Pro 2020 工具的作用、定制工作界面、设置快捷键、三点编辑和四点编辑的概念与使用方法，以及视频轨道中素材的编辑。

二、案例效果欣赏

三、案例制作（步骤）流程

任务一：创建新项目➡任务二：Premiere Pro 2020 的主要工具➡任务三：工作界面切换和定制➡任务四：自定义快捷键和删除快捷键➡任务五：三点编辑和四点编辑➡任务六：编辑视频轨道中的素材

四、制作目的

（1）熟悉 Premiere Pro 2020 工具的作用和使用方法。
（2）掌握工作界面的切换和定制。
（3）了解快捷键的设置。
（4）理解三点编辑概念和使用方法。
（5）理解四点编辑的概念和使用方法。
（6）掌握视频轨道中素材的编辑。

五、制作前需要解决的问题

（1）后期剪辑基本流程。
（2）视听语言基础知识。
（3）Premiere Pro 2020 的作用和应用领域。
（4）素材的收集、导入和分类。

六、详细操作步骤

任务一：创建新项目

启动 Premiere Pro 2020，创建一个名为"素材编辑的基本方法 .prproj"的项目文件。

视频播放：具体介绍，请观看配套视频"任务一：创建新项目.mp4"。

【任务一：创建新项目】

任务二：Premiere Pro 2020 的主要工具

在 Premiere Pro 2020 中，主要包括"选择工具"、"向前选择轨道工具"、"向后选择轨道工具"、"波纹编辑工具"、"滚动编辑工具"、"比率拉伸工具"、"剃刀工具"、"外滑工具"、"内滑工具"、"钢笔工具"、"矩形工具"、"椭圆工具"、"手形工具"、"缩放工具"、"文字工具"和"垂直文字工具"。如图 2.35 所示。

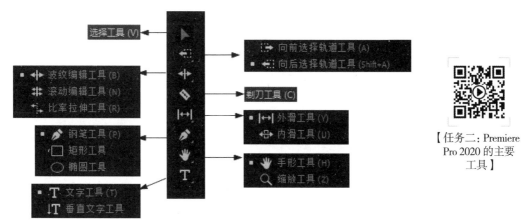

图 2.35　Premiere Pro 2020 的主要工具

【任务二：Premiere Pro 2020 的主要工具】

各个工具的具体作用介绍如下。

（1）"选择工具" ▶：用于选择轨道上的素材文件，快捷键为"V"，选择素材文件时，按住"Ctrl"键可以进行加选。

> **提示：** 如果将"选择工具" ▶移到素材的出点或入点，光标变成拉伸图标 （或 ）时，按住鼠标左键不放的同时进行左右移动，可以改变素材的出点和入点位置。

（2）"向前选择轨道工具" ▶▶：选择轨道上的当前选择素材段（包含选择的素材段）之后的所有轨道上的素材。

（3）"向后选择轨道工具" ◀◀：选择道上的当前选择素材段（包含选择的素材段）之前的所有轨道上的素材。

（4）"波纹编辑工具" ◀▶：使用该工具拖动轨道上素材的入点或出点，可以改变素材的长度，而该素材后方的素材文件会自动向前或向后跟进。

> **提示：** 使用"波纹编辑工具" ◀▶调节素材的长度时，如果调节的是轨道上素材的入点，则最大长度为原始素材的入点位置，如果调节的是轨道素材的出点位置，则最大长度为原始素材的出点位置。也就是说，轨道上的素材最大长度的调节为原始素材的入点到出点位置的长度。

（5）"滚动编辑工具" ‡‡：调整两个相邻素材的长度，两个被调整的素材长度变化是一种彼消此长的关系，在固定的长度范围内，一个素材增加的帧数等于相邻的素材中减去的帧数。

（6）"比率拉伸工具" ◀▶：调节素材的播放速度。缩短素材播放时间则播放速度加快，拉长素材播放时间则播放速度减慢。

（7）"剃刀工具" ◆：将一段素材分割成几段素材。选择该工具，在素材上单击，即可在单击处将素材分割成两段素材，产生新的入点和出点。

按住"Shift"键可以同时剪辑多条轨道中的素材。

（8）"外滑工具" ↔：改变素材的入点和出点，素材的总长度不变，也不影响相邻素材的入点和出点。

（9）"内滑工具" ⇄：改变相邻素材的出入点位置。

（10）"钢笔工具" ✎：调节素材的关键帧、在【监视器】窗口中绘制形状图形和调节图形形状。

（11）"矩形工具" ■：在【监视器】窗口中绘制矩形形状。

（12）"椭圆工具" ●：在【监视器】窗口中绘制椭圆形形状。

（13）"手形工具" ✋：改变序列窗口中的可视区域，在编辑较长素材时方便观察。

> **提示：** 在 Premiere Pro 2020 中，"手形工具" ✋几乎不使用，用户将光标移到序列窗口中的滑块上，按住鼠标左键不放，即可改变序列窗口的可视区域。

（14）"缩放工具" 🔍：调节序列窗口中显示的时间单位。单击"缩放工具" 🔍将光标移到序列窗口中，光标变成🔍图标，单击鼠标左键，放大时间单位显示。如果按住键盘上的"Alt"键不放，光标变成🔍图标，单击鼠标左键，缩小时间单位显示。

> **提示：** 在 Premiere Pro 2020 中，"缩放工具" 🔍几乎不使用，用户将光标移到序列窗口中滑块两端的 ◘ 图标上，光标变成 形状，此时，按住鼠标左键不放，进行左右移动即可缩放时间单位。使用缩放工具🔍只是放大和缩小序列窗口中时间单位的显示，跟实际生活中的放大镜的作用一样，不改变实际时间单位的大小。

（15）"文字工具" **T**：在【监视器】窗口中单击即可输入横排文字。

（16）"垂直文字工具" **¡T**：在【监视器】窗口中单击即可输入直排文字。

视频播放： 具体介绍，请观看配套视频"任务二：Premiere Pro 2020 的主要工具.mp4"。

任务三：工作界面的切换和定制

1. 切换工作界面

【任务三：工作界面的切换和定制】

Premiere Pro 2020 为用户提供了 11 种预设工作界面，默认为"编辑"工作界面模式。预设界面切换按钮位于菜单栏下面，如图 2.36 所示。

图 2.36　Premiere Pro 2020 工作界面模式切换按钮

工作界面切换的方法主要有如下两种。

（1）直接单击预设工作界面按钮。

步骤 01：单击预设工作界面模式的按钮，即可切换到相应的工作界面模式。

步骤 02：再根据项目要求和自己的工作习惯调节各个功能面板的大小和位置。

（2）通过菜单栏进行切换。

步骤 01：在菜单栏中单击【窗口】→【工作区（W）】命令→弹出二级子菜单，如图 2.37 所示。

步骤 02：将光标移到需要切换的工作界面模式的命令上单击即可。

2. 编辑工作界面

工作界面编辑主要包括编辑工作界面中各功能面板的大小、位置、保存编辑之后的工作界面、恢复工作界面保存前的状态和删除工作界面。

（1）编辑工作界面中各功能面板的大小。

步骤 01：将鼠标移到两个功能面板的上下结合处，此时，鼠标变成██形状，按住鼠标左键不放的同时进行上下移动，即可改变功能面板的高度。

步骤 02：将鼠标移到两个功能面板的左右结合处，此时，鼠标变成██形状，按住鼠标左键不放的同时进行左右移动，即可改变功能板的宽度。

（2）调节功能面板的位置。

将鼠标移到需要调节位置的功能面板标签上，按住鼠标左键不放的同时，移动鼠标到需要放置的位置，松开鼠标即可完成位置的调节。

（3）保存编辑之后的工作界面。

步骤 01：编辑完工作界面之后，在菜单栏中单击【窗口（W）】→【工作区（W）】→【另存为新工作区 ...】命令，弹出【新建工作区】对话框。

步骤 02：输入新建工作区的名字，如图 2.38 所示。

图 2.37　二级子菜单

图 2.38　【新建工作区】对话框

步骤 03：单击【确定】按钮完成新工作区的建立，此时，在预设工作区后方添加一个刚新建的工作界面按钮，如图 2.39 所示。

文件(F) 编辑(E) 剪辑(C) 序列(S) 标记(M) 图形(G) 视图(V) 窗口(W) 帮助(H)

| 学习 | 组件 | 编辑 | 颜色 | 效果 | 音频 | 图形 | 库 | Editing | Learning | Color | 自定义工作区 ☰ | ≫ |

图 2.39 【新建工作区】界面按钮

（4）恢复工作界面保存前的状态。

在菜单栏中单击【窗口（W）】→【工作区（W）】→【重置为保存的布局】命令即可恢复工作界面保存前的状态。

直接按键盘上的"Alt+Shift+O"组合键，快速恢复工作界面保存前的状态。

（5）删除工作界面。

步骤 01：在菜单栏中单击【窗口（W）】→【工作区（W）】→【编辑工作区 ...】命令，弹出【编辑工作区】对话框。

步骤 02：在【编辑工作区】对话框中单选需要删除的工作界面项，如图 2.40 所示。

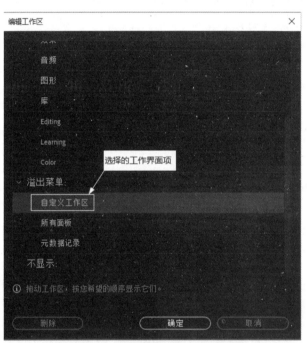

图 2.40 选择需要删除的工作界面项

步骤 03：单击【删除】按钮，完成工作界面的删除，单击【确定】按钮退出【编辑工作区】对话框。

视频播放：具体介绍，请观看配套视频"任务三：工作界面切换和定制.mp4"。

【任务四：自定义快捷键和删除快捷键】

任务四：自定义快捷键和删除快捷键

在 Premiere Pro 2020 中，允许用户根据自己的工作习惯自定义快捷键以提高工作效率。在此，以给"矩形工具"定义快捷键为例介绍自定义快捷键的操作方法。

1. 自定义快捷键

步骤 01：在菜单栏中单击【编辑（E）】→【快捷键（K）...】命令（或按键盘上的"Ctrl+Alt+k"组合键），弹出【键盘快捷键】对话框，如图 2.41 所示。

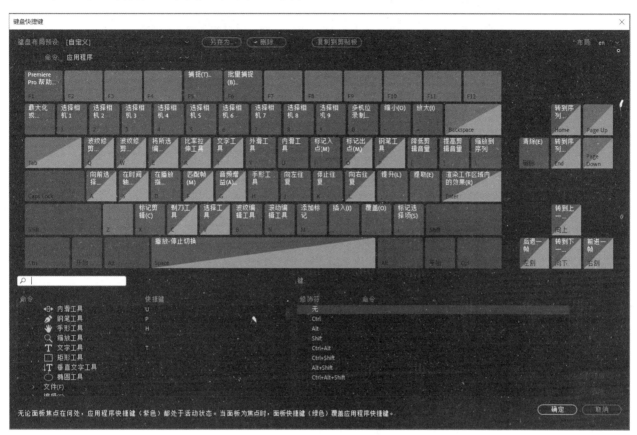

图 2.41　【键盘快捷键】对话框

步骤 02：单击选中需要添加快捷键的命令项，如图 2.42 所示。

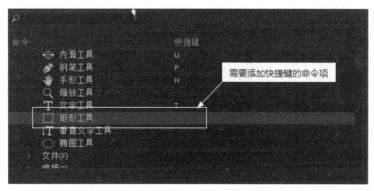

图 2.42　需要添加快捷键的命令项

步骤 03：再双击"矩形工具"命令与快捷键相交位置处，此时，该处出现文本输入框，按住键盘上的"Alt"键不放的同时按键盘上的"J"键，完成快捷键的定义，如图 2.43 所示。

步骤 04：按键盘上的"Enter"键，完成快捷键的定义。

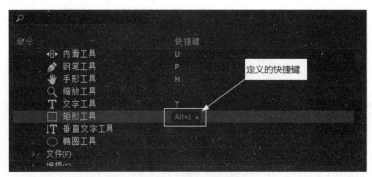

图 2.43　定义的快捷键

2. 删除快捷键

删除快捷键的方法比较简单，具体操作方法如下。

步骤 01：在需要删除的快捷键上单击，使快捷键处于编辑状态，如图 2.44 所示。

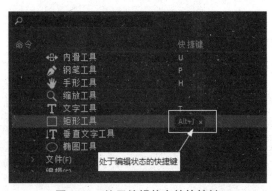

图 2.44　处于编辑状态的快捷键

步骤 02：单击快捷键右侧的▣图标，完成快捷键的删除，如图 2.45 所示。

图 2.45　删除快捷键之后的效果

步骤 03：单击【确定】按钮。退出【键盘快捷键】对话框。

提示：如果所定义的快捷键已被其他命令使用，会在【键盘快捷键】对话框左下角出现一段提示语，提示该命令被哪一个命令使用，如图 2.46 所示。

提示：如果在自定义快捷键操作中有误，单击【还原】命令即可重新定义快捷键，如果需要删除某一个命令的快捷键，在【键盘快捷键】对话框中单选需要删除的快捷键，单击【清除】命令即可清除选择的快捷键。

视频播放：具体介绍，请观看配套视频"任务四：自定义快捷键和删除快捷键 .mp4"。

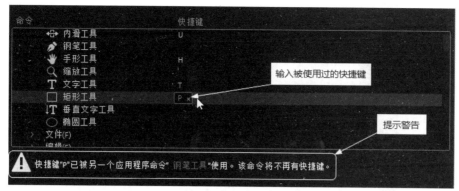

图 2.46　输入被使用过的快捷键及提示警告

任务五：三点编辑和四点编辑

"三点编辑"和"四点编辑"是影视后期制作的专业术语。所谓三点编辑是指确定素材的入点、出点和被插入素材轨道的入点，将其素材插入。所谓四点编辑是指确定素材的入点、出点、被插入素材轨道的入点和被插入素材轨道的出点，将其插入。读者不要被这些专业术语所吓倒，它们其实很简单。按下面的步骤完成即可明白"三点编辑"和"四点编辑"是怎么回事。

【任务五：三点编辑和四点编辑】

1. 四点编辑

步骤 01：导入素材，如图 2.47 所示。

图 2.47　导入的素材

步骤 02：在【项目】窗口中双击"MOV07445.MPG"文件，使该视频在【素材监视】窗口中显示。

步骤 03：单击【素材监视】窗口下面的【播放 - 停止切换】按钮▶或按键盘上的空格键进行播放预览。当画面播放到需要插入视频轨道中的素材画面时，单击【素材监视】窗口下面的【播放 - 停止切换】按钮■，或按键盘上的空格键停止播放。

步骤 04：单击【标记入点】按钮▌，或按键盘上的"I"键，确定需要插入素材的入点位置，如图 2.48 所示。

步骤 05：单击【素材监视】窗口下面的【播放 - 停止切换】按钮▶，或按键盘上的空格键进行播放预览。当画面播放到确定为素材画面的出点位置时，单击【素材监视】窗口下面的【播放 - 停止切换】按钮▯，或按键盘上的空格键停止播放。

图 2.48　添加的素材入点标记

步骤 06：单击【标记出点】按钮，或按键盘上的"O"键，确定需要插入素材的出点位置，如图 2.49 所示。

图 2.49　添加的素材出点标记

步骤 07：在【校运会开幕式】序列窗口中将"时间指示器"移到第 0 秒 0 帧的位置，按键盘上的"I"键设置视频轨道的入点位置，如图 2.50 所示。

步骤 08：在【校运会开幕式】序列窗口中单击时间显示码，此时，时间码呈高亮显示，如图 2.51 所示。

步骤 09：在时间码中输入"00：00：26：00"，按键盘上的"Enter"键，"时间指示器"跳转到第 26 秒 0 帧的位置，按键盘上的"O"键，设置视频轨道中的出点位置，如图 2.52 所示。

步骤 10：单选需要插入素材的视频轨道。在这里单击"V1"视频轨道即可。

步骤 11：单击【插入】按钮，弹出【适合剪辑】对话框，具体设置如图 2.53 所示。

步骤 12：单击【确定】即可将素材插入到视频轨道中，如图 2.54 所示。

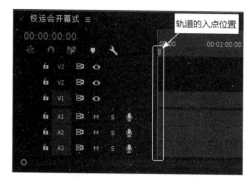

图 2.50　轨道的入点位置

图 2.51　高亮显示的时间码

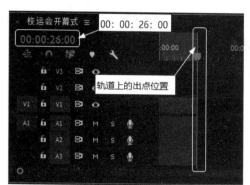

图 2.52　轨道的出点位置

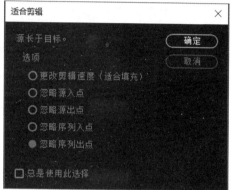

图 2.53　【适合剪辑】对话框参数设置

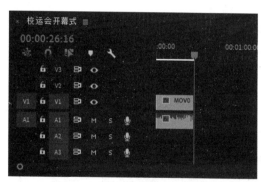

图 2.54　插入素材之后的效果

提示：如果素材的长度与【校运会开幕式】序列窗口中设置的长度相等，则不会弹出【适合剪辑】对话框，在这里插入素材的长度与【校运会开幕式】序列窗口中设置的长度不相等，才弹出【校运会开幕式】序列窗口，由用户确定使用哪一种方式插入。

2.【适合剪辑】对话框参数介绍

（1）【更改剪辑速度（适合填充）】：通过改变插入素材的速度来匹配序列中定义的插入素材的长度。

（2）【忽略源入点】：通过改变素材的入点来匹配序列中定义的插入素材的长度。

（3）【忽略出点】：通过改变素材的出点来匹配序列中定义的插入素材的长度。

（4）【忽略序列入点】：通过改变序列中的入点位置来匹配定义素材的长度。

（5）【忽略序列出点】：通过改变序列中的出点位置来匹配定义素材的长度。

3. 三点编辑

三点编辑的操作方法比四点编辑的方法简单，它比四点编辑少了一个轨道的出点设置。在此就不再详细介绍。具体操作请读者观看视频。

使用四点编辑或三点编辑继续剪辑三段素材插入"V1"视频轨道中，如图 2.55 所示。

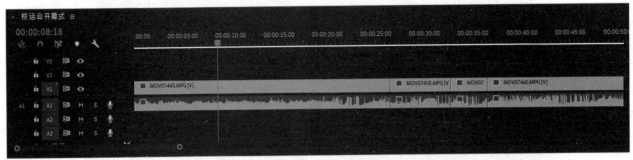

图 2.55　使用"四点编辑"和"三点编辑"剪辑的视频效果

视频播放： 具体介绍，请观看配套视频"任务五：三点编辑和四点编辑.mp4"。

【任务六：编辑视频轨道中的素材】

任务六：编辑视频轨道中的素材

1. 取消视频与音频之间的关联

步骤 01： 将光标移到【校运会开幕式】序列窗口中"V1"视频轨道中第一段素材上，单击鼠标右键，弹出快捷菜单，在弹出的快捷菜单中单击【取消链接】命令，即可取消视频与音频的关联。

步骤 02： 单选取消链接之后的音频，按键盘上的"Delete"键即可删除选择的音频，如图 2.56 所示。

步骤 03： 方法同上。取消其他几段素材视频与音频之间的关联并删除音频，最终效果如图 2.57 所示。

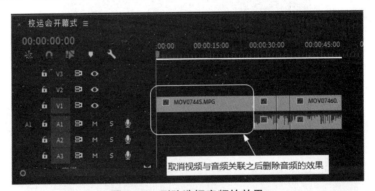

图 2.56　删除选择音频的效果

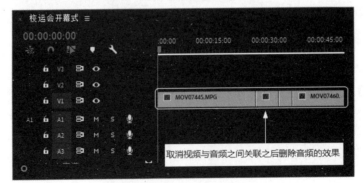

图 2.57　删除所有音频的效果

提示：如果需要取消多段素材中的视频与音频之间的关联，可以先选择多段素材，将光标移到任意选中的一段素材上，单击鼠标右键，弹出快捷菜单，在弹出的快捷菜单中单击【取消链接】命令即可取消视频与音频的关联。

2. 调节视频画面的大小

从预览的效果可以看出，视频与新建的项目尺寸不符合，需要调节视频画面的大小来匹配项目大小，具体操作方法如下。

步骤 01：在 "V1" 轨道中单选第一段素材。

步骤 02：在【效果控件】面板中将 "缩放" 参数的数值调节为 "125.0"，如图 2.58 所示。调节之后，视频画面充满整个画面，如图 2.59 所示。

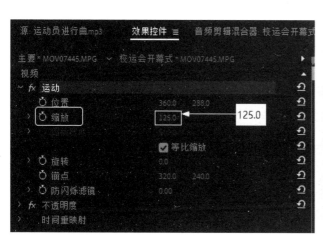

图 2.58　选择视频的 "缩放" 参数调节　　　　图 2.59　调节参数之后的效果

步骤 03：方法同上，对其他几段素材进行画面大小调节。

3. 添加音频并进行编辑

步骤 01：将光标移到【项目】窗口中的 "运动员进行曲 .mp3" 音频素材上，按住鼠标左键不放的同时将其拖拽到 "A1" 轨道中的第 0 帧位置，松开鼠标左键即可，如图 2.60 所示。

步骤 02：将 "时间指示器" 移到 "V1" 轨道中最后一段素材的出点位置。

步骤 03：单击【剃刀工具】 ，将光标移到 "A1" 轨道中的 "时间指示器" 所在的位置上单击，即可将音频分割成两段素材。

步骤 04：单选后面一段音频素材，按键盘上的 "Delete" 键将其删除，最终效果如图 2.61 所示。

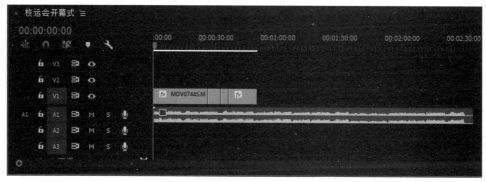

图 2.60　添加的背景音乐

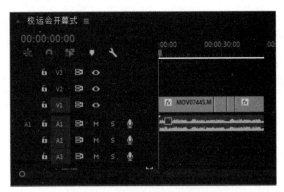

图 2.61　删除多余的音频效果

4.给"V1"视频轨道中的素材添加过渡效果

步骤 01：将"时间指示器"移到两段素材相邻的位置处，如图 2.62 所示。

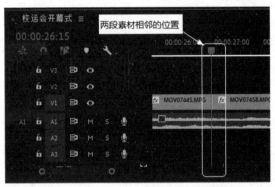

图 2.62　"时间指示器"的位置

步骤 02：按键盘上的"Ctrl+D"组合键添加默认的标准交叉溶解过渡效果，如图 2.63 所示。

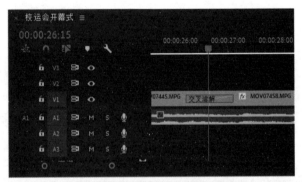

图 2.63　添加的标准交叉溶解过渡效果

步骤 03：方法同上，给其他两段素材之间添加过渡效果。

步骤 04：制作完毕，输出最终节目效果。

视频播放：具体介绍，请观看配套视频"任务六：编辑视频轨道中的素材.mp4"。

【案例2：拓展训练】

七、拓展训练

　　根据所学知识，使用四点编辑和三点编辑，结合实际情况，剪辑一个运动会的视频文件。

学习笔记：

案例 3：运动视频效果制作

一、案例内容简介

本案例主要介绍关键帧概念，关键帧的创建，运动视频的制作原理、方法和技巧。

【案例 3　简介】

二、案例效果欣赏

三、案例制作（步骤）流程

任务一：创建新项目和导入素材➡任务二：将素材添加到视频轨道中➡任务三：制作运动视频效果➡任务四：添加音频文件、图片和调节透明度

四、制作目的

（1）理解关键帧的概念。
（2）掌握关键帧的创建。
（3）使用关键帧创建运动视频。
（4）使用关键帧制作渐变效果。

五、制作前需要解决的问题

（1）关键帧的创建。
（2）时间与帧的关系。
（3）Photoshop 的基本操作。
（4）素材的收集、导入和分类。

六、详细操作步骤

任务一：创建新项目和导入素材

步骤 01：启动 Premiere Pro 2020，创建一个名为"创建运动视频 .prproj"的项目文件。
步骤 02：根据项目要求导入如图 2.64 所示的素材。

【任务一：创建新项目和导入素材】

图 2.64　导入的素材

步骤 03：创建一个名为"运动视频效果"的序列。

视频播放：具体介绍，请观看配套视频"任务一：创建新项目和导入素材.mp4"。

任务二：将素材添加到视频轨道中

步骤 01：将"时间指示器"移到第 0 帧的位置。
步骤 02：在【项目：创建运动视频】中双击"MOV07463.MPG"文件，在【素材监视器】窗口中显示该素材。
步骤 03：预览素材，设置素材的入点和出点，素材的长度为 26 秒 1 帧，如图 2.65 所示。
步骤 04：将入点与出点之间的素材拖拽到"V1"轨道中，如图 2.66 所示。
步骤 05：取消视频轨道中素材的视频与音频之间的关联，将其音频删除，最终效果如图 2.67 所示。

【任务二：将素材添加到视频轨道中】

图 2.65　设置素材的入点和出点效果

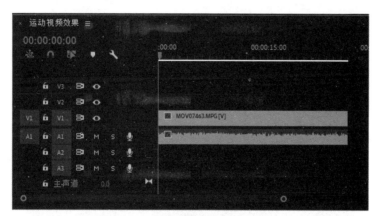

图 2.66　拖拽到视频轨道中的素材

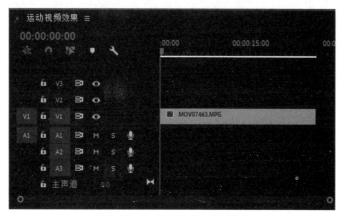

图 2.67　删除音频之后的效果

步骤 06：方法同上。在其他素材中剪辑 26 秒 01 帧的素材长度，分别拖拽到"V2""V3"和"V4"轨道中，如图 2.68 所示。

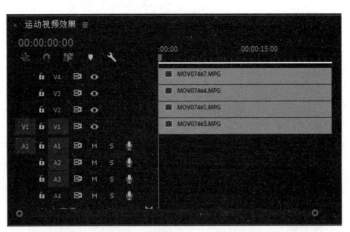

图 2.68　拖拽到序列中的视频

提示： 在添加素材时，如果【项目：创建运动视频】窗口中的视频轨道不够，按住鼠标左键将素材拖拽到最上层视频轨道的空白处，此时光标处出现▦图标，如图 2.69 所示，松开鼠标左键即可创建一个新的视频轨道，并将素材添加到视频轨道中，如图 2.70 所示。

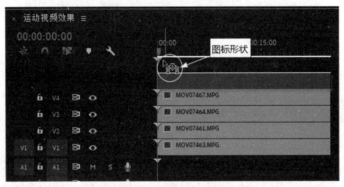

图 2.69　出现的图标形状

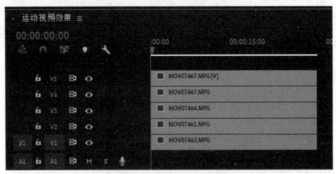

图 2.70　添加的视频效果

视频播放： 具体介绍，请观看配套视频"任务二：将素材添加到视频轨道中.mp4"。

任务三：制作运动视频效果

【任务三：制作
运动视频效果】

　　运动视频效果的制作主要使用关键帧配合【效果控件】中的运动视频参数来实现。具体操作方法如下。

　　步骤 01： 将"时针指示器"移到第 0 秒 0 帧的位置。

　　步骤 02： 单选"V4"视频轨道中的视频素材。在【效果控件】面板中分别单击"位置""缩放"和"旋转"前面的【切换动画】按钮⬛，即可创建关键帧，如图 2.71 所示。

步骤 03：将光标移到第 12 秒 0 帧的位置，在【效果控件】面板中分别调节"位置""缩放"和"旋转"的参数，系统自动添加关键帧，具体参数调节及添加的关键帧如图 2.72 所示。

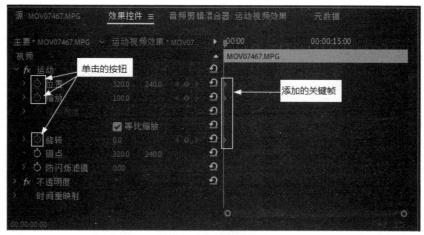

图 2.71　添加的关键帧

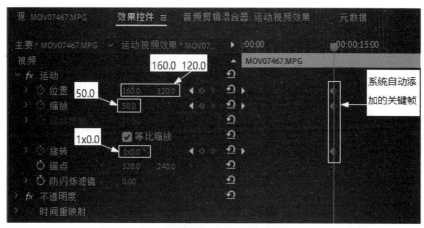

图 2.72　第 12 秒 0 帧位置的参数调节

步骤 04：将"时间指示器"移到第 0 秒 0 帧的位置。在【效果控件】中分别给"V3""V2"和"V1"中素材的"位置""缩放"和"旋转"参数添加关键帧。

步骤 05：将"时间指示器"移到第 12 秒 0 帧的位置。单选"V3"轨道中的素材，在【效果控件】中分别设置"位置""缩放"和"旋转"参数，具体设置如图 2.73 所示。此时，系统自动添加关键帧。

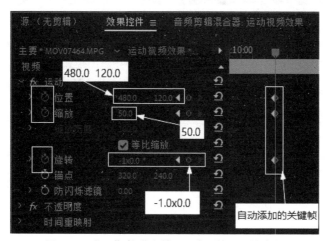

图 2.73　"V3"轨道中第 12 秒 0 帧位置的参数

步骤 06：单选"V2"轨道中的素材，在【效果控件】中分别设置"位置""缩放"和"旋转"参数，具体设置如图 2.74 所示。此时，系统自动添加关键帧。

步骤 07：单选"V1"轨道中的素材，在【效果控件】中分别设置"位置""缩放"和"旋转"参数，具体设置如图 2.75 所示。此时，系统自动添加关键帧。

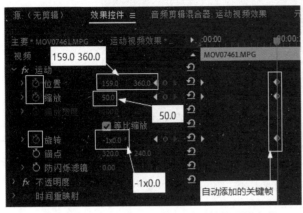

图 2.74　"V2"轨道中第 12 秒 0 帧位置的参数

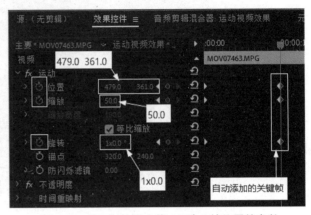

图 2.75　"V1"轨道中第 12 秒 0 帧位置的参数

视频播放：具体介绍，请观看配套视频"任务三：制作运动视频效果.mp4"。

【任务四：添加音频文件、图片和调节透明度】

任务四：添加音频文件、图片和调节透明度

步骤 01：将"放飞梦想 .mp3"音频文件拖拽到"A1"轨道中，如图 2.76 所示。

步骤 02：将"时间指示器"移到第 26 秒 0 帧的位置，单击"剃刀工具"按钮，在"A1"轨道中的第 26 秒 0 帧的位置处单击，将音频分割成两段素材，删除第二段素材，如图 2.77 所示。

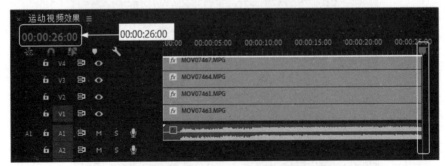

图 2.76　音频轨道中的素材

图 2.77　分割和删除多余音频之后的效果

步骤 03：将"时间指示器"移到第 12 秒 0 帧的位置，将【项目：创建运动视频】中的"校运会及校

园文化周 .psd"图片拖拽到【运动视频效果】序列中最上端空白处,并与"时间指示器"对齐,此时,出现如图 2.78 所示的图标,松开鼠标左键,完成视频轨道和图片的添加,如图 2.79 所示。

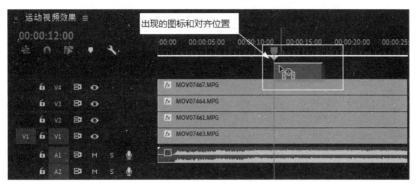

图 2.78　出现的图标和对齐位置

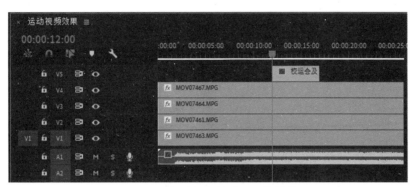

图 2.79　添加完视频轨道和图片的效果

步骤 04:将光标移到"V5"轨道中的出点位置,此时,光标变成 形态,按住鼠标左键移动鼠标,素材的出点与其他素材的出点对齐,如图 2.80 所示。

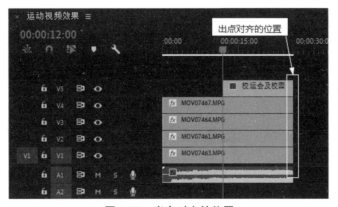

图 2.80　出点对齐的位置

步骤 05:将"时间指示器"移到第 12 秒 0 帧的位置,单选"V5"轨道中的图片素材。在【效果控件】中单击"不透明度"参数左侧的"切换动画"按钮 ,添加关键帧,并设置"不透明度"参数为"0.0%",如图 2.81 所示。

步骤 06:分别在第 15 秒 0 帧、第 24 秒 0 帧和第 26 秒 0 帧的位置处,将"不透明度"参数调节为"100%""100%"和"0%",系统自动添加关键帧。

步骤 07:完成制作,输出作品。

视频播放:具体介绍,请观看配套视频"任务四:添加音频文件、图片和调节透明度.mp4"。

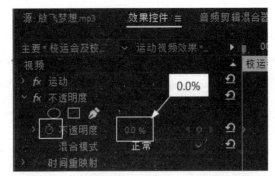

图 2.81 "不透明度"参数关键帧和参数设置

【案例3：拓展训练】

七、拓展训练

根据所学知识，制作如下运动视频效果，视频观看"创建运动视频举一反三.mp4"。

学习笔记：

学习笔记：

案例 4：序列嵌套的使用方法

一、案例内容简介

本案例主要介绍序列嵌套的制作原理、方法和技巧。

【案例 4　简介】

二、案例效果欣赏

三、案例制作（步骤）流程

任务一：创建新项目和导入素材➡任务二：制作嵌套序列➡任务三：进行序列文件嵌套➡任务四：对嵌套序列进行抠像和添加音频

四、制作目的

（1）理解嵌套的概念。

（2）掌握序列嵌套的原理。

（3）掌握序列嵌套的制作方法和技巧。

（4）掌握序列文件的嵌套原则。

（5）掌握对画面进行抠像的方法。

五、制作前需要解决的问题

（1）视频切换的概念。

（2）序列文件是否可以相互嵌套。

（3）序列文件是否可以层层嵌套。

（4）视频切换效果的参数设置。

（5）视频抠像的概念。

六、详细操作步骤

任务一：创建新项目和导入素材

步骤 01：启动 Premiere Pro 2020，创建一个名为"嵌套序列的使用方法 .prproj"的项目文件。

步骤 02：导入素材文件，如图 2.82 所示。

【任务一：创建新项目和导入素材】

图 2.82　导入的素材

视频播放：具体介绍，请观看配套视频"任务一：创建新项目和导入素材.mp4"。

【任务二：制作嵌套序列】

任务二：制作嵌套序列

所谓嵌套序列是指将一个序列作为一个视频素材放置到另一个序列视频轨道中进行使用，在 Premiere Pro 2020 中允许序列层层嵌套，但不允许相互之间进行嵌套，下面制作两个序列文件。

1. 制作嵌套"序列 01"

步骤 01：在菜单栏中单击【文件（F）】→【新建（N）】→【序列（S）...】命令或按键盘上的"Ctrl+N"组合键→弹出【新建序列】对话框。

步骤 02：设置【新建序列】对话框参数，具体设置如图 2.83 所示，单击【确定】按钮，完成"序列 01"的创建，如图 2.84 所示。

步骤 03：在【项目：嵌套序列的使用方法】面板中双击"MOV07455.MPG"视频素材，使其在【素材监视器】窗口中显示该素材。

步骤 04：在【素材监视器】窗口中的第 3 秒 0 帧的位置标记素材的入点。在素材的第 13 秒 0 帧的位置标记素材的出点。素材中的总长度为 10 秒，如图 2.85 所示。

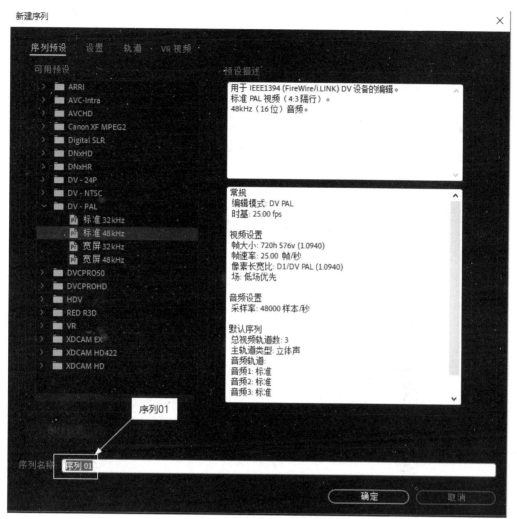

图 2.83　【新建序列】对话框参数设置

图 2.84　新建的序列

图 2.85　素材的出入点

步骤 05：将标记好的素材拖拽到【序列 01】中的"V1"轨道中，弹出如图 2.86 所示的【剪辑不匹配警告】对话框，单击【更改序列设置】按钮，完成素材的添加。

图 2.86 【剪辑不匹配警告】对话框

步骤 06：取消视频与音频之间的关联，将其音频删除，如图 2.87 所示。

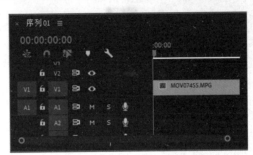

图 2.87 删除音频的效果

步骤 07：将鼠标移到【视频过渡】→【划像】→【圆划像】效果上，按住鼠标左键不放将其拖拽到"V1"轨道中的素材入点位置，此时，鼠标变成 形态，松开鼠标左键，完成【圆划像】过渡效果的添加。

步骤 08：调节【圆划像】参数。在【效果控件】面板中调节【圆划像】过渡效果参数，具体调节如图 2.88 所示，调节参数之后，在【项目：序列 01】监视器窗口中的效果如图 2.89 所示。

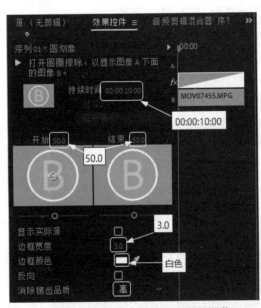

图 2.88 【圆划像】过渡效果参数调节

图 2.89 调节【圆划像】过渡效果参数之后的效果

2. 制作嵌套"序列 02"

方法同上。使用"MOV07458.MPG"素材文件，制作嵌套"序列 02"。给"V1"轨道中的素材添加【棱形划像】过渡效果，具体调节如图 2.90 所示，在【项目：序列 02】监视器中的效果如图 2.91 所示。

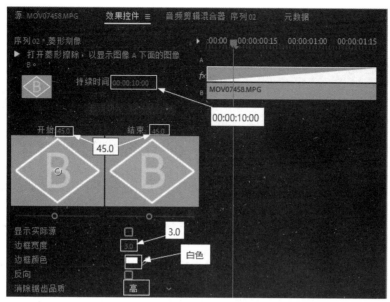

图 2.90　【棱形划像】过渡效果参数调节

图 2.91　调节【棱形划像】过渡效果参数之后的效果

视频播放： 具体介绍，请观看配套视频"任务二：制作嵌套序列.mp4"。

任务三：进行序列文件嵌套

在前面已经制作了两个用来嵌套的序列文件，下面将这两个文件嵌套到【嵌套序列使用方法】序列文件中。

步骤 01： 方法同上，创建一个名为"嵌套序列使用方法"的序列。

步骤 02： 在【项目：嵌套序列的使用方法】窗口中双击"MOV07449.MPG"素材文件，使其在【素材监视器】窗口中显示。

【任务三：进行
序列文件嵌套】

步骤 03： 在【素材监视器】窗口中的第 18 秒 0 帧的位置标记素材入点，在素材的第 28 秒 0 帧的位置标记素材的出点，素材的总长度为 10 秒。

步骤 04： 将标记好的素材拖拽到【嵌套序列使用方法】序列中的"V1"轨道中，解除素材的视频与音频的关联，删除音频，如图 2.92 所示。

步骤 05：将【项目：嵌套序列的使用方法】窗口中的"序列01"和"序列02"分别拖拽到"V2"和"V3"轨道中，如图2.93所示。

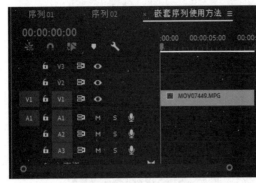

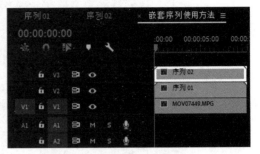

图2.92　删除音频之后　　　　　　　　　　　　图2.93　添加序列之后

步骤 06：在【嵌套序列使用方法】窗口中单选"V3"轨道中的"序列02"，在【效果控件】面板中调节参数，具体调节如图2.94所示。在【项目：嵌套序列使用方法】窗口中的效果如图2.95所示。

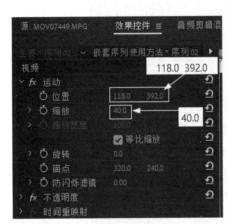

图2.94　参数调节一　　　　　　　　　　　　　图2.95　调节参数之后的效果一

步骤 07：在【嵌套序列使用方法】窗口中单选"V2"轨道中的"序列01"，在【效果控制】面板中调节参数，具体调节如图2.96所示，在【项目：嵌套序列使用方法】窗口中的效果如图2.97所示。

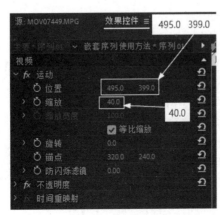

图2.96　参数调节二　　　　　　　　　　　　　图2.97　调节参数之后的效果二

视频播放： 具体介绍，请观看配套视频"任务三：进行序列文件嵌套.mp4"。

任务四：对嵌套序列进行抠像和添加音频

1. 对嵌套序列进行抠像

进行嵌套之后，在进行节目预览中可以看到嵌套序列带有黑色背景，如图 2.98 所示。需要使用视频效果将黑色的背景去掉。具体操作方法如下。

【任务四：对嵌套序列进行抠像和添加音频】

步骤 01： 将【视频效果】→【键控】下的【颜色键】视频效果拖拽到嵌套序列中的"V2"轨道中的"序列 01"上，在【效果控件】面板中调节刚添加的【颜色键】视频效果参数，具体调节如图 2.99 所示，调节后的效果如图 2.100 所示。

步骤 02： 方法同上，给"V3"轨道中的"序列 02"添加【颜色键】效果，参数调节同上。最终效果如图 2.101 所示。

图 2.98　预览截图效果

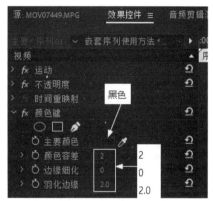

图 2.99　【颜色键】参数调节

图 2.100　调节参数之后的效果

图 2.101　调节【颜色键】参数之后的效果

2. 给嵌套序列添加音频效果

步骤 01： 在【项目：嵌套序列的使用方法】窗口中双击"国歌 .mp3"素材，使其在【素材监视器】窗口中显示。

步骤 02： 在【素材监视器】窗口中标记音频的入点和出点，使其总长度为 10 秒，将其插入"A1"轨道中，如图 2.102 所示。

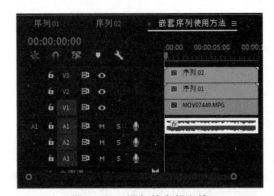

图 2.102　添加的音频文件

【案例4：拓展
训练】

视频播放：具体介绍，请观看配套视频"任务四：对嵌套序列进行抠像和添加音频.mp4"。

七、拓展训练

使用所学知识，制作如下序列嵌套运动视频效果，视频观看"创建运动视频举一反三.mp4"。

学习笔记：

案例 5：各种格式素材的导入

一、案例内容简介

本案例主要介绍 Premiere Pro 2020 支持的素材格式的导入方法和技巧。

二、案例效果欣赏

【案例 5　简介】

三、案例制作（步骤）流程

任务一：创建新项目➡任务二：导入素材的方法➡任务三：Premiere Pro 2020 支持的文件格式➡任务四：各种格式素材的导入方法➡任务五：精彩瞬间

四、制作目的

（1）掌握 Premiere Pro 2020 支持的素材文件格式类型。
（2）掌握素材导入的方法。
（3）掌握导入带素材的文件夹。
（4）掌握带通道的素材文件的导入。
（5）掌握序列图片文件导入的方法和注意事项。

五、制作前需要解决的问题

（1）格式的概念。
（2）序列图片的概念。
（3）通道的概念。
（4）嵌套的概念和嵌套注意事项。

六、详细操作步骤

任务一：创建新项目

启动 Premiere Pro 2020，创建一个名为"导入多格式素材 .prproj"的项目文件。

【任务一：创建新项目】

视频播放：具体介绍，请观看配套视频"任务一：创建新项目.mp4"。

任务二：导入素材的方法

在 Premiere Pro 2020 中，素材导入的方法主要有如下 4 种。

1. 通过菜单栏导入素材

【任务二：导入素材的方法】

步骤 01：在菜单栏中单击【文件（F）】→【导入（I）...】命令，弹出【导入】对话框。
步骤 02：根据项目要求，选择需要导入的素材，单击【打开（O）】按钮即可。

2. 通过快捷键导入素材

步骤01： 按键盘上的"Ctrl+I"组合键，弹出【导入】对话框。

步骤02： 根据项目要求，选择需要导入的素材，单击【打开（O）】按钮即可。

3. 通过【媒体浏览器】窗口导入素材

步骤01： 单击【媒体浏览器】窗口标签，切换到【媒体浏览器】功能面板。

步骤02： 在【媒体浏览器】窗口中浏览素材，找到需要导入的素材，如图2.103所示。

步骤03： 将光标移到需要导入的素材图标上，按住鼠标左键拖拽到【项目】窗口，光标变成形态，松开鼠标左键即可，如图2.104所示。

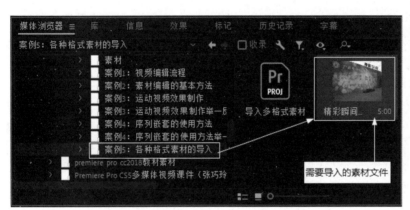

图 2.103 找到需要导入的素材文件

图 2.104 导入的素材

4. 通过双击鼠标左键导入素材

步骤01： 在【项目】窗口中的空白处双击，弹出【导入】对话框。

步骤02： 根据项目要求，选择需要导入的素材，单击【打开（O）】按钮即可。

> **提示：** 以上4种导入素材的方法，如果导入的素材包含有带通道信息的文件时，都会弹出【导入分层文件：精彩瞬间】对话框，用户根据项目要求设置参数，单击【确定】按钮即可，如图2.105所示。

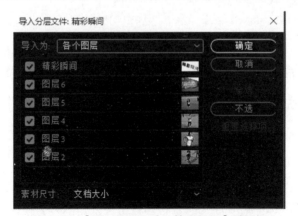

图 2.105 【导入分层文件：精彩瞬间】对话框

视频播放: 具体介绍, 请观看配套视频"任务二: 导入素材的方法.mp4"。

任务三: Premiere Pro 2020 支持的文件格式

Premiere Pro 2020 支持的文件格式与以前版本相比有很大的改进。Premiere Pro 2020 支持大部分流行的素材文件格式, 下面分别介绍一些主要的视频、图片和音频文件的格式。

在导入素材文件时, 弹出【导入】对话框, 将光标移到 <u>所有支持的媒体</u> ∨ 上面, 按住鼠标左键, 弹出一个快捷菜单, 如图 2.106 所示, 在该快捷菜单中显示了所有 Premiere Pro 2020 支持的文件格式。

【任务三: Premiere Pro 2020 支持的文件格式】

图 2.106　弹出的快捷菜单

1. 视频文件格式

常用的视频文件格式主要有 *.avi、*.flv、*.swf、*.MPEG、*.ASP、*.WMA、*.WMV 和 *.mp4 等视频文件格式。

2. 图片文件格式

常用的图片文件格式主要有 *.PNG、*.JPG、*.TIF、*.BMP、*.PSD 和 *.JPEG 等图片文件格式。

3. 音频文件格式

常用的音频文件格式主要有 *.mp3、*.WAV、*.AIFF、*.MPEG 和 *.MPG 等音频文件格式。

视频播放: 具体介绍, 请观看配套视频"任务三: Premiere Pro 2020 支持的文件格式.mp4"。

任务四: 各种格式素材的导入方法

1. 导入带通道信息的素材文件

带通道信息的素材文件主要有 *.psd 和 *.TIF 图片文件。在这里以 *.psd 图片文件的导入为例。

【任务四: 各种格式素材的导入方法】

步骤 01：按键盘上的"Ctrl+I"组合键，弹出【导入】对话框，在该对话框中单选"精彩瞬间 .psd"图片文件。

步骤 02：单击【打开（O）】按钮，弹出【导入分层文件：精彩瞬间】对话框，根据要求选择导入的方式，具体设置如图 2.107 所示。

步骤 03：单击【确定】按钮，将带通道信息的素材导入【项目：导入多素材格式素材】窗口中，如图 2.108 所示。

图 2.107 【导入分层文件：精彩瞬间】对话框　　图 2.108 导入的带通道信息图片

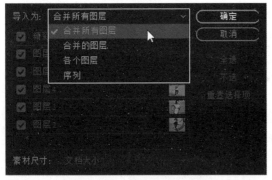

图 2.109 弹出的下拉菜单

2.【导入分层文件】对话框简介

单击【导入为】右边的■图标，弹出下拉菜单，如图 2.109 所示。主要包括"合并所有图层""合并的图层""各个图层"和"序列"4 种导入方式。

（1）【导入为】选项。

①单选"合并所有图层"选项：将导入的所有图层合并成一个图层导入【项目】窗口中。

②单选"合并的图层"选项：读者可以根据节目要求，将选择的图层合并导入【项目】窗口中。

③单选"各个图层"选项，将所有图层单独导入【项目】窗口中。

④单选"序列"选项，将所有图层以一个序列文件导入【项目】窗口中，自动创建一个文件夹和一个序列文件。

（2）【素材尺寸】选项。

单击【素材尺寸】右边的 文档大小 项，弹出快捷菜单。弹出的下拉菜单包括"文档大小"和"图层大小"两个选项。

①单选"文档大小"选项：导入的图片大小与导入图片的实际大小相等。

②单选"图层大小"选项：导入的图片大小与原始图片所在图层的大小相等。

提示：只有在单选"单层"或"序列"选项时，素材尺寸的设置才有效。

3. 导入文件夹

在 Premiere Pro 2020 中，允许用户导入文件夹，方便用户一次性将文件夹中的所有素材导入【项目】窗口中。

步骤 01： 按键盘上的 "Ctrl+I" 组合键，弹出【导入】对话框。

步骤 02： 在【导入】对话框中单选需要导入的文件夹。单击【导入文件夹】按钮，即可将选择的文件夹和文件中所有的文件素材导入【项目】窗口中。

> **提示：** 在导入文件夹时，如果文件夹中还包含子文件，子文件夹将不被导入，但子文件夹中的素材文件则被正常导入。

4. 导入图像序列

在动画输出时，一般情况以单帧的序列文件导出，再通过 Premiere 进行合成。在这里介绍怎样导入图像序列，具体导入方法如下。

步骤 01： 在【项目：导入多格式素材】窗口的空白处双击鼠标左键，弹出【导入】对话框。

步骤 02： 在【导入】对话框中单选序列素材的第 1 个文件，勾选 "图像序列" 选项，如图 2.110 所示。

步骤 03： 单击【打开（O）】按钮，即可将序列文件合成为一个序列视频文件，如图 2.111 所示。

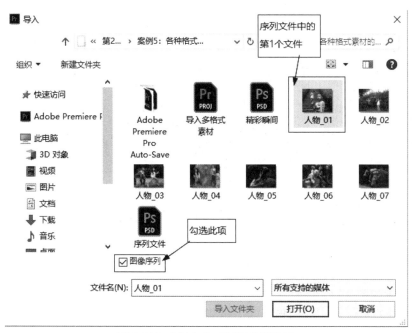

图 2.110　【导入】对话框参数设置

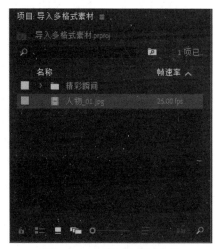

图 2.111　导入的序列文件

> **提示：** 如果没有选择第 1 个图像序列文件，而是选择了 "人物 _01.jpg"，同时勾选了 "图像序列" 选项，单击【打开（O）】按钮将图像序列素材导入【项目】窗口中，此时，导入的序列素材是从 "人物 _01.jpg" 开始到最后结束，之前的文件将不被导入。

> **视频播放：** 具体介绍，请观看配套视频 "任务四：各种格式素材的导入方法.mp4"。

任务五：精彩瞬间

在这里利用前面导入的素材制作一个体育跑步的精彩瞬间。

【任务五：精彩瞬间】

1.将素材拖拽到视频轨道中

依次将素材拖拽到视频轨道中，并拉长至5秒，如图2.112所示。

图2.112　添加到轨道中的素材

2.给序列窗口中的素材添加动画

步骤01：单选"V6"视频轨道中的素材，将"时间指示器"移到第2秒15帧的位置，在【效果控件】中设置参数并添加关键帧，具体设置如图2.113所示。

步骤02：单选"V5"视频轨道中的素材，将"时间指示器"移到第2秒15帧的位置，在【效果控件】中设置参数并添加关键帧，具体设置如图2.114所示。

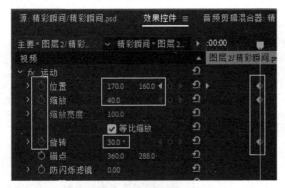

图2.113　具体参数设置一　　　　　　　　　图2.114　具体参数设置二

步骤03：单选"V4"视频轨道中的素材，将"时间指示器"移到第2秒15帧的位置，在【效果控件】中设置参数并添加关键帧，具体设置如图2.115所示。

步骤04：单选"V3"视频轨道中的素材，将"时间指示器"移到第2秒15帧的位置，在【效果控件】中设置参数并添加关键帧，具体设置如图2.116所示。

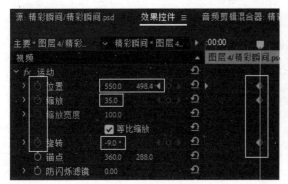
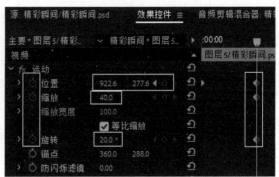

图2.115　具体参数设置三　　　　　　　　　图2.116　具体参数设置四

步骤 05：单选"V2"视频轨道中的素材，将"时间指示器"移到第 2 秒 15 帧的位置，在【效果控件】中设置参数并添加关键帧，具体设置如图 2.117 所示。

步骤 06：将"时间指示器"移到第 0 秒 0 帧的位置，单选"V6"视频轨道中的素材，在【效果控件】面板中设置"位置"的参数为"–206.0　–76.0"，系统自动添加关键帧。

步骤 07：单选"V5"视频轨道中的素材，在【效果控件】面板中设置"位置"的参数为"–189.3　596.1"，系统自动添加关键帧。

图 2.117　具体参数设置五

步骤 08：单选"V4"视频轨道中的素材，在【效果控件】面板中设置"位置"的参数为"1198.9　861.1"，系统自动添加关键帧。

步骤 09：单选"V3"视频轨道中的素材，在【效果控件】面板中设置"位置"的参数为"1223.0　–65.6"，系统自动添加关键帧。

步骤 10：预览效果，输出文件，最终效果的部分截图，如图 2.118 所示。

图 2.118　部分截图效果

视频播放：具体介绍，请观看配套视频"任务五：精彩瞬间.mp4"。

七、拓展训练

根据所学知识，读者自己收集不同格式的文件素材，练习导入。

学习笔记：

学习笔记：

案例6：声画合成、输出与打包

一、案例内容简介

本案例主要介绍声画合成的方法和技巧，输出和打包的相关参数设置。

【案例6 简介】

二、案例效果欣赏

三、案例制作（步骤）流程

任务一：创建新项目➡任务二：导入素材并将音频文件拖拽到音频轨道中➡任务三：设置标记点➡任务四：声画对位➡任务五：项目输出➡任务六：素材打包

四、制作目的

（1）掌握声画合成的方法和技巧。
（2）掌握标记点的创建。
（3）了解标记点的分类。
（4）掌握项目输出的相关参数设置。
（5）掌握素材打包的相关设置。

五、制作前需要解决的问题

（1）各种视频格式的作用。
（2）素材的收集和导入。
（3）Premiere Pro 2020 中各个工具的熟练使用。

六、详细操作步骤

任务一：创建新项目

启动 Premiere Pro 2020，创建一个名为"声画合成、输出与打包 .prproj"的项目文件。

【任务一：创建新项目】

视频播放：具体介绍，请观看配套视频"任务一：创建新项目.mp4"。

任务二：导入素材并将音频文件拖拽到音频轨道中

步骤 01：导入如图 2.119 所示的素材文件。

图 2.119　导入的素材文件

步骤 02：将音频文件拖拽到"A1"轨道中，如图 2.120 所示。

步骤 03：按键盘上的"空格"键进行播放预览，当播放完第 4 句之后按"空格"键停止播放。

步骤 04：使用剃刀工具 将音频文件从"时间指示器"位置处将音频素材分割成两段，将后面一段素材删除，如图 2.121 所示。

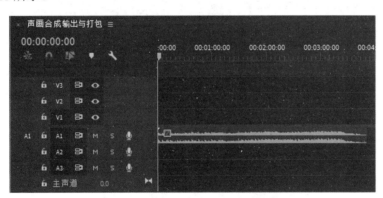

图 2.120　拖拽到"A1"轨道的音频素材

【任务二：导入素材并将音频文件拖拽到音频轨道中】

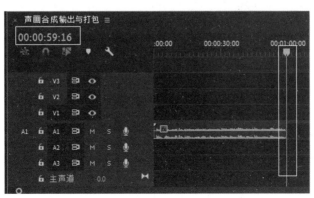

图 2.121　分割和删除之后的音频素材

视频播放： 具体介绍，请观看配套视频"任务二：导入素材并将音频文件拖拽到音频轨道中.mp4"。

【任务三：设置
标记点】

任务三：设置标记点

在后期剪辑中，所谓声画合成是指将音频文件根据节目要求进行对位与合成。

标记点的主要作用是给素材指定位置和注释，方便用户通过编辑点快速查找和定位所需要的画面以及声画对位。它在后期剪辑中非常重要，使用频率较高。在 Premiere Pro 2020 中为标记单独列出了一个"标记"菜单。

1. 添加标记点

步骤01： 从音频轨道的波形图中大致可以看出有4句唱词，即有人声的时间处波形会更高、更密。

步骤02： 将光标移到"A1"轨道与"A2"轨道交界处，光标变成 形状，按住鼠标左键往下拖动，将"A1"轨道中的音频波形图拉宽，这样使音频波形图显示得更加清晰，如图2.122所示。

步骤03： 按"空格"键进行播放，在播放的同时可以按键盘上的"M"键，在序列的时间标尺上添加标记，在唱到第1句、第2句、第3句刚开始的位置依次按下"M"键，"时间标尺"上添加4个标记点，如图2.123所示。

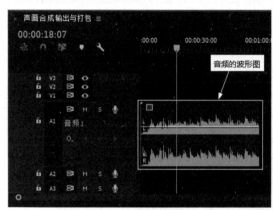

图2.122　拉宽之后的波形图

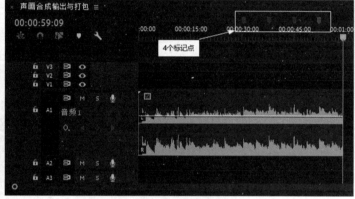

图2.123　添加的4个标记点

2. 标记点的相关操作

标记点的相关操作主要包括标记点之间的切换、清除标记点和编辑标记点。

（1）标记点之间的切换。

步骤01： 在菜单栏中单击【标记（M）】→【转到下一个标记（N）】命令或按键盘上的"Shift+M"组合键，"时间指示器"会转到当前位置的下一个标记点。

步骤02： 在菜单栏中单击【标记（M）】→【转到上一个标记（P）】命令或按键盘上的"Ctrl+Shift+M"组合键，"时间指示器"会转到当前位置的上一个标记点。

（2）清除标记点。

步骤01： 在菜单栏中单击【标记（M）】→【清除所有标记点（A）】命令或按键盘上的"Ctrl+Alt+Shift+M"组合键，清除时间标尺上的所有标记点。

步骤02： 将"时间指示器"移到需要清除的标记点位置处，在菜单栏中单击【标记（M）】→【清除所选标记点（K）】命令或按键盘上的"Ctrl+Alt+M"组合键，清除"时间指示器"所在位置的标记点。

（3）编辑标记点。

读者可以对添加的标记点进行命名、注释、改变标记点的颜色和链接等操作。

步骤01： 在菜单栏中单击【标记（M）】→【编辑标记（I）...】命令，弹出【标记】对话框。

步骤02： 根据项目要求设置标记点名称、注释和标记点颜色，具体设置如图2.124所示。

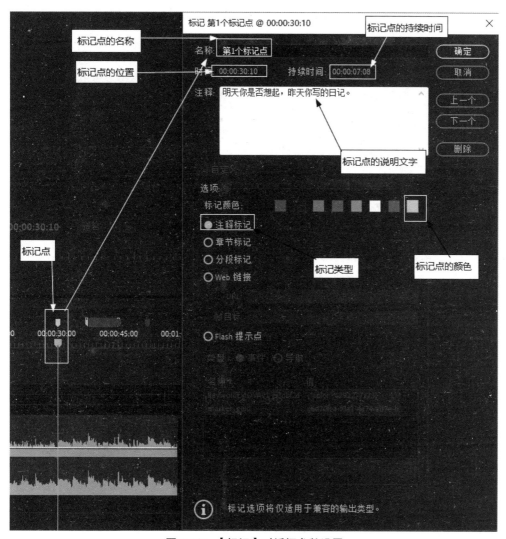

图 2.124　【标记】对话框参数设置

步骤 02：通过单击【上一个】和【下一个】按钮，可以继续编辑其他标记点，编辑完毕，单击【确定】按钮完成标记点的编辑。

步骤 03：如果单击【标记】对话框中的【删除】按钮，将标记内容和标记点一同删除。

> **视频播放**：具体介绍，请观看配套视频"任务三：设置标记点.mp4"。

任务四：声画对位

在"时间标尺"上已经添加了标记点，对需要添加什么样的画面，将这些画面添加到什么地方，需要多长时间的素材等问题就非常清晰了，下面给添加了标记的 5 部分添加对应的画面。

步骤 01：单击"A1"轨道中的【切换轨道锁定】按钮，将"A1"轨道中的音频素材锁定。

【任务四：声画对位】

步骤 02：将"MOV02650.MPG"和"MOV02649.MPG"两段素材依次拖拽到"V1"轨道中，并取消视频与音频之间的关联，将音频删除，如图 2.125 所示。

步骤 03：将"时间指示器"移到第 1 个标记点的位置，将光标移到"MOV02649.MPG"素材的出点位置，此时，鼠标变成◄形态，按住鼠标左键不放的同时往左移动与"时间指示器"对齐，松开鼠标完成素材出点的调节，如图 2.126 所示。

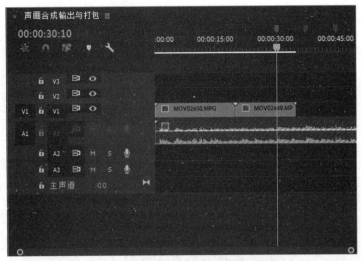

图 2.125　拖拽素材并删除音频的效果

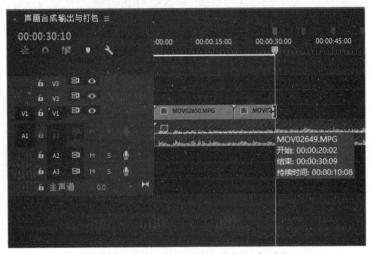

图 2.126　素材出点与第 1 个标记点对齐

　　步骤 04：方法同上，将其他素材拖拽到"V1"轨道中并调节素材的出入点，最终效果如图 2.127 所示。

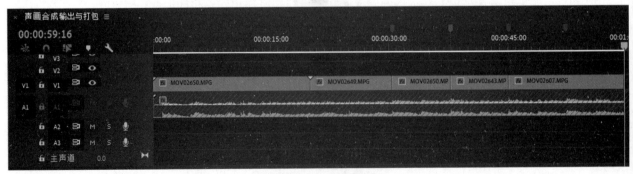

图 2.127　添加素材效果

　　步骤 05：单选"V1"轨道中的素材，在【效果控件】面板中将素材的"缩放"参数调节为"125"，使画面大小与新建的项目尺寸匹配。

　　步骤 06：将字幕拖拽到"V2"轨道中，使其与标记点对齐，如图 2.128 所示。

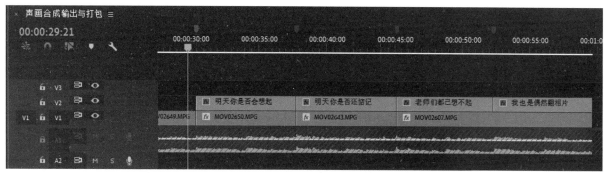

图 2.128　对齐的字幕素材

视频播放： 具体介绍，请观看配套视频"任务四：声画对位.mp4"。

任务五：项目输出

在 Premiere Pro 2020 中，可以将编辑好的项目输出为视频、音频、图片和字幕，直接输出刻录 DVD 或录制成磁带等。各种类型的输出方法如下。

【任务五：项目输出】

1. 输出项目

步骤 01： 在菜单栏中单击【文件（F）】→【导出（E）】→【媒体（M）】命令或按键盘上的"Ctrl+M"组合键，弹出【导出设置】对话框，根据项目要求设置【导出设置】对话框。

步骤 02： 具体设置如图 2.129 所示。单击【导出】按钮完成导出。

图 2.129　【导出设置】对话框参数设置

2.【导出设置】对话框的参数介绍

（1）【源缩放】：主要用来设置项目输出的范围，输出范围包括"缩放以适合""缩放以填充""拉伸以填充""缩放以适合黑色边框"和"更改输出大小以匹配源"5种方式。可以根据项目要求进行选择。

（2）【与序列设置匹配】：勾选此项目，"格式""预设"的选项将成为灰色显示，完全与创建的序列匹配输出。

（3）【格式】：单击【格式】右边的▼按钮，弹出如图2.130所示的下拉菜单。下拉菜单中提供了所有视频、音频和图片格式，可以根据项目要求进行选择。

（4）【预设】：单击【预设】右边的▼按钮，弹出如图2.131所示的下拉菜单。该菜单为用户提供了目前使用的所有格式。

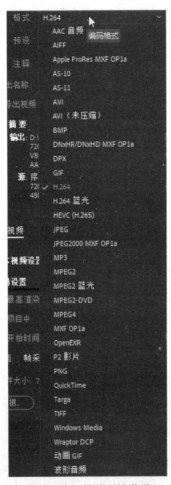

图2.130　格式下拉菜单

图2.131　预设下拉菜单

图2.132　输出项目的摘要信息

（5）【注释】/【输出名称】：主要用来为输出文件进行提示说明／设置输出文件的名称。

（6）【导出视频】/【导出音频】：勾选【导出视频】/【导出音频】选项，则输出视频／音频。如果同时勾选则输出视频和音频的合成文件。

（7）【摘要】：主要显示输出项目的基本信息和源素材的基本信息，如图2.132所示。

视频播放： 具体介绍，请观看配套视频"任务五：项目输出.mp4"。

任务六：素材打包

素材打包的目的是将制作项目用到的所有素材从各自的文件夹中拷贝到统一的文件夹下，方便用户进行管理，防止文件丢失。

1. 素材打包的方法

步骤 01：在菜单栏中单击【文件（F）】→【项目管理（M）...】命令，弹出【项目管理器】对话框。

步骤 02：根据项目要求，设置【项目管理器】对话框，具体设置如图 2.133 所示。单击【确定】按钮，完成素材打包，如图 2.134 所示。将从不同文件夹导入的素材拷贝到同一个文件夹中。

图 2.133　【项目管理器】对话框参数设置

图 2.134　打包之后的文件

2.【项目管理】对话框参数说明

（1）【序列】：确定对哪个序列窗口中的素材进行打包。

（2）【生成项目】：包括【收集文件并复制到新位置】和【整合并转码】两个选项。如果单选【整合并转码】项，则系统对收集的素材根据设置进行转码并整合为新的项目文件。

（3）【选项】：确定将序列中的哪些素材进行打包。

（4）【目标路径】：确定打包之后的文件保存路径。

（5）【磁盘空间】：显示磁盘空间和节目文件的相关信息。

> **视频播放**：具体介绍，请观看配套视频"任务六：素材打包.mp4"。

【案例6：拓展训练】

七、拓展训练

根据所学知识，自拟题目，收集素材，制作一个 2～5 分钟左右的节目文件，对制作好的节目文件进行输出和打包。例如：产品介绍、校运会、各种晚会或 MTV 等。

学习笔记：

第3章

丰富的视频过渡效果

知识点

案例1：视频过渡效果的基础知识

案例2：人物过渡

案例3：创建卷页画册

案例4：制作卷轴画效果

案例5：其他视频过渡效果介绍

说　明

本章主要通过5个案例来介绍视频过渡效果的创建、参数设置和转场效果的作用，读者要重点掌握视频过渡的参数调节方法和过渡效果的灵活应用。

教学建议课时数

一般情况下需要8课时，其中理论3课时，实际操作5课时（特殊情况可做相应调整）。

思维导图

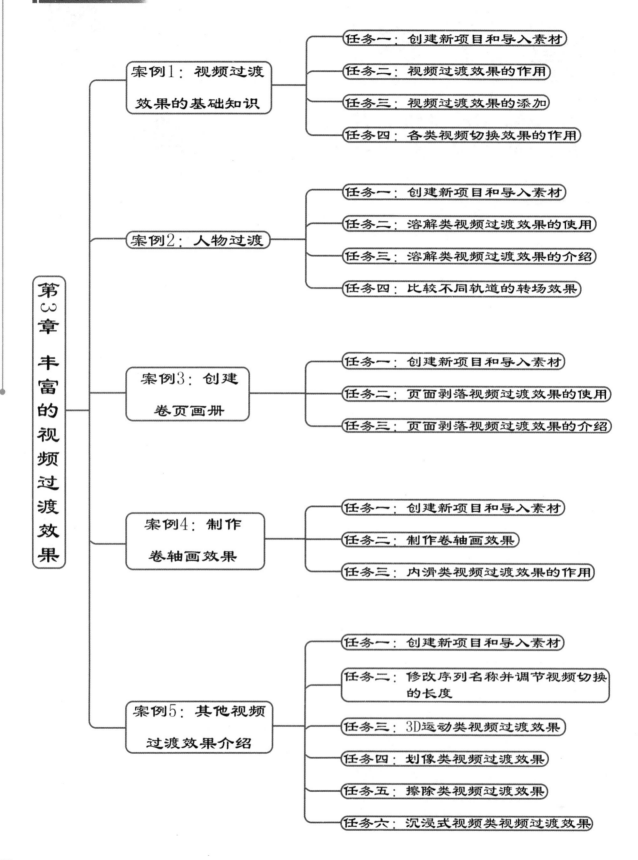

第3章 丰富的视频过渡效果

案例1：视频过渡效果的基础知识
- 任务一：创建新项目和导入素材
- 任务二：视频过渡效果的作用
- 任务三：视频过渡效果的添加
- 任务四：各类视频切换效果的作用

案例2：人物过渡
- 任务一：创建新项目和导入素材
- 任务二：溶解类视频过渡效果的使用
- 任务三：溶解类视频过渡效果的介绍
- 任务四：比较不同轨道的转场效果

案例3：创建卷页画册
- 任务一：创建新项目和导入素材
- 任务二：页面剥落视频过渡效果的使用
- 任务三：页面剥落视频过渡效果的介绍

案例4：制作卷轴画效果
- 任务一：创建新项目和导入素材
- 任务二：制作卷轴画效果
- 任务三：内滑类视频过渡效果的作用

案例5：其他视频过渡效果介绍
- 任务一：创建新项目和导入素材
- 任务二：修改序列名称并调节视频切换的长度
- 任务三：3D运动类视频过渡效果
- 任务四：划像类视频过渡效果
- 任务五：擦除类视频过渡效果
- 任务六：沉浸式视频类视频过渡效果

本章主要通过 5 个案例来介绍视频过渡效果的作用、创建方法和参数调节。在学习本章案例之前，先了解过渡效果、硬过渡和软过渡的概念。

过渡效果也称为转场，主要用来处理一个镜头转到另一个镜头的过渡。

过渡分为硬过渡和软过渡两种。硬过渡是指在一个镜头完成后接着另一个镜头，中间没有任何过渡效果。软过渡是相对硬过渡而言，是指在一个镜头完成后运用某一种过渡效果过渡到下一个镜头，从而使过渡显得自然流畅并能够表达用户的创作意图。

案例 1：视频过渡效果的基础知识

一、案例内容简介

本案例主要介绍视频过渡效果的作用、使用方法和视频过渡的分类及各类过渡效果的作用。

【案例 1　简介】

二、案例效果欣赏

三、案例制作（步骤）流程

任务一：创建新项目和导入素材➡任务二：视频过渡效果的作用➡任务三：视频过渡效果的添加➡任务四：各类视频切换效果的作用

四、制作目的

（1）了解视频过渡效果的概念。

（2）掌握视频过渡效果的作用。

（3）掌握怎样添加视频过渡效果。

（4）了解视频过渡效果主要应用的场合。

（5）掌握视频过渡效果的分类。

（6）掌握视频过渡效果的参数调节。

五、制作前需要解决的问题

（1）镜头的概念。

（2）场景的概念。

（3）蒙太奇的概念。

（4）视听语言基础知识。

六、详细操作步骤

【任务一：创建新项目和导入素材】

任务一：创建新项目和导入素材

步骤 01：启动 Premiere Pro 2020，创建一个名为"视频过渡效果的基础知识"的项目文件。

步骤 02：利用前面所学知识导入如图 3.1 所示的素材。

图 3.1　导入的素材文件

视频播放：具体介绍，请观看配套视频"任务一：创建新项目和导入素材.mp4"。

【任务二：视频过渡效果的作用】

任务二：视频过渡效果的作用

在 Premiere Pro 2020 中，为用户提供了 8 大类视频过渡（转场）效果，基本上可以满足用户后期剪辑的创意要求。

在电视新闻节目中，一般不添加视频过渡（转场）效果，直接使用硬过渡来实现场景（镜头）之间的过渡。目的是避免分散观众的注意力，而影视作品则通过添加过渡效果体现作品的独特风格，丰富并强化作品的视觉效果。

在一些文艺节目或广告类节目中，有时会添加一些过渡效果来强化和突出某些信息和作者的创作意图。

在添加视频过渡效果时，要根据镜头的氛围以及上下镜头画面元素之间的关系适当添加，使画面过渡更加流畅自然，或强化上下镜头的过渡目的，不能盲目地添加视频过渡效果。

视频播放：具体介绍，请观看配套视频"任务二：视频过渡效果的作用.mp4"。

【任务三：视频过渡效果的添加】

任务三：视频过渡效果的添加

在 Premiere Pro 2020 中，可以在一段素材的入点或出点添加视频过渡效果，也可以在前一段素材的出点与下一段素材的入点之间添加过渡效果。

在 Premiere Pro 2020 中，允许用户同时给多段素材添加视频过渡效果。

1. 在两段素材之间添加视频过渡效果

在两段素材之间添加视频过渡效果时，必须确保两段素材在同一视频轨道中，而且它们之间没有空隙，添加的视频过渡效果才起作用。添加视频过渡效果之后，在【效果控件】面板中设置视频过渡效果的参数即可。

步骤 01：将视频素材添加到"V1"轨道中，如图 3.2 所示。

步骤 02：添加视频过渡效果，在这里以添加一个【交叉缩放】过渡效果为例。将鼠标移到需要添加的视频过渡效果上，按住鼠标左键不放，拖拽到"V1"轨道中两段素材的交界处，鼠标右下角多出一个图标，松开鼠标即可，如图 3.3 所示。

步骤 03：单选添加的视频过渡效果，在【效果控件】中显示当前视频轨道中的视频过渡效果的参数，如图 3.4 所示，用户根据实际情况设置视频过渡效果的参数即可。

图 3.2　添加到"V1"轨道的素材

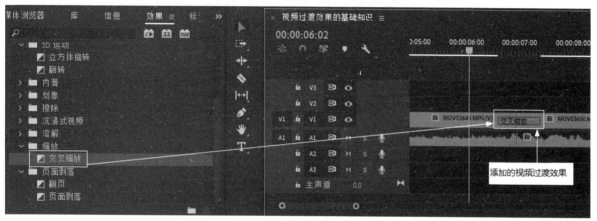

图 3.3　添加的视频过渡效果

2.【交叉缩放】过渡效果的参数介绍

（1）▶（播放过渡）按钮：单击该按钮，在该按钮正下方的演示框中演示该过渡效果的动态效果。

（2）【持续时间】：设置前一图像（图像 A）画面过渡到相邻的下一图像（图像 B）的持续时间。

（3）【对齐】：设置视频过渡效果的开始位置，包括如图 3.5 所示的 4 种对齐类型。

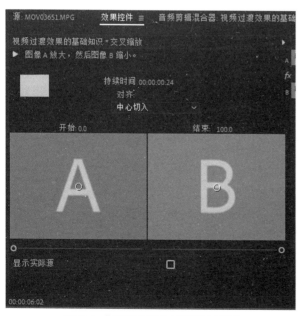

图 3.4　【交叉缩放】过渡效果参数

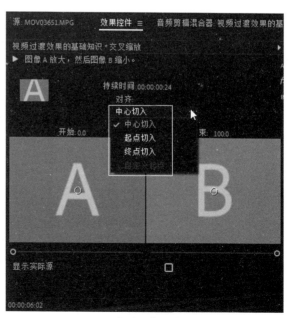

图 3.5　【对齐】的类型

①【中心切入】：单选此项，则视频过渡效果对图像 A 和图像 B 各占一半，如图 3.6 所示。

②【起点切入】：单选此项，则视频过渡效果的出点与图像 B 的入点对齐，如图 3.7 所示。

③【终点切入】：单选此项，则视频过渡效果的出点与图像 A 的出点对齐，如图 3.8 所示。

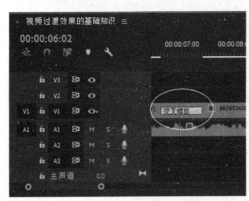 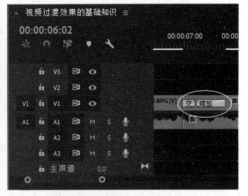

图 3.6　"中心切入"效果　　　　　图 3.7　"起点切入"效果

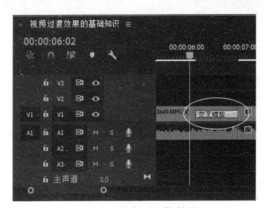

图 3.8　"终点切入"效果

④【自定义起点】：单选此项，允许用户手动调节视频过渡效果的入点和出点。

（4）【开始】／【结束】：设置过渡开始和结束的位置。

（5）【显示实际源】：勾选此项，显示图像始末位置的帧画面。

3. 给多段素材同时添加视频过渡效果

在 Premiere Pro 2020 中，不仅可以给视频素材添加视频过渡效果，还可以给图片、彩色蒙版及音频添加过渡效果。

通过【自动匹配序列（A）…】按钮█▐▌给多段图像添加视频过渡效果。

步骤 01：将"时间指示器"移到第 0 秒 0 帧的位置，锁定"V1"轨道。

步骤 02：导入素材并选中导入的素材，如图 3.9 所示。

步骤 03：在【视频过渡效果的基础知识】序列中单选"V2"轨道。再单击【项目：视频过渡效果的基础知识】窗口下边的【自动匹配序列（A）…】按钮█▐▌，弹出【序列自动化】对话框，具体参数设置如图 3.10 所示。

步骤 04：单击【确定】按钮即可，如图 3.11 所示。

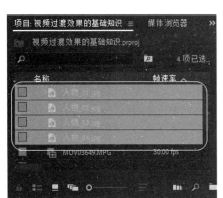

图 3.9　导入并选中的素材

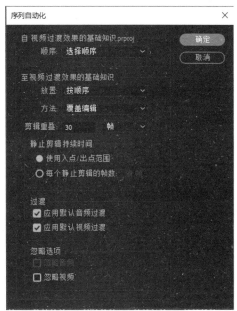

图 3.10　【序列自动化】对话框

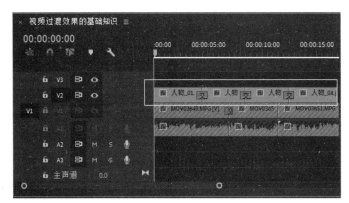

图 3.11　自动匹配添加到序列的效果

4. 通过序列窗口菜单中的命令给多段素材添加视频过渡效果

步骤 01：在【视频过渡效果的基础知识】序列中框选多段素材。

步骤 02：在菜单栏中单击【序列（S）】→【应用视频过渡（V）】命令或按键盘上的"Ctrl+D"组合键即可。

> **提示**：在【序列】窗口中选择轨道中的素材，将"时间指示器"移到被选中素材的入点、出点或两段相邻素材的接缝处，按键盘上的"Ctrl+D"组合键即可添加默认过渡效果。

5. 删除视频过渡效果

在 Premiere Pro 2020 中为用户提供了 3 种删除方式。

第一种方式：在【序列】窗口中单选视频轨道中的视频过渡效果，按键盘上的"Delete"键即可删除选择的视频切换效果。

第二种方式：将光标移到轨道中需要删除的视频切换效果上，单击鼠标右键，在弹出的快捷菜单中单击【清除】命令，即可删除视频过渡效果。

第三种方式：按住"Shift"键，单选需要删除的视频过渡效果，再按键盘上的"Delete"键即可一次性删除多个视频过渡效果。

视频播放： 具体介绍，请观看配套视频"任务三：视频过渡效果的添加.mp4"。

【任务四：各类视频
切换效果的作用】

任务四：各类视频切换效果的作用

在 Premiere Pro 2020 软件中，为用户提供了"3D 运动""内滑""划像""擦除""沉浸式视频""溶解""缩放"和"页面剥落"8 大类 40 多种视频过渡效果，基本上可以满足读者的创意要求。

（1）"3D 运动"类视频过渡效果：将前后图像（镜头）进行层次化，实现从二维到三维的视觉效果。

（2）"内滑"类视频过渡效果：通过画面滑动来进行图像 A 和图像 B 的过渡。

（3）"划像"类视频过渡效果：通过图像 A 的伸展逐渐过渡到图像 B。

（4）"擦除"类视频过渡效果：通过图像 A 的画面类似指针旋转擦除图像，从而显示图像 B 的画面。

（5）"沉浸式视频"类视频过渡效果：将两个图像以沉浸的方式进行画面的过渡。

（6）"溶解"类视频过渡效果：通过图像 A 逐渐过渡到图像 B。

（7）"缩放"类视频过渡效果：通过图像 A 和图像 B 以缩放的形式进行画面过渡。

（8）"页面剥落"类视频过渡效果：通过图像 A 画面进行翻转或剥落到图像 B 画面。

视频播放： 具体介绍，请观看配套视频"任务四：各类视频切换效果的作用.mp4"。

【案例1：拓展训练】

七、拓展训练

使用该案例介绍的方法，读者自己创建一个名为"视频过渡效果举一反三 .prproj"项目文件，根据配套资源中提供的素材，制作如下效果，并输出名为"视频过渡效果举一反三.mp4"文件。

学习笔记：

学习笔记：

案例 2：人物过渡

一、案例内容简介

本案例主要介绍溶解类视频过渡效果中的各个效果的作用和参数设置。

【案例 2　简介】

二、案例效果欣赏

三、案例制作（步骤）流程

任务一：创建新项目和导入素材➡任务二：溶解类视频过渡效果的使用➡任务三：溶解类视频过渡效果的介绍➡任务四：比较不同轨道的转场效果

四、制作目的

（1）了解溶解类视频过渡效果的作用。

（2）掌握溶解类视频过渡效果的应用场合。

（3）掌握溶解类视频过渡效果的参数调节。

（4）熟练掌握溶解类视频过渡效果的使用方法。

五、制作前需要解决的问题

（1）视频过渡效果的分类。

（2）视频过渡效果的作用。

（3）蒙太奇的概念。

（4）视听语言基础知识。

【任务一：创建新项
目和导入素材】

六、详细操作步骤

任务一：创建新项目和导入素材

步骤01： 启动 Premiere Pro 2020，创建一个名为"人物过渡"的项目文件。

步骤02： 利用前面所学知识导入图 3.12 所示的素材。

图 3.12　导入的素材

> **视频播放：** 具体介绍，请观看配套视频"任务一：创建新项目和导入素材.mp4"。

【任务二：溶解类视
频过渡效果的使用】

任务二：溶解类视频过渡效果的使用

在这里，通过制作人物过渡效果来介绍溶解类视频过渡效果的作用和使用方法。

溶解类视频过渡效果的主要作用是通过对图像画面（镜头）的溶解消失进行转场过渡。

溶解类视频过渡效果主要应用于镜头分割、时空转场和思绪变化，节奏比较慢。溶解类视频过渡效果主要有 7 种类型。

将素材添加到轨道中并添加溶解类视频过渡效果。

步骤01： 将导入的素材依次拖拽到"V1"轨道中，如图 3.13 所示。

图 3.13　"V1"轨道中素材效果

步骤02： 分别将 7 种溶解类视频过渡效果添加到"V1"轨道中的图片素材链接处，如图 3.14 所示。

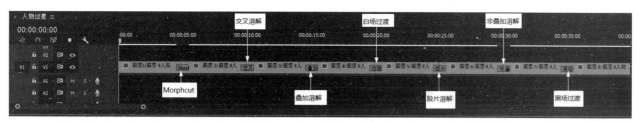

图 3.14　溶解类视频过渡效果

步骤 03：根据自己的创意要求设置各个溶解类视频过渡效果的参数，具体设置方法是在"V1"轨道中单选需要调节参数的"溶解"类视频过渡效果，然后在【效果控件】中设置参数即可。

视频播放：具体介绍，请观看配套视频"任务二：溶解类视频过渡效果的使用.mp4"。

任务三：溶解类视频过渡效果的介绍

（1）"MorphCut"视频过渡效果：主要作用是修复素材之间的跳帧现象。

（2）"交叉溶解"视频过渡效果：主要作用是使图像 A 渐隐于图像 B。从而实现过渡到图像 B 画面的效果。该溶解效果为默认切换效果，常用于回忆类视频过渡，如图 3.15 所示。

【任务三：溶解类视频过渡效果的介绍】

图 3.15　"交叉溶解"视频过渡效果

提示：在 Premiere Pro 2020 中，图像 A 表示视频轨道中相邻素材的前一段素材，图像 B 表示在视频轨道中相邻素材的后一段素材。

（3）"叠加溶解"视频过渡效果：使图像 A 的结束部分与图像 B 的开始部分相叠加，并且在过渡的同时将画面色调及亮度进行相应的调整，如图 3.16 所示。

图 3.16　"叠加溶解"视频过渡效果

（4）"白场过渡"视频过渡效果：使图像 A 逐渐变为白色，再由白色逐渐过渡到图像 B 中，如图 3.17 所示。

图 3.17　"白场过渡"视频过渡效果

（5）"胶片溶解"视频过渡效果：使图像 A 的透明度逐渐降低，直到完全显示图像 B，如图 3.18 所示。

图 3.18 "胶片溶解"视频过渡效果

（6）"非叠加溶解"视频过渡效果：在视频过渡时图像 B 中较明亮的部分将直接叠加到图像 A 画面中，如图 3.19 所示。

图 3.19 "非叠加溶解"视频过渡效果

（7）"黑场过渡"视频过渡效果：使图像 A 逐渐变为黑色，再由黑色逐渐过渡到素材 B 中，如图 3.20 所示。

图 3.20 "黑场过渡"视频过渡效果

视频播放：具体介绍，请观看配套视频"任务三：溶解类视频过渡效果的介绍.mp4"。

任务四：比较不同轨道的转场效果

为了使读者理解和总结过渡方式，可以进行 3 种操作，通过查看结果，进行比较，看有何区别。

【任务四：比较不同轨道的转场效果】

第 1 种方式为前面介绍的方式，即第 1 段素材和第 2 段素材均在同一视频轨道上。

第 2 种方式是将第 1 段素材拖拽到"V2"轨道上，并且第 1 段素材与第 2 段素材有一定重叠，重叠长度与视频过渡长度相等，给"V2"视频轨道添加视频过渡效果，如图 3.21 所示，在【项目】监视器窗口中的效果如图 3.22 所示。

第 3 种方式是将第 2 段素材拖拽到"V3"轨道上，并且第 1 段素材与第 2 段素材有一定重叠，重叠长度与视频过渡效果的长度相等，给"V3"轨道上的素材添加过渡效果，如图 3.23 所示，在【项目】监视器窗口中的效果如图 3.24 所示。

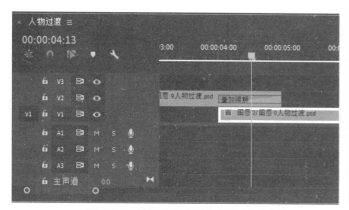

图 3.21　轨道中的素材和添加的过渡效果 1

图 3.22　在【项目】监视器窗口中的效果 1

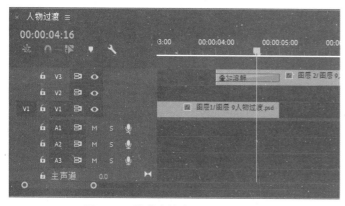

图 3.23　轨道中的素材和添加的过渡效果 2

图 3.24　在【项目】监视器窗口中的效果 2

从上面 3 种过渡效果可以看出，只要过渡重叠的时间段"位置"和"长度"一样，其结果一样。

视频播放：具体介绍，请观看配套视频"任务四：比较不同轨道的转场效果.mp4"。

七、拓展训练

使用该案例介绍的方法，创建一个名为"人物过渡举一反三 .prproj"的项目文件，根据配套资源中提供的素材，制作如下效果并输出名为"人物过渡举一反三.mp4"文件。

【案例 2：拓展训练】

学习笔记：

【案例3 简介】

案例3：创建卷页画册

一、案例内容简介

本案例主要通过制作卷页画册来介绍页面剥落类视频过渡效果中各个视频过渡的作用和参数设置。

二、案例效果欣赏

三、案例制作（步骤）流程

任务一：创建新项目和导入素材➡任务二：页面剥落视频过渡效果的使用➡任务三：页面剥落视频过渡效果的介绍

四、制作目的

（1）了解页面剥落类视频过渡效果的作用。
（2）掌握页面剥落类视频过渡效果的应用场合。
（3）掌握页面剥落类视频过渡效果的参数调节。
（4）熟练掌握页面剥落类视频过渡效果的使用方法。

五、制作前需要解决的问题

（1）视频过渡效果的分类。
（2）视频过渡效果的作用。
（3）蒙太奇的概念。
（4）视听语言基础知识。

六、详细操作步骤

任务一：创建新项目和导入素材

步骤 01：启动 Premiere Pro 2020，创建一个名为"创建卷页画册"的项目文件。
步骤 02：利用前面所学知识导入如图 3.25 所示的素材。

【任务一：创建新项目和导入素材】

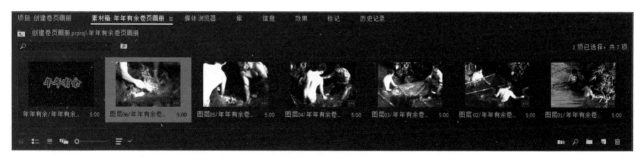

图 3.25　导入的素材

　　视频播放：具体介绍，请观看配套视频"任务一：创建新项目和导入素材.mp4"。

任务二：页面剥落视频过渡效果的使用

在这里通过制作卷页画册来介绍页面剥落视频过渡效果的作用和使用方法。
页面剥落视频过渡效果主要用来模拟翻页和页面剥落效果。只有"翻页"和"页面剥落"两个视频过渡效果。

【任务二：页面剥落视频过渡效果的使用】

　　步骤 01：将导入的部分素材拖拽到"V1"轨道中，如图 3.26 所示。
　　步骤 02：将页面剥落视频类过渡效果依次拖拽到素材的连接处，如图 3.27 所示。
　　步骤 03：根据实际情况调节视频过渡效果的参数，具体调节方法为，在视频轨道中单选需要调节参数的页面剥落过渡效果，在【效果控件】面板中调节参数即可。

　　视频播放：具体介绍，请观看配套视频"任务二：页面剥落视频过渡效果的使用.mp4"。

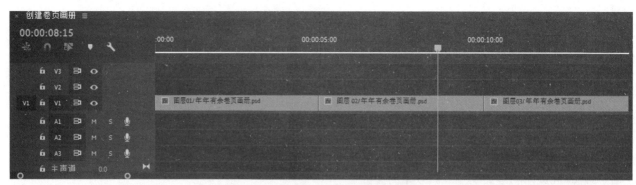

图 3.26　拖拽到"V1"轨道中的图片

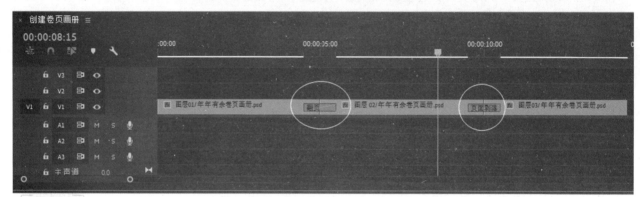

图 3.27　添加页面剥落类视频过渡效果的序列效果

任务三：页面剥落视频过渡效果的介绍

【任务三：页面剥落视频过渡效果的介绍】

（1）"翻页"视频过渡：主要作用是使图像 A 画面像透明的书一样从屏幕的一角翻卷，从而实现图像 B 画面的过渡，如图 3.28 所示。

图 3.28　"翻页"视频过渡效果

提示：【翻页】视频过渡效果有 4 种类型供调节。调节方法是单选视频轨道中需要调节的翻页视频过渡效果，在【效果控件】中单击相应的"自西北向东南"按钮 ◤、"自东北向西南"按钮 ◥、"自东南向西北"按钮 ◣ 和"自西南向东北"按钮 ◢ 即可，如图 3.29 所示。

图 3.29　不同方向的卷页效果

（2）"页面剥落"视频过渡：主要作用是使图像 A 画面像书页一样从屏幕的一角翻卷，从而实现图像 B 画面的过渡，如图 3.30 所示。

图 3.30　"页面剥落"视频过渡效果

视频播放：具体介绍，请观看配套视频"任务三：页面剥落视频过渡效果的介绍.mp4"。

七、拓展训练

使用该案例介绍的方法，创建一个名为"创建卷页画册举一反三.prproj"节目文件，根据配套资源中提供的素材，制作如下效果并输出名为"创建卷页画册举一反三.mp4"。

【案例 3：拓展训练】

学习笔记：

学习笔记：

案例 4：制作卷轴画效果

一、案例内容简介

本案例主要通过制作卷轴画效果来介绍内滑类视频过渡效果的作用和参数调节。

【案例 4　简介】

二、案例效果欣赏

三、案例制作（步骤）流程

任务一：创建新项目和导入素材➡任务二：制作卷轴画效果➡任务三：内滑类视频过渡效果的作用

四、制作目的

（1）了解内滑类视频过渡效果的作用。

（2）掌握内滑类视频过渡效果的应用场合。

（3）掌握内滑类视频过渡效果的参数调节。

（4）熟练掌握内滑类视频过渡效果的使用方法。

（5）掌握卷轴画制作的原理。

五、制作前需要解决的问题

（1）视频过渡效果的分类。

（2）视频过渡效果的作用。

（3）蒙太奇的概念。

（4）视听语言基础知识。

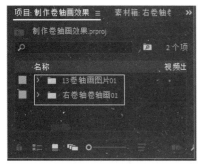

图 3.31　导入的素材

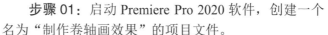

六、详细操作步骤

任务一：创建新项目和导入素材

步骤 01： 启动 Premiere Pro 2020 软件，创建一个名为"制作卷轴画效果"的项目文件。

【任务一：创建新项目和导入素材】

步骤 02： 利用前面所学知识导入如图 3.31 所示的素材。

视频播放： 具体介绍，请观看配套视频"任务一：创建新项目和导入素材.mp4"。

任务二：制作卷轴画效果

在这里通过制作卷轴画来介绍内滑类视频过渡效果的作用和使用方法。

内滑类视频过渡效果主要通过运动画面的方式来完成镜头的过渡。内滑类视频过渡效果包括 5 个，如图 3.32 所示。

【任务二：制作卷轴画效果】

卷轴画效果的制作主要使用内滑类视频过渡效果中的"拆分"过渡效果和关键帧的调节来完成。具体制作方法如下。

1. 将素材拖拽到视频轨道中并添加视频过渡效果

步骤 01： 将素材拖拽到视频轨道中，并将图片拉长至第 6 秒 0 帧的位置，如图 3.33 所示。

图 3.32　内滑类视频过渡效果

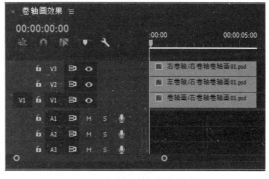

图 3.33　拖拽到轨道中的素材

步骤 02： 给"V1"中的素材添加"拆分"视频过渡效果，调节"拆分"视频过渡效果的参数，具体调节如图 3.34 所示。

2. 制作卷轴运动的动画

步骤 01： 将"时间指示器"移到第 4 秒 0 帧的位置。

步骤 02： 单选"V2"轨道中的素材，在【效果控件】中设置运动视频参数并添加关键帧，具体设置如图 3.35 所示。

步骤 03： 单选"V3"轨道中的素材，在【效果控件】中设置运动参数和添并关键帧，具体参数设置如图 3.36 所示。

步骤 04： 将"时间指示器"移到第 0 秒 0 帧的位置。

步骤 05： 单选"V2"轨道中的素材，在【效果控件】中设置运动参数并添加关键帧，具体参数设置如图 3.37 所示。

步骤 06： 单选"V3"轨道中的素材，在【效果控件】中设置运动参数并添加关键帧，具体参数设置如图 3.38 所示。

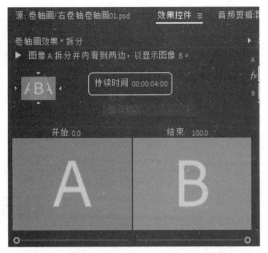

图 3.34 "拆分"视频过渡效果参数设置

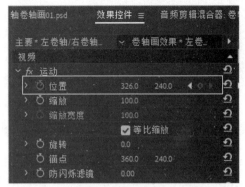

图 3.35 "V2"轨道中第 4 秒 0 帧处素材的参数设置

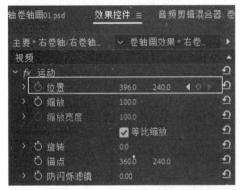

图 3.36 "V3"轨道中第 4 秒 0 帧处素材的参数设置

图 3.37 "V2"轨道中第 0 秒 0 帧处素材的参数设置

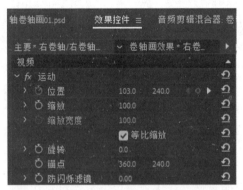

图 3.38 "V3"轨道中第 0 秒 0 帧处素材的参数设置

3. 对运动动画进行微调

通过节目的预览可以看出，在第 2 秒 11 帧位置和第 3 秒 12 帧位置，卷轴和画卷位置不匹配，需要进行微调。

步骤 01：单播放到第 2 秒 11 帧的位置时，按键盘上的"空格"键停止播放。

步骤 02：单选"V2"轨道中的素材，在【效果控件】面板中设置运动参数，具体设置如图 3.39 所示。

步骤 03：单选"V3"轨道中的素材，在【效果控件】面板中设置运动参数，具体设置如图 3.40 所示。

图 3.39　"V2"轨道中第 2 秒 11 帧处素材的参数设置　　图 3.40　"V3"轨道中第 2 秒 11 帧处素材的参数设置

步骤 04：将"时间指示器"移到第 3 秒 12 帧的位置，继续调节素材的运动参数，"V2"素材的运动参数具体调节如图 3.41 所示，"V3"素材的运动参数具体调节如图 3.42 所示。

图 3.41　"V2"轨道中第 3 秒 12 帧处素材的参数设置　　图 3.42　"V3"轨道中第 3 秒 12 帧处素材的参数设置

步骤 05：微调之后，最终预览效果截图如图 3.43 所示。

图 3.43　最终预览效果截图

视频播放：具体介绍，请观看配套视频"任务二：制作卷轴画效果.mp4"。

任务三：内滑类视频过渡效果的作用

1. 将素材拖拽到视频轨道中并添加内滑类视频过渡效果

步骤 01：将素材拖拽到"V1"轨道中，如图 3.44 所示。

【任务三：内滑类视频过渡效果的作用】

图 3.44　拖拽到"V1"轨道中的图片素材

步骤02：依次将内滑类视频过渡效果拖拽到两段素材的相连处，如图 3.45 所示。

图 3.45 拖拽到素材连接处的内滑类视频过渡效果

2. 各个内滑类视频过渡效果的作用介绍

（1）"中心拆分"视频过渡：将图像 A 分层四部分，内滑到角落以显示图像 B，如图 3.46 所示。

图 3.46 "中心拆分"视频过渡效果

（2）"内滑"视频过渡：将图像 B 内滑到图像 A 画面上面，如图 3.47 所示。

图 3.47 "内滑"视频过渡效果

（3）"带状内滑"视频过渡：图像 B 在水平、垂直或对角线方向上以条形滑入，逐渐覆盖图像 A，如图 3.48 所示。

图 3.48 "带状内滑"视频过渡效果

（4）"拆分"视频过渡：图像 A 拆分并内滑到两边，以显示图像 B，如图 3.49 所示。

图 3.49　"拆分"视频过渡效果

（5）"推"视频过渡：图像 B 将图像 A 推到一边，如图 3.50 所示。

图 3.50　"推"视频过渡效果

视频播放：具体介绍，请观看配套视频"**任务三：内滑类视频过渡效果的作用和使用方法.mp4**"。

七、拓展训练

使用该案例介绍的方法，创建一个名为"制作卷轴画效果举一反三 .prproj"项目文件，根据配套资源中提供的素材，制作如下效果并输出名为"制作卷轴画效果举一反三.mp4"。

【案例 4：拓展训练】

学习笔记：

学习笔记：

案例5：其他视频过渡效果介绍

一、案例内容简介

　　本案例主要介绍3D运动、划像、擦除和沉浸式视频类视频过渡效果的作用和参数调节及添加视频过渡效果之后的效果展示。

【案例5　简介】

二、案例效果欣赏

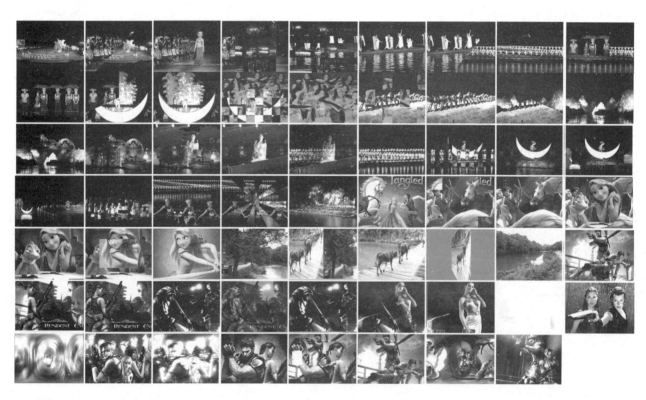

三、案例制作（步骤）流程

　　任务一：创建新项目和导入素材➡任务二：修改序列名称并调节视频切换的长度➡任务三：3D运动类视频过渡效果➡任务四：划像类视频过渡效果➡任务五：擦除类视频过渡效果➡任务六：沉浸式视频类视频过渡效果

四、制作目的

（1）了解 3D 运动、划像、擦除和沉浸式视频类视频过渡效果主要应用在哪类镜头的组接中。

（2）掌握怎样合理利用视频切换效果进行过渡。

（3）掌握统一调节视频过渡效果的持续时间的方法。

（4）熟练掌握内滑类视频过渡效果的使用方法。

（5）掌握修改序列窗口的名称。

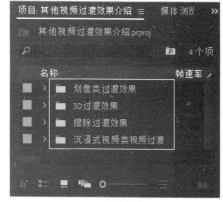

图 3.51　导入的素材

五、制作前需要解决的问题

（1）视频过渡效果的分类。

（2）视频过渡效果的作用。

（3）蒙太奇的概念。

（4）视听语言基础知识。

六、详细操作步骤

任务一：创建新项目和导入素材

步骤 01： 启动 Premiere Pro 2020，创建一个名为"其他视频过渡效果介绍"的项目文件。

步骤 02： 利用前面所学知识导入如图 3.51 所示的素材。

【任务一：创建新项目和导入素材】

> **视频播放：** 具体介绍，请观看配套视频"任务一：创建新项目和导入素材.mp4"。

任务二：修改序列名称并调节视频切换的长度

1. 修改序列名称

在 Premiere Pro 2020 中，可以在一个项目中创建多个序列，可以对序列嵌套进行编辑，可以给序列重命名。

【任务二：修改序列名称并调节视频切换的长度】

步骤 01： 在【项目：其他视频过渡效果介绍】窗口中双击需要修改的序列标签，在这里双击【序列 01】标签，此时，该标签中的文字背景呈蓝色显示（彩色效果见视频），如图 3.52 所示。

步骤 02： 输入需要修改的名称，在这里输入"3D 过渡效果"，按键盘上的"Enter"键即可，如图 3.53 所示。

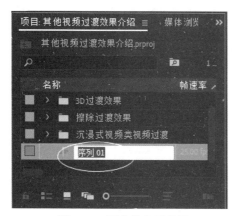

图 3.52　双击的序列效果

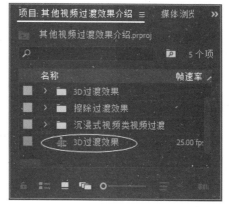

图 3.53　修改之后的序列名称

2. 修改视频过渡效果的持续时间

在 Premiere Pro 2020 中，可以通过两种方式修改视频过渡效果的持续时间，第一种方式就是在前面介绍的单选添加的视频过渡效果，然后在【效果控件】中修改视频过渡持续时间。如果遇到需要修改大量的视频过渡效果，而且修改的时间长度又相同，第一种方法就比较麻烦了，下面介绍第二种方法，可以同时修改所有视频过渡的持续时间长度，具体操作方法如下。

步骤 01：在菜单栏中单击【编辑（E）】→【首选项（N）】→【常规（G）...】命令，弹出【首选项】对话框。

步骤 02：设置视频过渡持续时间，具体设置如图 3.54 所示，单击【确定】按钮完成设置。

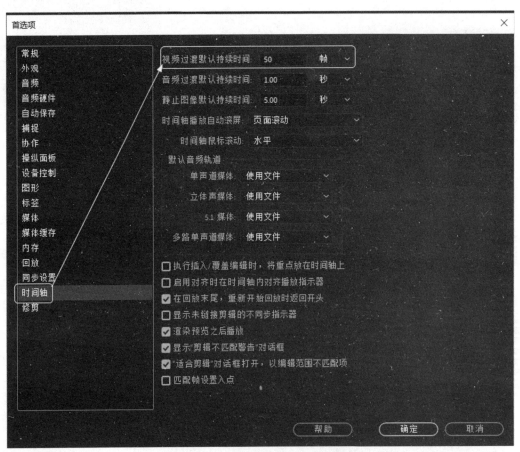

图 3.54　视频过渡持续时间的设置

提示：视频过渡效果的默认过渡为 25 帧，也就是 1 秒钟，因为在新建项目时选择的是 PAL 制式，它的视频播放速率为 25 帧 / 秒，如果新建项目选择的是 NTSC 制式，它的播放速率为 30 帧 / 秒，则它的视频过渡效果的默认持续时间为每秒 30 帧。

视频播放：具体介绍，请观看配套视频"任务二：修改序列名称并调节视频切换的长度.mp4"。

【任务三：3D 运动类视频过渡效果】

任务三：3D 运动类视频过渡效果

3D 运动类视频过渡效果主要作用是通过图像 A 画面和图像 B 画面进行层次化，实现二维到三维的视觉效果，从而实现镜头过渡，3D 运动类视频过渡效果只有 2 个，如图 3.55 所示。

图 3.55　3D 运动类视频过渡效果

1. 将素材拖拽到视频轨道中

步骤 01：将导入的图片素材拖拽到"V1"轨道中，如图 3.56 所示。

步骤 02：依次将 3D 运动视频过渡效果拖拽到"V1"轨道素材中的两个素材的交界处，如图 3.57 所示。

图 3.56　拖拽到"V1"轨道中的素材

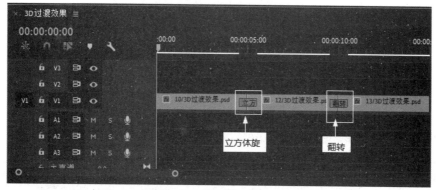

图 3.57　调节 3D 运动视频过渡效果之后的效果

2. 3D 运动视频效果的作用

（1）"立方体旋转"视频过渡效果：图像 A 旋转以显示图像 B，两幅图像映射到立方体的两个面，如图 3.58 所示。

（2）"翻转"视频过渡效果：图像 A 翻转到所选颜色后，显示图像 B，如图 3.59 所示。

图 3.58 "立方体旋转"视频过渡效果

图 3.59 "翻转"视频过渡效果

视频播放： 具体介绍，请观看配套视频"任务三：3D 运动类视频过渡效果.mp4"。

任务四：划像类视频过渡效果

划像类视频过渡效果的主要作用是：采用二维图形变换的方式进行图像画面之间的过渡，划像类视频切换过渡效果包括 4 个，如图 3.60 所示。

【任务四：划像类
视频过渡效果】

图 3.60 划像类视频过渡效果

1. 将素材拖拽到视频轨道中，并添加视频过渡效果

步骤 01： 将导入的素材图片依次拖拽到序列窗口中的"V1"轨道中，如图 3.61 所示。

图 3.61 依次拖拽到序列窗口中的图片素材

步骤 02： 依次将划像类视频效果拖拽到"V1"轨道素材中的两素材的交界处，如图 3.62 所示。

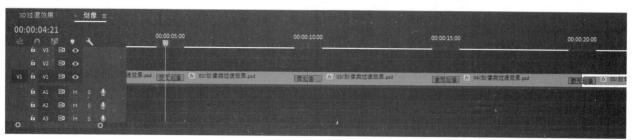

图 3.62　添加划像类视频过渡效果的序列效果

2. 划像类视频过渡效果的作用

（1）"交叉划像"视频过渡效果：将图像 B 画面从屏幕中心以一个十字架逐渐变化，直到完全覆盖图像 A 画面，从而实现镜头过渡，如图 3.63 所示。

图 3.63　"交叉划像"视频过渡效果

（2）"圆划像"视频过渡效果：图像 B 画面以圆形的方式在图像 A 画面的中心展开，从而实现镜头过渡，如图 3.64 所示。

图 3.64　"圆划像"视频过渡效果

（3）"盒形划像"视频过渡效果：图像 B 画面以盒形的方式在图像 A 画面中展开，从而实现镜头过渡，如图 3.65 所示。

图 3.65　"盒形划像"视频过渡效果

（4）"棱形划像"视频过渡效果：图像 B 画面以棱形的方式在图像 A 画面中展开，从而实现镜头过渡，如图 3.66 所示。

图 3.66 "棱形划像"视频过渡效果

视频播放： 具体介绍，请观看配套视频"任务四：划像类视频过渡效果.mp4"。

【任务五：擦除类 视频过渡效果】

任务五：擦除类视频过渡效果

擦除类视频过渡效果的主要作用是通过各种形状和方式的划像渐隐达到图像画面之间的过渡，该类视频过渡效果的应用非常广泛，主要包括"划出""双侧平推门""带状擦除""径向擦除""插入""时钟式擦除""棋盘""棋盘擦除""楔形擦除""水波块""油漆飞溅""渐变擦除""百叶窗""螺旋框""随机块""随机擦除"和"风车"17 个视频过渡效果。

各个擦除类视频过渡效果的作用如下。

（1）"划出"视频过渡效果：将图像 A 以选定的方向擦除，以显示图像 B 画面，如图 3.67 所示。

图 3.67 "划出"视频过渡效果

（2）"双侧平推门"视频过渡效果：图像 A 画面以关门或开门的方式过渡到图像 B 画面，从而实现场景的过渡，如图 3.68 所示。

图 3.68 "双侧平推门"视频过渡效果

（3）"带状擦除"视频过渡效果：图像 B 画面以水平、垂直或对角线的方向呈条状进入覆盖图像 A 画面，从而实现镜头过渡，如图 3.69 所示。

图 3.69 "带状擦除"视频过渡效果

（4）"径向擦除"视频过渡效果：图像 B 画面从屏幕的一角以扫描的方式逐渐出现，逐渐覆盖图像 A 画面，从而实现镜头过渡，如图 3.70 所示。

图 3.70　"径向擦除"视频过渡效果

（5）"插入"视频过渡效果：图像 B 画面从图像 A 画面的一角斜插入，逐渐覆盖图像 A 画面，从而实现镜头过渡，如图 3.71 所示。

图 3.71　"插入"视频过渡效果

（6）"时钟式擦除"视频过渡效果：图像 B 画面以顺时针转动覆盖图像 A 画面，从而实现镜头过渡，如图 3.72 所示。

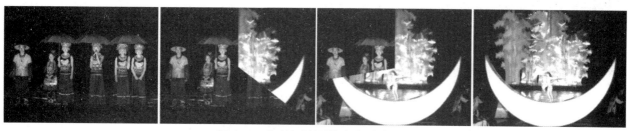

图 3.72　"时钟式擦除"视频过渡效果

（7）"棋盘"视频过渡效果：图像 B 画面以若干个小方格的方式逐渐出现，覆盖图像 A 画面，从而实现镜头过渡，如图 3.73 所示。

图 3.73　"棋盘"视频过渡效果

（8）"棋盘擦除"视频过渡效果：图像 B 画面以棋盘格擦除的方式逐渐覆盖图像 A 画面，从而实现镜头过渡，如图 3.74 所示。

图 3.74 "棋盘擦除"视频过渡效果

（9）"楔形擦除"视频过渡效果：图像 B 画面以夹角的形式从画面中出现，角度逐渐变大覆盖图像 A 画面，从而实现镜头过渡，如图 3.75 所示。

图 3.75 "楔形擦除"视频过渡效果

（10）"水波块"视频过渡效果：图像 B 画面以"Z"字形交错扫入的形式覆盖图像 A 画面，从而实现镜头过渡，如图 3.76 所示。

图 3.76 "水波块"视频过渡效果

（11）"油漆飞溅"视频过渡效果：图像 B 画面以墨水溅落状将图像 A 画面逐渐覆盖，从而实现镜头过渡，如图 3.77 所示。

图 3.77 "油漆飞溅"视频过渡效果

（12）"渐变擦除"视频过渡效果：类似于一张动态蒙版，使用一张图片作为辅助，通过计算图片的色阶，自动生成渐变图像的动态镜头过渡，如图 3.78 所示。

图 3.78　"渐变擦除"视频过渡效果

（13）"百叶窗"视频过渡效果：图像 B 画面以百叶窗的形式从图像 A 画面中出现，逐渐覆盖图像 A 画面，从而实现镜头过渡，如图 3.79 所示。

图 3.79　"百叶窗"视频过渡效果

（14）"螺旋框"视频过渡效果：图像 B 画面以条形螺旋形状从屏幕外侧出现，逐渐覆盖图像 A 画面，从而实现镜头过渡，如图 3.80 所示。

图 3.80　"螺旋框"视频过渡效果

（15）"随机块"视频过渡效果：图像 B 画面以随机块的形式覆盖图像 A 画面，从而实现镜头过渡，如图 3.81 所示。

图 3.81　"随机块"视频过渡效果

（16）"随机擦除"视频过渡效果：图像 B 画面从图像 A 画面的一侧以随机块的形式出现，逐渐覆盖图像 A 画面，从而实现镜头过渡，如图 3.82 所示。

（17）"风车"视频过渡效果：将图像 B 画面以屏幕中心发射出的分割线旋转出现，逐渐覆盖图像 A 画面，从而实现镜头过渡，如图 3.83 所示。

图 3.82 "随机擦除"视频过渡效果

图 3.83 "风车"视频过渡效果

视频播放： 具体介绍，请观看配套视频"任务五：擦除类视频过渡效果.mp4"。

任务六：沉浸式视频类视频过渡效果

【任务六：沉浸式
视频类视频过渡
效果】

沉浸式视频类视频过渡效果的主要作用是将两个素材以沉浸的方式进行画面的过渡，主要包括"VR 光圈擦除""VR 光线""VR 渐变擦除""VR 漏光""VR 球形模糊""VR 色度泄漏""VR 随机块"和"VR 默比乌斯缩放"8 个视频过渡。

各个沉浸式视频类过渡效果的作用如下。

（1）"VR 光圈擦除"视频过渡效果：模拟相机拍摄时的光圈擦除效果。如图 3.84 所示。

图 3.84 "VR 光圈擦除"视频过渡效果

（2）"VR 光线"视频过渡效果：用于 VR 沉浸式的光线效果，如图 3.85 所示。

图 3.85 "VR 光线"视频过渡效果

（3）"VR 渐变擦除"视频过渡效果：用于 VR 沉浸式的画面渐变擦除效果，如图 3.86 所示。

图 3.86　"VR 渐变擦除"视频过渡效果

（4）"VR 漏光"视频过渡效果：用于 VR 沉浸画面的光感调整，如图 3.87 所示。

图 3.87　"VR 漏光"视频过渡效果

（5）"VR 球形模糊"视频过渡效果：用于 VR 沉浸式中模拟模糊球状的应用，如图 3.88 所示。

图 3.88　"VR 球形模糊"视频过渡效果

（6）"VR 色度泄漏"视频过渡效果：用于画面中 VR 沉浸式的颜色调整，如图 3.89 所示。

图 3.89　"VR 色度泄漏"视频过渡效果

（7）"VR 随机块"视频过渡效果：用于设置 VR 沉浸式的画面状态，如图 3.90 所示。

图 3.90　"VR 随机块"视频过渡效果

（8）"VR 默比乌斯缩放"视频过渡效果：用于 VR 沉浸式的画面效果调整，如图 3.91 所示。

图 3.91 "VR 默比乌斯缩放"视频过渡效果

【案例 5：拓展训练】

视频播放：具体介绍，请观看配套视频"任务六：沉浸式视频类视频过渡效果.mp4"。

七、拓展训练

利用所学知识，收集一部电影或动画片的素材，制作一段 3 ～ 5 分钟的动画预告片。

学习笔记：

第 4 章

神奇的视频效果

知识点

案例 1：视频效果基础

案例 2：卷轴画变色效果

案例 3：过滤颜色

案例 4：画面变形

案例 5：幻影效果

案例 6：倒影效果

案例 7：重复画面效果

案例 8：水墨山水画效果

案例 9：滚动画面效果

案例 10：局部马赛克效果

说　明

本章主要通过 10 个案例来介绍视频效果的创建及参数设置。读者要重点掌握视频效果的参数调节方法和视频特效的灵活运用。

教学建议课时数

一般情况下需要 20 课时，其中理论 8 课时，实际操作 12 课时（特殊情况可做相应调整）。

思维导图

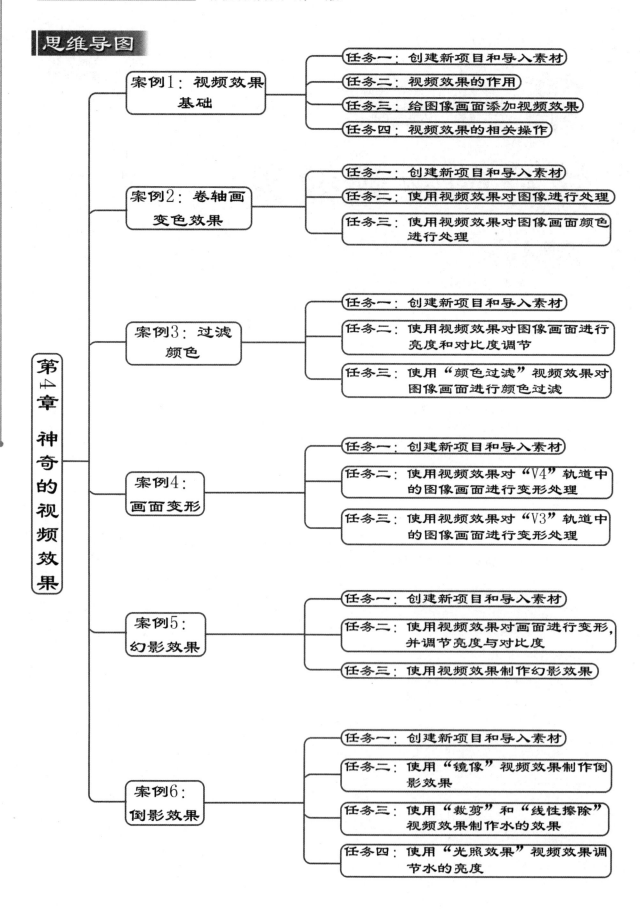

思维导图

第4章 神奇的视频效果

案例7：重复画面效果
- 任务一：创建新项目和导入素材
- 任务二：使用"颜色键"视频效果对图像画面进行抠像
- 任务三：使用"复制"视频效果制作重复画面效果
- 任务四：调节素材的缩放参数和不透明度来制作缩放和渐变效果

案例8：水墨山水画效果
- 任务一：创建新项目和导入素材
- 任务二：制作水墨山水画效果的流程
- 任务三：使用视频效果将图像画面处理成水墨山水画效果
- 任务四：使用视频效果对题词进行处理
- 任务五：调节题词在画面中的位置和画面装裱

案例9：滚动画面效果
- 任务一：创建新项目和导入素材
- 任务二：制作滚动画面效果的基本流程
- 任务三：制作滚动视频画面效果
- 任务四：创建序列、序列嵌套和画面扭曲操作

案例10：局部马赛克效果
- 任务一：创建新项目和导入素材
- 任务二：制作局部马赛克效果的基本流程
- 任务三：对画面进行裁剪和添加马赛克效果
- 任务四：创建序列、序列嵌套和画面扭曲操作

在非线性编辑中，视频效果是一个非常重要的功能，视频效果能够使图像画面拥有更加丰富多彩的视觉效果。Premiere Pro 2020 为用户提供了大量的视频效果，使用这些效果可以使图像画面产生很多美妙的效果，例如：图像变形、变色、平滑及镜像等。视频效果的使用方法比较简单，但却是 Premiere Pro 2020 中最为灵活的工具之一，要想用它制作出完美的作品，读者要经常思考并不断进行实践探索。

在 Premiere Pro 2020 中，提供了"变换""图像控制""实用程序""扭曲""时间""杂色与颗粒""模糊与锐化""沉浸式视频""生成""视频""调整""过时""过渡""透视""通道""键控""颜色校正"和"风格化"18 大类 134 个视频效果。

案例 1：视频效果基础

一、案例内容简介

本案例主要介绍视频效果的作用、分类、使用方法和技巧。

【案例1 简介】

二、案例效果欣赏

三、案例制作（步骤）流程

任务一：创建新项目和导入素材➡任务二：视频效果的作用➡任务三：给图像画面添加视频效果➡任务四：视频效果的相关操作

四、制作目的

（1）了解视频效果的概念。

（2）掌握视频效果的作用。

（3）掌握怎样添加视频效果。

（4）了解视频效果主要应用的场合。

（5）掌握视频效果的分类。

（6）掌握视频效果的参数调节。

五、制作前需要解决的问题

（1）色环的作用和应用。

（2）镜头的概念。

（3）色彩理论基础知识。

（4）构图理论基础。

六、详细操作步骤

任务一：创建新项目和导入素材

步骤 01：启动 Premiere Pro 2020，创建一个名为"视频效果基础"的项目文件。

步骤 02：利用前面所学知识导入如图 4.1 所示的素材。

步骤 03：将导入的素材拖拽到"V1"和"V2"轨道中，并调节"V1"轨道中素材的长度，如图 4.2 所示。

【任务一：创建新项目和导入素材】

图 4.1　导入的素材　　　　　图 4.2　拖拽到视频轨道中的素材

> **视频播放**：具体介绍，请观看配套视频"任务一：创建新项目和导入素材.mp4"。

任务二：视频效果的作用

在 Premiere Pro 2020 中，可以使用视频效果对图像进行调色、修补画面的缺陷、图像叠加、扭曲图像、抠像、添加粒子等各种艺术效果。视频效果在以前版本的基础上又增加了很多视频效果，使视频效果功能得到了进一步完善，完全可以满足影视后期剪辑的特技制作要求。

【任务二：视频效果的作用】

视频效果是非线性编辑中一个非常重要的功能，添加视频效果的目的是为了增加图像画面的视觉效果，满足后期剪辑创意的需要，表达作者的创意，吸引观众的眼球。

> **视频播放**：具体介绍，请观看配套视频"任务二：视频效果的作用.mp4"。

任务三：给图像画面添加视频效果

在 Premiere Pro 2020 中，可以给图像画面添加视频效果，也可以给同一段图像画面添加多个视频效果，在【效果控件】中可以随时调节视频效果之间的堆栈顺序，给视频效果添加关键帧和参数调节。

【任务三：给图像画面添加视频效果】

1. 视频效果应用的大致步骤

步骤 01：将素材拖拽到视频轨道中。

步骤 02：将视频效果拖拽到视频轨道的素材上，松开鼠标左键即可。

步骤 03：在视频轨道中单选添加了视频效果的素材，在【效果控件】中根据项目要求调节视频效果参数（或添加关键帧来调节参数，对图像画面进行动态调节）。

2. 给图像画面添加一个"亮度与对比度"视频效果

步骤 01：播放添加的视频，图像画面如图 4.3 所示，可以看出图像的亮度和对比度不够，需要添加"亮度与对比度"视频效果进行调节。

步骤 02： 将"颜色校正 / 亮度与对比度"效果拖拽到"V2"轨道中的素材上，松开鼠标左键即可，如图 4.4 所示。

图 4.3 添加效果之前的效果

图 4.4 添加"亮度与对比度"效果之后的轨道

提示： 视频轨道中的视频素材，如果添加了视频效果，则轨道中素材上的"fx"图标的底色由黄色 fx 变成粉红色 fx。视频轨道中的图片素材，如果添加了视频效果，则轨道中素材上的"fx"图标的底色由灰色 fx 变成粉红色 fx，彩色效果见视频。

步骤 03： 单选添加了"亮度与对比度"视频效果的素材。在【效果控件】中调节参数，具体调节如图 4.5 所示，调节参数之后的画面效果如图 4.6 所示。

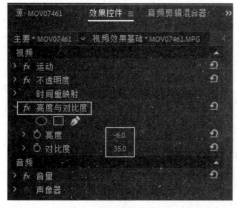

图 4.5 "亮度与对比度"视频效果参数调节

图 4.6 调节视频效果参数之后的效果

3. 给视频添加"颜色键"视频效果

在这里通过"颜色键"视频效果将视频的白色部分抠掉，显示出"V1"轨道中的素材，从而实现图像的叠加效果。具体操作方法如下。

步骤 01： 将"键控/颜色键"效果拖拽到"V2"轨道中的素材上，松开鼠标左键即可。

步骤 02： 单选添加了"颜色键"视频效果的素材，在【效果控件】中调节参数，具体参数调节如图 4.7 所示。在【项目：视频效果基础】窗口中的效果如图 4.8 所示。

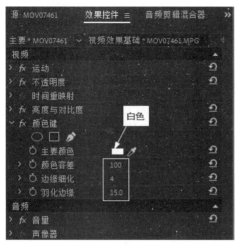

图 4.7　"颜色键"视频效果参数调节　　　　图 4.8　调节视频效果参数之后的效果

视频播放： 具体介绍，请观看配套视频"任务三：给图像画面添加视频效果.mp4"。

【任务四：视频效果的相关操作】

任务四：视频效果的相关操作

在 Premiere Pro 2020 中，视频效果的相关操作主要有视频效果的删除、关键帧的编辑、堆栈顺序的调节和参数调节等操作。

图 4.9　勾选需要删除的视频效果

1. 视频效果的删除

视频效果的删除主要有删除指定的视频效果和批量删除视频效果两种方式。

（1）删除指定的视频效果。

步骤 01： 在视频轨道中单选需要删除视频效果所在的素材。

步骤 02： 在【效果控件】中单选需要删除的视频效果，按键盘上的"Delete"键或"Backspace"键即可。

（2）批量删除视频效果。

步骤 01： 将鼠标移到需要删除的视频效果所在的素材上，单击鼠标右键弹出快捷菜单。

步骤 02： 在弹出的快捷菜单中单击【删除属性 ...】命令，弹出【删除属性】对话框，在对话框中勾选需要删除的效果，如图 4.9 所示。

步骤 03： 单击【确定】按钮即可。

2. 视频效果参数关键帧的编辑

视频效果参数的编辑主要包括添加关键帧、删除关键帧和调节参数。

（1）添加视频效果的关键帧。

步骤 01： 在视频轨道中单选需要调节参数的视频素材。

步骤 02：在【效果控件】中单击需要添加关键帧的视频效果参数前面的切换动画按钮 ⏱ 即可添加一个关键帧。

步骤 03：如果移动"时间指示器"再调节视频效果参数，则自动添加关键帧。

（2）删除视频效果的关键帧。

步骤 01：在视频轨道中单选需要调节参数的视频素材。

步骤 02：在【效果控件】中展开视频效果参数面板，框选需要删除的关键帧。

步骤 03：按键盘上的"Delete"键或"Backspace"键即可。

步骤 04：单击需要删除关键帧所在参数前面的动画切换按钮 ⏱ 即可将参数中的所有关键帧删除。

（3）调节视频效果的关键帧参数。

步骤 01：单选需要修改关键帧所在参数右边的"转到上一关键帧"按钮 ◀ 或"转到下一关键帧"按钮 ▶，将"时间指示器"移到需要编辑的关键帧上。

步骤 02：调节关键帧参数即可。

> **提示：**在调节视频效果关键帧参数时，建议单击"转到上一关键帧"按钮 ◀ 或"转到下一关键帧"按钮 ▶，将"时间指示器"移到需要调节参数的关键帧处进行调节，如果使用手动移动"时间指示器"到调节的视频效果参数关键帧的位置进行编辑，有可能没有移到调节的关键帧上，此时 Premiere Pro 2020 会自动添加关键帧来保存参数，这样不仅没有编辑到关键帧参数，还多添加了一个关键帧。

3. 调节视频效果的顺序

步骤 01：将光标移到【效果控件】中需要调节顺序的视频效果上，按住鼠标左键移动鼠标到需要放置的位置上，光标变成 🖐 形态，同时出现一条青色（彩色效果见视频）的横线，表示效果放置的位置，如图 4.10 所示。

步骤 02：松开鼠标即可，如图 4.11 所示。

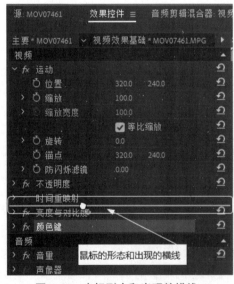

图 4.10　光标形态和出现的横线

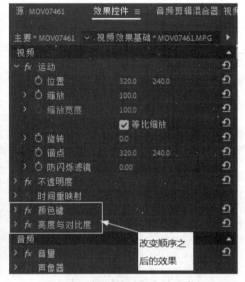

图 4.11　视频效果顺序的调节

> **视频播放：**具体介绍，请观看配套视频"任务四：视频效果的相关操作.mp4"。

【案例 1：拓展训练】

七、拓展训练

使用该案例介绍的方法，创建一个名为"视频效果基础举一反三 .prproj"项目文件，根据配套资源中提供的素材，制作如下效果并输出命名为"视频效果基础举一反三.mp4"文件。

学习笔记：

案例2：卷轴画变色效果

一、案例内容简介

本案例主要介绍卷轴画变色效果的制作、图像控件类视频效果的作用、使用方法和参数介绍。

【案例2　简介】

二、案例效果欣赏

三、案例制作（步骤）流程

任务一：创建新项目和导入素材➡任务二：使用视频效果对图像进行处理➡任务三：使用视频效果对图像画面颜色进行处理

四、制作目的

（1）了解视频效果的主要作用。

（2）掌握键控类视频效果的作用。

（3）掌握图像控制效果的作用和参数调节。

（4）掌握"扭曲"类视频效果的作用和使用方法。

（5）掌握"色彩校正"类视频效果的主要作用和使用方法。

（6）掌握卷轴画变色效果制作的原理。

五、制作前需要解决的问题

（1）色环的作用和应用。

（2）镜头的概念。

（3）色彩理论基础知识。

（4）构图理论基础。

六、详细操作步骤

任务一：创建新项目和导入素材

步骤01： 启动 Premiere Pro 2020，创建一个名为"卷轴画变色效果.prproj"的项目文件。

步骤02： 利用前面所学知识导入如图4.12所示的素材。

【任务一：创建新项目和导入素材】

步骤03： 将导入的素材拖拽到"V1"和"V2"轨道中，并调节"V1"轨道中素材的长度，如图4.13所示。

图 4.12　导入的素材　　　　　　　　　　图 4.13　拖拽到轨道中的素材

视频播放：具体介绍，请观看配套视频"任务一：创建新项目和导入素材.mp4"。

任务二：使用视频效果对图像进行处理

【任务二：使用视频效果对图像进行处理】

在这里主要使用"颜色键""边角定位""亮度与对比度"和"色彩平衡"来制作动态的卷轴画变色效果。具体制作方法如下。

1. 使用"颜色键"对视频图像进行抠像

"键控"类视频效果的主要作用是对图像画面进行抠像操作，通过各种抠像和画面叠加来合成不同的场景，或制作出各种无法拍摄的图像画面效果。

"键控"类视频效果主要包括"Alpha 调整""亮度键""图像遮罩键""差值遮罩""移除遮罩""超级键""轨道遮罩键""非红色键"和"颜色键"等 15 个视频抠像效果。在这里使用"颜色键"对图像进行抠像。

"颜色键"抠像的原理是通过指定颜色的宽容度大小进行抠像。具体操作方法如下。

步骤 01：将"键控 / 颜色键"视频效果拖拽到"V3"轨道中的素材上。

步骤 02：单选"V3"轨道中的素材，在【效果控件】中调节"混合模式"和"颜色键"效果的参数，具体调节如图 4.14 所示，调节参数之后的效果如图 4.15 所示。

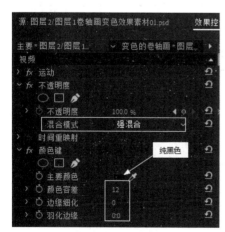

图 4.14　参数调节　　　　　　　　　　图 4.15　调节参数之后的效果

提示："键控"类视频效果的作用、使用方法和参数说明请参考配套素材中赠送的"视频效果参数介绍.word"文件。

步骤 03：将"键控 / 颜色键"视频效果拖拽到"V2"轨道中的素材上。单选"V2"轨道中的素材，在【效果控件】面板中调节"颜色键"视频效果参数，具体调节如图 4.16 所示。

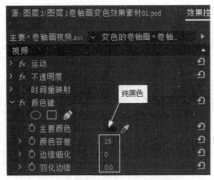

图 4.16　"颜色键" 参数调节

2. 使用 "边角定位" 视频效果调节视频图像的透视效果

"扭曲" 类视频效果包括 "偏移" "变形稳定器" "变换" "放大" "旋转扭曲" "果冻效应修复" "波形变形" "湍流置换" "球面化" "边角定位" "镜像" 和 "镜头扭曲" 12 个视频效果，在这里使用 "边角定位" 视频效果对图像画面进行变形操作。

"边角定位" 的变形原理是通过改变图像画面的四个边角来改变其透视效果，具体操作如下。

步骤 01：将 "扭曲 / 边角定位" 视频效果拖拽到 "V2" 视频轨道中的素材上。

步骤 02：单选 "V2" 轨道中的素材，在【效果控件】中调节【边角定位】视频效果的参数，具体调节如图 4.17 所示，调节参数之后的效果如图 4.18 所示。

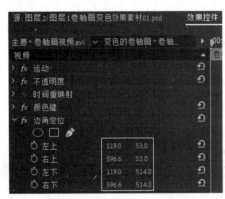

图 4.17　"边角定位" 参数调节

图 4.18　调节参数之后的画面效果

提示："扭曲" 类视频效果的作用、使用方法和参数说明请参阅配套素材中赠送的 "视频效果参数介绍 .word" 文件。

视频播放：具体介绍，请观看配套视频 "任务二：使用视频效果对图像进行处理.mp4"。

【任务三：使用视频效果对图像画面颜色进行处理】

任务三：使用视频效果对图像画面颜色进行处理

1. 使用 "亮度与对比度" 对视频图像进行亮度和对比度的调节

"颜色校正" 类视频效果的主要作用是通过调节图像画面的亮度、对比度、色彩及通道等来对图像画面进行色彩处理，从而弥补图像画面中的某些缺陷或增强图像画面中的视觉效果。

"颜色校正" 视频效果包括 "ASC CDL" "Lumetri 颜色" "亮度与对比度" "保留颜色" "均衡" "更改为颜色" "更改颜色" "色彩" "视频限制器" "通道混合器" "颜色平衡" 和 "颜色平衡（HLS）" 12 个视频效果。在这里通过 "亮度与对比度" 来调节图像画面的亮度和对比度。

"亮度与对比度"视频效果主要用来调节图像画面的亮度和对比度。具体操作方法如下。

步骤 01：将"颜色校正 / 亮度与对比度"视频效果拖拽到"V2"轨道的素材上。

步骤 02：单选"V2"轨道中的素材，在【效果控件】中调节"亮度与对比度"视频效果参数，具体调节如图 4.19 所示。调节参数之后的效果如图 4.20 所示。

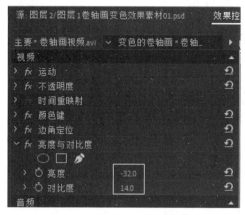

图 4.19　参数调节　　　　　　　　　　　图 4.20　调节参数之后的效果

> **提示**：各个"颜色校正"类视频效果的作用、使用方法和参数说明请参阅配套素材中赠送的"视频效果参数介绍.word"文件。

2. 使用"颜色平衡"调节视频图像色调

"颜色平衡"的主要作用是通过调节图像画面的 R（红）、G（绿）、B（蓝）三色的阴影、中间调和高光的红绿蓝通道来实现对图像画面的颜色调节。具体操作方法如下。

步骤 01：将"颜色校正 / 颜色平衡"视频效果拖拽到"V2"轨道中的素材上。

步骤 02：单选"V2"轨道中的素材，将"时间指示器"移到第 5 秒 0 帧的位置，在【效果控件】面板中给"颜色平衡"中的参数添加关键帧，参数保持默认值，如图 4.21 所示。

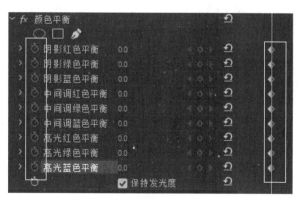

图 4.21　添加的关键帧

步骤 03：将"时间指示器"移到第 5 秒 1 帧的位置，继续调节"颜色平衡"参数，系统自动添加关键帧，参数的具体调节如图 4.22 所示。调节参数之后的效果如图 4.23 所示。

步骤 04：将"时间指示器"移到第 15 秒 0 帧的位置，在【效果控件】面板中单击"颜色平衡"视频效果参数右边的"添加 / 移除关键帧"按钮，给每个参数添加关键帧，参数保持默认，如图 4.24 所示。

步骤 05：将"时间指示器"移到第 15 秒 1 帧的位置，在【效果控件】面板中调节"颜色平衡"视频效果参数，系统自动添加关键帧，参数的具体调节如图 4.25 所示。

步骤 06：参数调节完毕，按空格键进行播放预览，预览画面截图效果如图 4.26 所示。

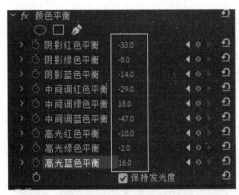

图 4.22　参数的具体调节

图 4.23　调节参数之后的画面效果

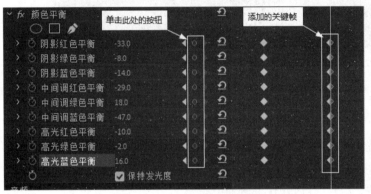

图 4.24　添加的关键帧

图 4.25　参数再次调节

图 4.26　预览画面截图效果

> **视频播放：** 具体介绍，请观看配套视频"任务三：使用视频效果对图像画面颜色进行处理.mp4"。

【案例 2：拓展训练】

七、拓展训练

　　使用该案例介绍的方法，创建一个名为"卷轴画变色效果举一反三 .prpoj"节目文件，根据配套资源中提供的素材，制作如下效果并输出命名为"卷轴画变色效果举一反三.mp4"文件。

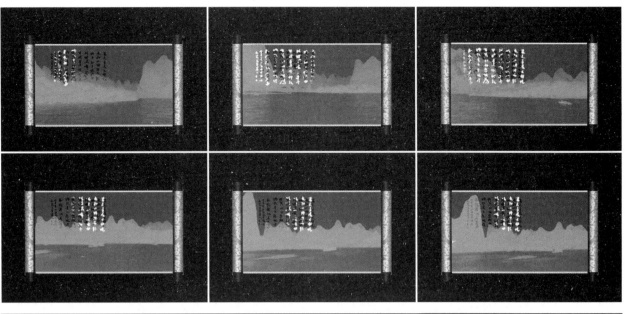

学习笔记：

案例3：过滤颜色

一、案例内容简介

　　本案例主要介绍怎样处理图像画面的颜色过滤、图像控制类视频效果和调整类视频效果的作用、使用方法和参数介绍。

【案例3　简介】

二、案例效果欣赏

三、案例制作（步骤）流程

　　任务一：创建新项目和导入素材➡任务二：使用视频效果对图像画面进行亮度和对比度调节➡任务三：使用"颜色过滤"视频效果对图像画面进行颜色过滤

四、制作目的

　　（1）熟悉视频效果的主要作用。
　　（2）掌握过时类视频效果的作用。
　　（3）掌握图像控制类视频效果的作用和参数调节。
　　（4）掌握对图像进行过滤处理的原理。

五、制作前需要解决的问题

　　（1）色环的作用和应用。
　　（2）镜头的概念。
　　（3）色彩理论基础知识。
　　（4）构图理论基础。

六、详细操作步骤

任务一：创建新项目和导入素材

【任务一：创建新项目和导入素材】

　　步骤01：启动 Premiere Pro 2020，创建一个名为"过滤颜色.prproj"的项目文件。

　　步骤02：利用前面所学知识导入如图4.27所示的素材。

　　步骤03：将导入的素材拖拽到"V1"轨道中，如图4.28所示。在【项目：过滤颜色】监视器窗口中的效果如图4.29所示。

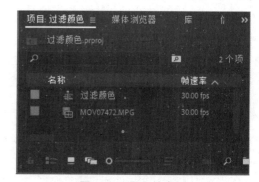

图 4.27　导入的素材

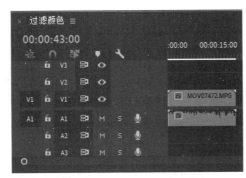

图 4.28　拖拽到轨道中的素材

图 4.29　在【项目：过滤颜色】中的效果

视频播放：具体介绍，请观看配套视频"任务一：创建新项目和导入素材.mp4"。

任务二：使用视频效果对图像画面进行亮度和对比度调节

1. 使用"亮度与对比度"视频效果对图像画面进行亮度和对比度处理

步骤 01：单选"V1"轨道中的素材。

步骤 02：在【效果】窗口中双击"颜色校正 / 亮度与对比度"视频效果，即可给单选的素材添加视频效果。

步骤 03：在【效果控件】面板中调节"亮度与对比度"视频效果的参数，具体调节如图 4.30 所示。在【项目：过滤颜色】窗口中的效果如图 4.31 所示。

【任务二：使用视频效果对图像画面进行亮度和对比度调节】

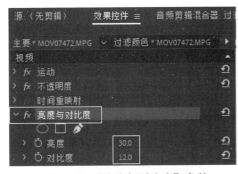

图 4.30　"亮度与对比度"参数

图 4.31　调节参数之后的效果

2. 使用"自动对比度"视频效果对图像画面进行对比度调节

"过时"类视频效果的主要作用是用来调节图像画面的对比度、色阶和颜色。

"过时"类视频效果包括"自动对比度""自动色阶"和"自动颜色"3 个视频效果。下面使用"自动对比度"视频效果调节图像画面的颜色。

"自动对比度"视频效果主要是对图像画面的对比度进行自动调节，具体操作方法如下。

步骤 01：单选"V1"轨道中的素材。

步骤 02：在【效果】窗口中双击"过时 / 自动对比度"视频效果，即可给单选的素材添加该视频效果。

步骤 03：在【效果控件】面板中调节"自动对比度"视频效果参数，具体调节如图 4.32 所示。在【项目：过滤颜色】监视器中的效果如图 4.33 所示。

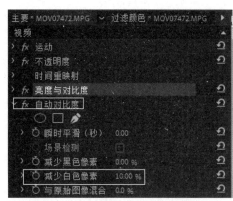

图 4.32 "自动对比度"参数　　　　　图 4.33 调节参数之后的效果

提示："过时"类视频效果的作用、使用方法和参数说明请参阅配套素材中赠送的"视频效果参数介绍.word"文档。

视频播放：具体介绍，请观看配套视频"任务二：使用视频效果对图像画面进行亮度和对比度调节.mp4"。

【任务三：使用"颜色过滤"视频效果对图像画面进行颜色过滤】

任务三：使用"颜色过滤"视频效果对图像画面进行颜色过滤

"颜色过滤"的主要作用是保持图像画面中指定颜色不变，将指定颜色以外的颜色转化为灰色。具体操作方法如下。

步骤 01：在【过滤颜色】序列窗口中单选"V1"轨道中的素材。

步骤 02：在【效果】窗口中双击"图像控制 / 颜色过滤"视频效果，即可给单选的素材添加该视频效果。

步骤 03：在【效果控件】面板中调节"颜色过滤"视频效果参数，具体调节如图 4.34 所示。在【项目：过滤颜色】监视器窗口中的效果如图 4.35 所示。

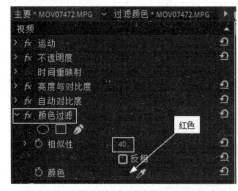

图 4.34 "颜色过滤"视频效果参数　　　　图 4.35 调节参数之后的效果

视频播放：具体介绍，请观看配套视频"任务三：使用'颜色过滤'视频效果对图像画面进行颜色过滤.mp4"。

【案例 3：拓展训练】

七、拓展训练

使用该案例介绍的方法，创建一个名为"过滤颜色举一反三 .prpoj"节目文件，根据配套资源中提供的素材，制作如下效果并输出命名为"过滤颜色举一反三.mp4"的文件。

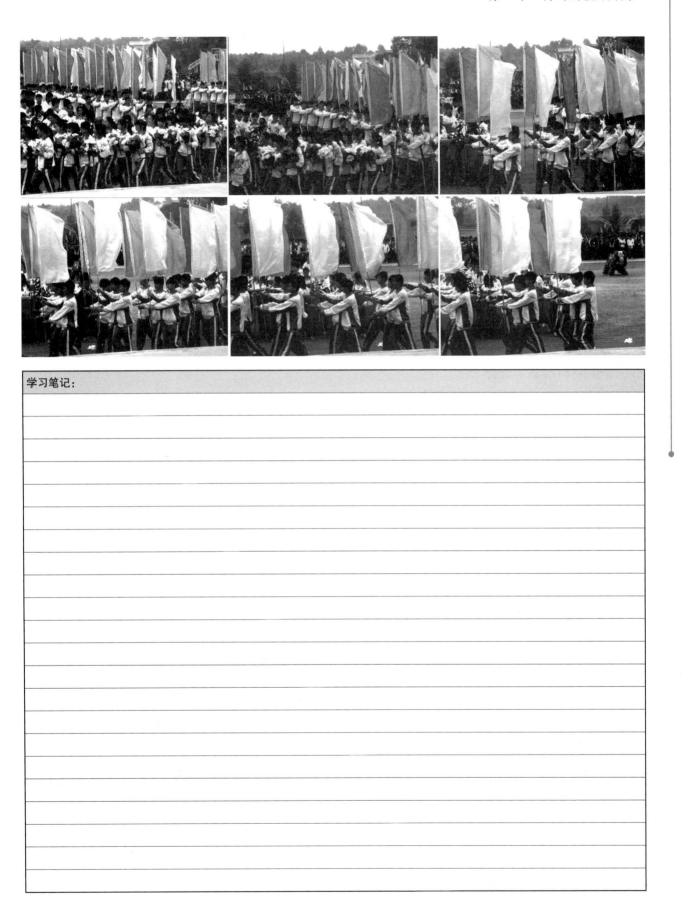

学习笔记：

案例4：画面变形

一、案例内容简介

本案例主要介绍怎样对画面进行变形处理，扭曲类视频效果中的"边角定位"视频效果的作用和使用方法。

【案例4 简介】

二、案例效果欣赏

三、案例制作（步骤）流程

任务一：创建新项目和导入素材➡任务二：使用视频效果对"V4"轨道中的图像画面进行变形处理➡任务三：使用视频效果对"V3"轨道中的图像画面进行变形处理

四、制作目的

（1）熟悉视频效果的主要作用。
（2）掌握扭曲类视频效果的作用。
（3）掌握"边角定位"视频效果的作用和参数调节。
（4）掌握图像变形处理的原理。

五、制作前需要解决的问题

（1）色环的作用和应用。
（2）透视原理。
（3）色彩理论基础知识。
（4）构图理论基础。

六、详细操作步骤

【任务一：创建新项目和导入素材】

任务一：创建新项目和导入素材

步骤01：启动 Premiere Pro 2020，创建一个名为"画面变形.prproj"的项目文件。

步骤02：利用前面所学知识导入如图4.36所示的素材。

步骤03：将导入的素材拖拽到轨道中，如图4.37所示。在【项目：画面变形】监视器窗口中的效果如图4.38所示。

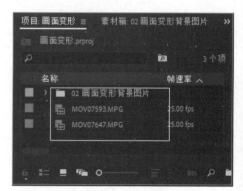

图4.36 导入的素材

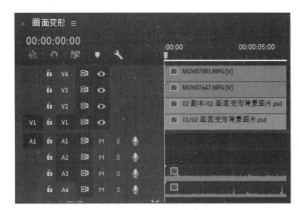

图 4.37　拖拽到轨道中的素材

图 4.38　在【项目：画面变形】监视器中的效果

视频播放：具体介绍，请观看配套视频"任务一：创建新项目和导入素材.mp4"。

任务二：使用视频效果对"V4"轨道中的图像画面进行变形处理

画面变形效果的制作主要通过"扭曲"类视频效果中的"边角定位"视频效果来实现。

【任务二：使用视频效果对"V4"轨道中的图像画面进行变形处理】

"边角定位"视频效果的主要作用是通过改变图像画面的四个角来改变图像画面的透视效果。具体操作方法如下。

步骤 01： 单击"V3"轨道中的 图标，此时该图标变成 形态，表示"V3"轨道中的素材在【项目：画面变形】监视器中不显示，方便对"V4"轨道中的素材进行编辑。

步骤 02： 将"扭曲 / 边角定位"视频效果拖拽到"V4"轨道中的素材上。

步骤 03： 单选"V4"轨道中素材，在【效果控件】面板中调节"边角定位"视频效果参数，具体调节如图 4.39 所示。调节参数之后的效果如图 4.40 所示。

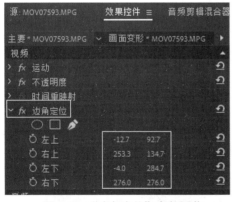

图 4.39　"边角定位"参数调节

图 4.40　调节参数之后的效果

提示： 一般情况下，先在【效果控件】面板中单击"边角定位"的标题，此时，在【项目：画面变形】监视器中出现供调节的 4 个 图标，如图 4.41 所示。将光标移到 图标上，按住鼠标左键进行位置调节，调节之后，再在【效果控件】面板中进行数字的微调。

视频播放：具体介绍，请观看配套视频"任务二：使用视频效果对'V4'轨道中的图像画面进行变形处理.mp4"。

图 4.41　出现的 4 个图标

【任务三：使用视频效果对"V3"轨道中的图像画面进行变形处理】

任务三：使用视频效果对"V3"轨道中的图像画面进行变形处理

步骤 01：单击"V3"轨道中的 ⬤ 图标，此时，该图标变成 ⬤ 形态，"V3"轨道中的素材在【项目：画面变形】监视器中显示图像画面效果。

步骤 02：将"扭曲 / 边角定位"视频效果拖拽到"V3"轨道中的素材上。

步骤 03：单选"V3"轨道中素材，在【效果控件】面板中调节"边角定位"视频效果参数，具体调节如图 4.42 所示。调节参数之后的效果如图 4.43 所示。

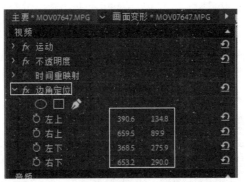

图 4.42　"边角定位"视频效果参数调节

图 4.43　调节参数之后的效果

视频播放：具体介绍，请观看配套视频"任务三：使用视频效果对'V3'轨道中的图像画面进行变形处理.mp4"。

七、拓展训练

使用该案例介绍的方法，创建一个名为"画面变形举一反三 .prpoj"节目文件，根据配套资源中提供的素材，制作如下效果并输出命名为"画面变形举一反三.mp4"文件。

【案例 4：拓展训练】

学习笔记：

案例5：幻影效果

【案例5　简介】

一、案例内容简介

　　本案例主要介绍使用"残影"视频效果制作幻影效果、"时间"类视频效果的作用和使用方法，"模糊与锐化"类视频效果的作用和使用方法。

二、案例效果欣赏

三、案例制作（步骤）流程

　　任务一：创建新项目和导入素材➡任务二：使用视频效果对画面进行变形，并调节亮度与对比度➡任务三：使用视频效果制作幻影效果

四、制作目的

　　（1）熟悉视频效果的主要作用。
　　（2）掌握"时间"类视频效果的作用。
　　（3）掌握"模糊与锐化"类视频效果的作用。
　　（4）掌握"残影"视频效果的作用和参数调节。
　　（5）掌握幻影效果制作的原理。

五、制作前需要解决的问题

　　（1）色环的作用和应用。
　　（2）透视原理。
　　（3）色彩理论基础知识。
　　（4）构图理论基础。

六、详细操作步骤

【任务一：创建新项目和导入素材】

任务一：创建新项目和导入素材

　　步骤01：启动 Premiere Pro 2020，创建一个名为"幻影效果 .prproj"的项目文件。

　　步骤02：利用前面所学知识导入如图 4.44 所示的素材。

　　步骤03：将导入的素材拖拽到轨道中，如图 4.45所示。在【项目：幻影效果】监视器窗口中的效果如图 4.46 所示。

图 4.44　导入的素材

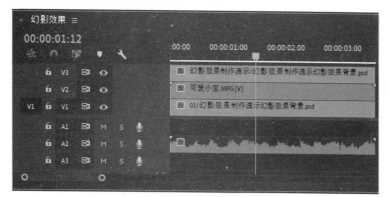

图 4.45　拖拽到轨道中的素材

图 4.46　在【项目：幻影效果】监视器中的效果

视频播放： 具体介绍，请观看配套视频"任务一：创建新项目和导入素材.mp4"。

任务二：使用视频效果对画面进行变形，并调节亮度与对比度

这里主要使用"边角定位"和"亮度与对比度"两个视频效果对画面进行变形和亮度与对比度调节。具体操作方法如下。

步骤 01： 将"扭曲/边角定位"视频效果拖拽到"V2"轨道中的素材上松开鼠标左键即可。

【任务二：使用视频效果对画面进行变形，并调节亮度与对比度】

步骤 02： 单选"V2"轨道中添加"边角定位"视频特效之后的素材，在【效果控件】面板中调节"边角定位"视频效果的参数，具体调节如图 4.47 所示，调节参数之后的效果如图 4.48 所示。

图 4.47　"边角定位"视频效果参数调节

图 4.48　调节参数之后的效果

步骤 03： 将"颜色校正/亮度与对比度"视频效果拖拽到"V2"轨道中的素材上，松开鼠标左键即可。

步骤 04：单选"V2"轨道中添加"亮度与对比度"视频效果的素材，在【效果控件】面板中调节"亮度与对比度"视频效果的参数，具体调节如图 4.49 所示，调节参数之后的效果如图 4.50 所示。

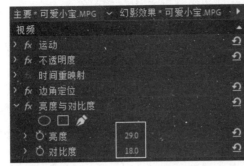

图 4.49　"亮度与对比度"视频效果参数调节　　　　图 4.50　调节参数之后的效果

视频播放：具体介绍，请观看配套视频"任务二：使用视频效果对画面进行变形，并调节亮度与对比度.mp4"。

【任务三：使用视频效果制作幻影效果】

任务三：使用视频效果制作幻影效果

"模糊与锐化"类视频效果包括"减少交错闪烁""复合模糊""方向模糊""相机模糊""通道模糊""钝化蒙版""锐化"和"高斯模糊"8 个视频效果，在这里使用"相机模糊"视频效果对视频画面进行模糊处理。

提示："模糊与锐化"类视频效果的作用、使用方法和参数说明请参阅配套素材赠送的"视频效果参数介绍 .word"文件。

"时间"类视频效果包括"残影"和"色调分离时间"2 个视频效果，在这里使用"残影"视频效果制作画面的幻影效果。

提示："时间"类视频效果的作用、使用方法和参数说明请参阅配套素材赠送的"视频效果参数介绍.word"文件。

步骤 01：将"模糊与锐化 / 相机模糊"视频效果拖拽到"V2"视频轨道中的素材上松开鼠标左键即可。

步骤 02：单选"V2"轨道中添加了"相机模糊"视频效果的素材，在【效果控件】面板中调节参数，具体调节如图 4.51 所示，调节参数之后的效果如图 4.52 所示。

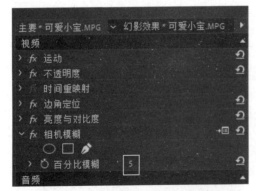

图 4.51　"相机模糊"视频效果参数调节　　　　图 4.52　调节参数之后的效果

步骤 03：将"时间 / 残影"视频效果拖拽到"V2"视频轨道中的素材上松开鼠标左键即可。

步骤 04：单选"V2"轨道中添加了"残影"视频效果的素材，在【效果控件】面板中调节参数，具体调节如图 4.53 所示，调节参数之后的效果如图 4.54 所示。

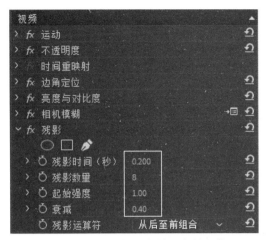

图 4.53　"残影"视频效果参数调节

图 4.54　调节参数之后的效果

视频播放：具体介绍，请观看配套视频"任务三：使用视频效果制作幻影效果.mp4"。

七、拓展训练

使用该案例介绍的方法，创建一个名为"幻影效果举一反三 .prpoj"节目文件，根据配套资源中提供的素材，制作如下效果并输出命名为"幻影效果举一反三.mp4"文件。【案例 5：拓展训练】

学习笔记：

案例 6：倒影效果

【案例6 简介】

一、案例内容简介

本案例主要介绍使用"镜像""线性擦除""裁剪"和"光照效果"视频效果来制作倒影效果。

二、案例效果欣赏

三、案例制作（步骤）流程

任务一：创建新项目和导入素材➡任务二：使用"镜像"视频效果制作倒影效果➡任务三：使用"裁剪"和"线性擦除"视频效果制作水的效果➡任务四：使用"光照效果"视频效果调节水的亮度

四、制作目的

（1）熟悉视频效果的主要作用。
（2）掌握"扭曲"类视频效果的作用。
（3）掌握"过渡"类视频效果的作用。
（4）掌握"变换"类视频效果的作用。
（5）掌握"调整"类视频效果的作用。
（6）熟练掌握"镜像""线性擦除""裁剪"和"光照效果"视频效果的作用和参数调节。
（7）掌握倒影效果制作的原理。

五、制作前需要解决的问题

（1）色环的作用和应用。
（2）透视原理。
（3）色彩理论基础知识。
（4）构图理论基础。
（5）灯光基础知识。

六、详细操作步骤

任务一：创建新项目和导入素材

步骤 01：启动 Premiere Pro 2020，创建一个名为"倒影效果 .prproj"的项目文件。

步骤 02：利用前面所学知识导入如图 4.55 所示的素材。

步骤 03：将导入的素材拖拽到轨道中，如图 4.56 所示。在【项目：倒影效果】监视器窗口中的效果如图 4.57 所示。

图 4.55　导入的素材

图 4.56　拖拽到轨道中的素材

图 4.57　在【项目：倒影效果】监视器中的效果

【任务一：创建新项目和导入素材】

【任务二：使用"镜像"视频效果制作倒影效果】

视频播放：具体介绍，请观看配套视频"任务一：创建新项目和导入素材.mp4"。

任务二：使用"镜像"视频效果制作倒影效果

"扭曲"视频效果的主要作用是按指定的方向和角度对图像画面进行扭曲或放大处理。

在这里使用"镜像"视频效果来制作镜像效果，具体操作方法如下。

步骤 01：单击"V2"轨道中的 图标，此时该图标变成 形态，表示"V2"轨道中的素材在【项目：倒影效果】监视器中不显示，方便编辑"V1"轨道中的素材。

步骤 02：将"扭曲/镜像"视频效果拖拽到"V1"轨道中的素材上松开鼠标即可完成视频效果的添加。

步骤 03：在【效果控件】面板中调节"镜像"视频效果的参数，具体调节如图 4.58 所示，调节参数之后的效果如图 4.59 所示。

图 4.58　"镜像"视频效果参数调节　　　　　图 4.59　在【项目：倒影效果】监视器中的效果

视频播放：具体介绍，请观看配套视频"任务二：使用'镜像'视频效果制作倒影效果.mp4"。

任务三：使用"裁剪"和"线性擦除"视频效果制作水的效果

1. 添加"裁剪"视频效果

"变换"类视频效果的主要作用是使图像画面产生二维或三维的几何变化。

【任务三：使用"裁剪"和"线性擦除"视频效果制作水的效果】

"变换"类视频效果主要包括"垂直翻转""水平翻转""羽化边缘""自动重新构图"和"裁剪"5 个视频效果。在这里使用"裁剪"视频效果对图像画面进行裁剪。

"裁剪"视频效果的主要作用是根据参数设置对图像画面的四周进行修剪，还可以将修剪之后的素材画面自动调整到整个屏幕尺寸。具体操作方法如下。

步骤 01：单击"V2"轨道中的 图标，此时该图标变成 形态，将"V2"轨道中隐藏的素材在【项目：倒影效果】监视器中显示出来。

步骤 02：将"变换/裁剪"视频效果拖拽到"V2"轨道中的素材上松开鼠标完成视频效果的添加。

步骤 03：单选"V2"轨道中添加视频效果的素材，在【效果控件】面板中调节"裁剪"视频效果参数，具体调节如图 4.60 所示。调节参数之后的效果如图 4.61 所示。

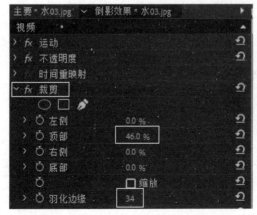

图 4.60　"裁剪"视频效果参数调节　　　　　图 4.61　在【项目：倒影效果】监视器中的效果

2. 添加"线性擦除"视频效果

"过渡"类视频效果通过采用转场效果的方法对图像画面进行处理，已达到某种特殊的图像画面效果。使用"过渡"类视频效果可以实现前后图像画面的转场效果。但该类效果只对当前图像有效。如果要实现前后图像画面的流畅过渡，需要将两段图像分别放在上下两个视频轨道中，再通过参数调节才能实现流畅过渡。

"过渡"类视频效果包括"块溶解""径向擦除""渐变擦除""百叶窗"和"线性擦除"5 个视频效果。在此使用"线性擦除"视频效果调节裁剪素材位置的羽化效果。

"线性擦除"视频效果的主要作用是以设定的角度为起点对图像画面进行线性透明擦除处理，并显示出下面轨道中的图像画面。具体操作方法如下。

步骤 01：将"过渡 / 线性擦除"视频效果拖拽到"V2"轨道中的素材上松开鼠标左键即可完成"线性擦除"视频效果的添加。

步骤 02：在【效果控件】面板中调节"线性擦除"视频效果参数，具体调节如图 4.62 所示，调节参数之后的效果如图 4.63 所示。

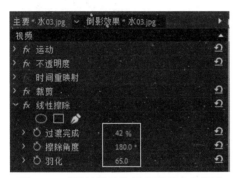

图 4.62　"线性擦除"视频效果参数调节

图 4.63　在【项目：倒影效果】监视器中的效果

提示："变化"类视频效果和"过渡"类视频效果的作用、使用方法以及参数说明请参阅配套素材中赠送的"视频效果参数介绍.word"文件。

视频播放：具体介绍，请观看配套视频"任务三：使用'裁剪'和'线性擦除'视频效果制作水的效果.mp4"。

任务四：使用"光照效果"视频效果调节水的亮度

"光照效果"的主要作用是模拟灯光照射到图像画面的效果，灯光颜色可以调节，最多可以模拟 5 盏灯光照明。"光照效果"视频效果的具体使用方法如下。

步骤 01：将"调整 / 光照效果"视频效果拖拽到"V2"视频轨道中的素材上松开鼠标即可完成"光照效果"视频效果的添加。

【任务四：使用"光照效果"视频效果调节水的亮度】

步骤 02：在【效果控件】面板中调节"光照效果"视频效果参数，具体调节如图 4.64 所示，调节参数之后的效果如图 4.65 所示。

步骤 03：单选"V2"轨道中的视频，在【效果控件】面板中调节素材的不透明和混合模式，具体调节如图 4.66 所示，调节之后的效果如图 4.67 所示。

视频播放：具体介绍，请观看配套视频"任务四：使用'光照效果'视频效果调节水的亮度.mp4"。

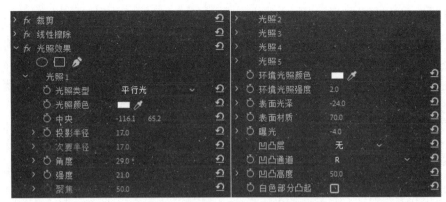

图 4.64 "光照效果"视频参数调节

图 4.65 在【项目：倒影效果】监视器中的效果

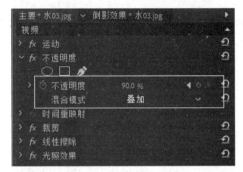

图 4.66 素材的"不透明度"和混合模式调节

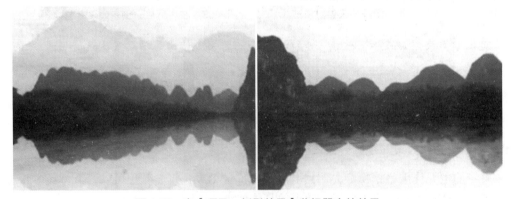

图 4.67 在【项目：倒影效果】监视器中的效果

【案例 6：拓展
训练】

七、拓展训练

使用该案例介绍的方法，创建一个名为"倒影效果举一反三 .prpoj"的节目文件，根据配套资源中提供的素材，制作如下效果并输出命名为"倒影效果举一反三.mp4"文件。

学习笔记：

案例 7：重复画面效果

一、案例内容简介

本案例主要介绍使用"颜色键"和"复制"视频效果来制作重复画面效果。

【案例 7　简介】　**二、案例效果欣赏**

三、案例制作（步骤）流程

任务一：创建新项目和导入素材➡任务二：使用"颜色键"视频效果对图像画面进行抠像➡任务三：使用"复制"视频效果制作重复画面效果➡任务四：调节素材的缩放参数和不透明度来制作缩放和渐变效果

四、制作目的

（1）熟悉视频效果的主要作用。
（2）掌握"风格化"类视频效果的作用。
（3）掌握"键控"类视频效果的作用。
（4）熟练掌握"颜色键"视频效果的作用和参数调节。
（5）熟练掌握"复制"视频效果的作用和参数调节。
（6）掌握重复画面效果制作的原理。

五、制作前需要解决的问题

（1）色环的作用和应用。
（2）透视原理。
（3）色彩理论基础知识。
（4）构图理论基础。
（5）灯光基础知识。

六、详细操作步骤

任务一：创建新项目和导入素材

步骤 01：启动 Premiere Pro 2020，创建一个名为"重复画面效果 .prproj"的项目文件。

【任务一：创建新项目和导入素材】

步骤 02：利用前面所学知识导入如图 4.68 所示的素材。

步骤 03：将导入的素材拖拽到轨道中，如图 4.69 所示。在【项目：重复画面效果】监视器窗口中的效果如图 4.70 所示。

图 4.68　导入的素材

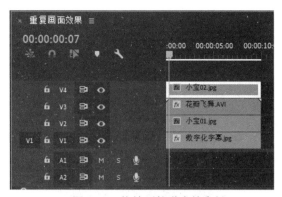

图 4.69　拖拽到轨道中的素材

图 4.70　在【项目：重复画面效果】监视器中的效果

视频播放：具体介绍，请观看配套视频"任务一：创建新项目和导入素材.mp4"。

任务二：使用"颜色键"视频效果对图像画面进行抠像

"键控"视频效果的主要作用是通过颜色和亮度的宽容度对图像进行抠像。

"键控"类视频效果包括"Alpha 调整""亮度键""图像遮罩键""差值遮罩""移除遮罩""超级键""轨道遮罩键""非红色键"和"颜色键"9 个视频效果。在这里使用"颜色键"视频效果来进行抠像。

【任务二：使用"颜色键"视频效果对图像画面进行抠像】

"颜色键"的主要作用是通过调节指定颜色的宽容度大小进行抠像，具体操作如下。

1. 使用"颜色键"对"V4"轨道中的素材进行抠像

步骤 01：将"键控 / 颜色键"视频效果拖拽到"V4"轨道中的素材上松开鼠标左键，完成"颜色键"视频效果的添加。

步骤 02：单选"V4"轨道中添加"颜色键"的素材，在【效果控件】面板中调节参数，具体调节如图 4.71 所示。调节参数之后的效果如图 4.72 所示。

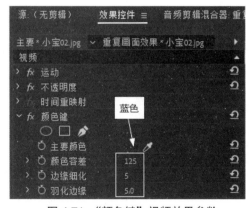

图 4.71　"颜色键"视频效果参数

图 4.72　调节参数之后的效果

2. 使用"颜色键"对"V3"轨道中的素材进行抠像

步骤 01：将"键控 / 颜色键"视频效果拖拽到"V3"轨道中的素材上松开鼠标左键，完成"颜色键"视频效果的添加。

步骤 02：单选"V3"轨道中添加"颜色键"的素材，在【效果控件】面板中调节参数，具体调节如图 4.73 所示。调节参数之后的效果如图 4.74 所示。

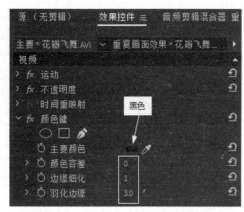

图 4.73 "颜色键"视频效果参数调节

图 4.74 调节参数之后的效果

3. 使用"颜色键"对"V2"轨道中的素材进行抠像

步骤 01：将"键控/颜色键"视频效果拖拽到"V2"轨道中的素材上松开鼠标左键，完成"颜色键"视频效果的添加。

步骤 02：单选"V2"轨道中添加"颜色键"的素材，在【效果控件】面板中调节参数，具体调节如图 4.75 所示。调节参数之后的效果如图 4.76 所示。

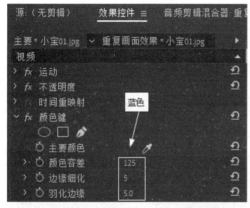

图 4.75 "颜色键"视频效果参数

图 4.76 调节参数之后的效果

视频播放：具体介绍，请观看配套视频"任务二：使用'颜色键'视频效果对图像画面进行抠像.mp4"。

任务三：使用"复制"视频效果制作重复画面效果

【任务三：使用
"复制"视频效
果制作重复画
面效果】

"风格化"类视频效果的主要作用是通过改变图像画面的像素或者对图像画面的色彩进行处理，可以制作出抽象派或者印象派的视觉效果。也可以模拟其他类型的艺术效果，例如浮雕和素描等视觉效果。

"风格化"类视频效果包括"Alpha 发光""复制""彩色浮雕""曝光过渡""查找边缘""浮雕""画笔描边""粗糙边缘""纹理""色调分离""闪光灯""阈值"和"马赛克"13 个视频效果。在这里使用"复制"视频效果来制作重复画面效果。

"复制"视频效果的主要作用是将图像画面划分为多个区域，在每个区域内部显示源图像画面的完整内容，具体操作如下。

步骤 01：将"时间指示器"移到第 0 秒 0 帧的位置。

步骤 02：将"风格化／复制"视频效果拖拽到"V2"轨道中的视频上松开鼠标左键，完成"复制"视频效果的添加。

步骤 03：单选"V2"轨道中添加了"复制"视频效果的素材，在【效果控件】面板中调节"复制"视频效果的参数，具体调节如图 4.77 所示，调节参数之后的效果如图 4.78 所示。

步骤 04：将"时间指示器"移到第 6 秒 0 帧的位置，在【效果控件】面板中将"复制"视频效果中的"计数"参数设置为 8，系统自动添加关键帧，调节参数之后的效果如图 4.79 所示。

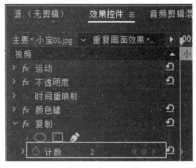

图 4.77　"复制"视频效果参数

图 4.78　第 0 秒 0 帧调节参数之后的效果

图 4.79　第 6 秒 0 帧调节参数之后的效果

提示："风格化"类视频效果的作用，使用方法和参数说明请阅读配套素材中赠送的"视频效果参数介绍.word"文件。

视频播放：具体介绍，请观看配套视频"任务三：使用'复制'视频效果制作重复画面效果.mp4"。

任务四：调节素材的缩放参数和不透明度来制作缩放和渐变效果

步骤 01：将"时间指示器"移到第 0 秒 0 帧的位置，单选"V4"轨道中的素材。

步骤 02：在【效果控件】面板中调节"缩放"和"不透明度"参数并添加关键帧，如图 4.80 所示，添加关键帧和调节参数之后的效果如图 4.81 所示。

图 4.80　具体参数设置

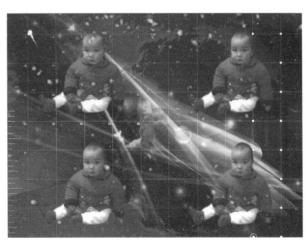

图 4.81　第 0 秒 0 帧调节参数之后的效果

【任务四：调节素材的缩放参数和不透明度来制作缩放和渐变效果】

步骤03：将"时间指示器"移到第6秒0帧的位置，将"缩放"参数调节为"100.0"，"不透明度"参数调节为"100.0%"，调节参数之后的效果如图4.82所示。

图4.82 第6秒0帧调节参数之后的效果

步骤04：完成重复画面效果的制作，输出节目文件。

视频播放：具体介绍，请观看配套视频"任务四：调节素材的缩放参数和不透明度来制作缩放和渐变效果.mp4"。

七、拓展训练

【案例7：拓展训练】

使用该案例介绍的方法，创建一个名为"重复画面效果举一反三.prpoj"的节目文件，根据配套资源中提供的素材，制作如下效果并输出命名为"重复画面效果举一反三.mp4"的文件。

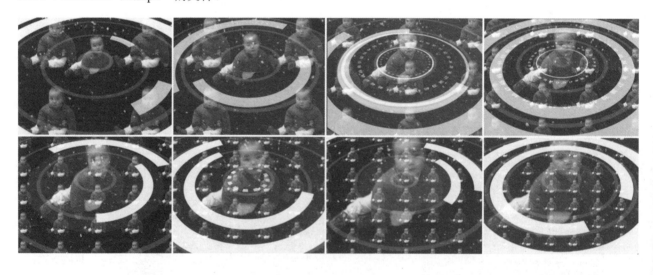

学习笔记：

案例 8：水墨山水画效果

一、案例内容简介

本案例主要介绍使用"图像控制"类、"模糊与锐化"类、"透视"类和"键控"类视频效果来制作水墨山水画效果。

【案例 8　简介】

二、案例效果欣赏

三、案例制作（步骤）流程

任务一：创建新项目和导入素材➡任务二：制作水墨山水画效果的流程➡任务三：使用视频效果将图像画面处理成水墨山水画效果➡任务四：使用视频效果对题词进行处理➡任务五：调节题词在画面中的位置和画面装裱

四、制作目的

（1）熟悉视频效果的主要作用。
（2）掌握"图像控制"类视频效果的作用。
（3）掌握"模糊与锐化"类视频效果的作用。
（4）熟练掌握"透视"类视频效果的作用。
（5）熟练掌握"键控"类视频效果的作用。
（6）熟练掌握"黑白""锐化""高斯模糊""颜色键"和"投影"视频效果的作用及参数调节。
（7）掌握水墨山水画效果制作的原理。

五、制作前需要解决的问题

（1）色环的作用和应用。
（2）透视原理。
（3）色彩理论基础知识。
（4）构图理论基础。
（5）灯光基础知识。

六、详细操作步骤

任务一：创建新项目和导入素材

【任务一：创建新项目和导入素材】

步骤01：启动 Premiere Pro 2020，创建一个名为"水墨山水画效果.prproj"的项目文件。

步骤02：利用前面所学知识导入如图 4.83 所示的素材。

步骤03：将导入的素材拖拽到轨道中，如图 4.84 所示。在【项目：水墨山水画效果】监视器中的效果如图 4.85 所示。

图 4.83　导入的素材

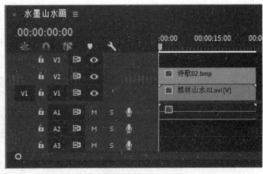

图 4.84　拖拽到轨道中的素材

图 4.85　在【项目：水墨山水画效果】监视器中的效果

视频播放：具体介绍，请观看配套视频"任务一：创建新项目和导入素材.mp4"。

任务二：制作水墨山水画效果的流程

（1）根据要求收集素材。

（2）使用"图像控制"类视频效果中的"黑白"视频效果，将素材画面转换为黑白图像画面。

（3）使用"模糊与锐化"类视频效果中的"锐化"视频效果，对转换为黑白的图像画面进行边缘锐化处理。

（4）使用"模糊与锐化"类视频效果中的"高斯模糊"视频效果，对锐化处理之后的图像画面进行适当的模糊处理，从而模拟出水墨山水画的效果。

（5）使用"键控"类视频效果中的"颜色键"视频效果对文字图像进行抠像处理。

（6）使用"透视"类视频效果中的"投影"视频效果给文字添加投影效果。

（7）将处理后的图像画面和文字图像进行合成即可。

【任务二：制作水墨山水画效果的流程】

视频播放：具体介绍，请观看配套视频"任务二：制作水墨山水画效果的流程.mp4"。

任务三：使用视频效果将图像画面处理成水墨山水画效果

1. 使用"黑白"视频效果将图像画面处理成黑白图像画面

"黑白"视频效果的主要作用是直接将图像画面转换为灰度图像，不同深度的颜色呈现出不同的灰度。该视频效果没有参数设置，具体操作如下。

直接将"图像控制/黑白"视频效果拖拽到"V1"轨道中的素材上松开鼠标左键即可完成视频效果的添加，添加"黑白"视频效果之后的画面效果如图 4.86 所示。

【任务三：使用视频效果将图像画面处理成水墨山水画效果】

图 4.86　添加"黑白"视频效果之后的画面

2. 使用 "模糊与锐化" 类中的视频效果对图像画面进行锐化和模糊处理

"锐化" 视频效果的主要作用是通过增加图像中的相邻像素的对比度，从而达到提高图像画面的清晰度的效果。

"高斯模糊" 视频效果的主要作用是通过图像画面进行高斯运算产生模糊效果。

具体操作方法如下。

步骤 01：将 "模糊与锐化 / 锐化" 视频效果拖拽到 "V1" 轨道中的素材上松开鼠标左键即可完成 "锐化" 视频效果的添加。

步骤 02：再将 "模糊与锐化 / 锐化" 视频效果拖拽到 "V1" 轨道中的素材上。方法同上。

步骤 03：单选 "V1" 轨道中添加了 "锐化" 视频效果的素材，在【效果控件】面板中调节 "锐化" 视频效果的参数，具体调节如图 4.87 所示。在【项目：水墨山水画效果】监视器中的截图效果如图 4.88 所示。

图 4.87　"锐化" 视频效果参数　　　　图 4.88　在【项目：水墨山水画效果】监视器中的截图效果

步骤 04：将 "模糊与锐化 / 高斯模糊" 视频效果拖拽到 "V1" 轨道中的素材上松开鼠标即可完成 "高斯模糊" 视频效果的添加。

步骤 05：在【效果控件】面板中调节 "高斯模糊" 的参数，具体调节如图 4.89 所示，在【项目：水墨山水画效果】监视器中的截图效果如图 4.90 所示。

图 4.89　"高斯模糊" 视频参数调节　　　　图 4.90　在【项目：水墨山水画效果】监视器中的截图效果

视频播放：具体介绍，请观看配套视频 "任务三：使用视频效果将图像画面处理成水墨山水画效果.mp4"。

【任务四：使用视频效果对题词进行处理】

任务四：使用视频效果对题词进行处理

1. 使用"颜色键"对题词进行抠像

"颜色键"视频效果的主要作用是根据用户选择的颜色在图像画面中将其变为透明，从而显示出下面轨道中的图像画面。具体操作方法如下。

步骤 01：将"键控 / 颜色键"视频效果拖拽到"V2"轨道中松开鼠标左键即可完成"颜色键"视频效果的添加。

步骤 02：在【效果控件】面板中调节"颜色键"视频效果参数，参数的具体调节如图 4.91 所示。在【项目：水墨山水画效果】监视器中的截图效果如图 4.92 所示。

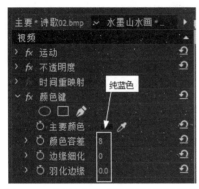

图 4.91　"颜色键"视频效果参数调节　　图 4.92　在【项目：水墨山水画效果】监视器中的截图效果

步骤 03：将"图像控件 / 黑白"视频效果拖拽到"V2"轨道中的素材上松开鼠标左键即可完成"黑白"视频效果的添加，添加"黑白"视频效果之后在【项目：水墨山水画效果】监视器中的截图效果如图 4.93 所示。

图 4.93　在【项目：水墨山水画效果】监视器中的截图效果

2. 使用"投影"视频效果给题词素材添加投影效果

"透视"类视频效果的主要作用是将图像画面制作成三维立体效果和控件效果。

"透视"类视频效果包括"基本 3D""径向阴影""投影""斜面 Alpha"和"边缘斜面"5 个视频效果。在这里主要使用"投影"视频效果给题词制作投影效果。

"投影"视频效果的主要作用是给图像画面添加阴影效果。具体操作方法如下。

步骤 01：将"透视 / 投影"视频效果拖拽到"V2"轨道中的素材上松开鼠标左键即可完成"投影"视频效果的添加。

步骤 02：在【效果控件】中调节"投影"视频效果的参数，参数的具体调节如图 4.94 所示。在【项目：水墨山水画效果】监视器中的截图效果如图 4.95 所示。

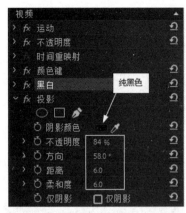

图 4.94 "投影"视频效果参数调节　　图 4.95 在【项目：水墨山水画效果】监视器中的效果

提示： "透视"类视频效果的作用、使用方法和参数说明请参阅配套素材中赠送的"视频效果参数介绍.word"文件。

视频播放： 具体介绍，请观看配套视频"任务四：使用视频效果对题词进行处理.mp4"。

【任务五：调节题词在画面中的位置和画面转表】

任务五：调节题词在画面中的位置和画面装裱

1. 调节题词在画面中的位置

步骤01： 单选"V2"轨道中的素材。

步骤02： 在【效果控件】面板中调节位置参数，具体调节如图 4.96 所示，在【项目：水墨山水画效果】监视器中的截图效果如图 4.97 所示。

图 4.96 题词素材的位置参数调节　　图 4.97 在【项目：水墨山水画效果】监视器中的截图效果

2. 画面装裱

画面装裱主要使用彩色遮罩来实现，具体操作方法如下。

步骤01： 单击【项目：水墨山水画效果】窗口下的【新建项】按钮，弹出快捷菜单，在弹出的快捷菜单中单击【颜色遮罩...】命令，弹出【新建颜色遮罩】对话框，具体设置如图 4.98 所示。

步骤02： 单击【确定】按钮，弹出【拾色器】对话框，调节颜色如图 4.99 所示。

图 4.98 【新建颜色遮罩】对话框

步骤 03：单击【确定】按钮，弹出【选择名称】对话框，具体设置如图 4.100 所示，单击【确定】按钮，创建一张"装裱条"图片。

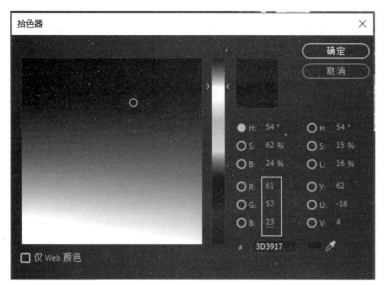

图 4.99　【拾色器】对话框参数调节

图 4.100　【选择名称】对话框参数

步骤 04：将创建的"装裱条"图片拖拽到【水墨山水画】序列窗口中的"V3"轨道中，在【效果控件】面板中调节参数，具体调节如图 4.101 所示，调节参数之后，在【项目：水墨山水画效果】监视器中的截图效果如图 4.102 所示。

图 4.101　"装裱条"的参数调节

图 4.102　在【项目：水墨山水画效果】监视器中的截图效果

步骤 05：再将创建的"装裱条"图片拖拽到【水墨山水画】序列窗口中的轨道中最上方的空白处松开鼠标左键，系统自动创建一个"V4"轨道并添加素材，如图 4.103 所示。

图 4.103　创建的轨道和添加的素材

步骤 06：在【效果控件】面板中调节"V4"轨道中素材的参数，具体调节如图 4.104 所示，调节参数之后，在【项目：水墨山水画效果】监视器中的截图效果如图 4.105 所示。

图 4.104 "装裱条"的参数调节

图 4.105 在【项目：水墨山水画效果】监视器中的截图效果

视频播放：具体介绍，请观看配套视频"任务五：调节题词在画面中的位置和画面装裱.mp4"。

七、拓展训练

【案例 8：拓展训练】

使用该案例介绍的方法，创建一个名为"水墨山水画效果举一反三 .prpoj"的节目文件，根据配套资源中提供的素材，制作如下效果并输出命名为"水墨山水画效果举一反三.mp4"的文件。

学习笔记：

案例 9：滚动画面效果

一、案例内容简介

本案例主要介绍使用"扭曲"类视频效果来制作滚动画面效果。

【案例 9　简介】

二、案例效果欣赏

三、案例制作（步骤）流程

　　任务一：创建新项目和导入素材➡任务二：制作滚动画面效果的基本流程➡任务三：制作滚动视频画面效果➡任务四：创建序列、序列嵌套和画面扭曲操作

四、制作目的

（1）熟悉视频效果的主要作用。

（2）掌握"扭曲"类视频效果的作用。

（3）熟练掌握"偏移"和"边角定位"视频效果的作用和参数调节。

（4）掌握滚动画面效果制作的原理。

五、制作前需要解决的问题

（1）色环的作用和应用。

（2）透视原理。

（3）色彩理论基础知识。

（4）构图理论基础。

（5）灯光基础知识。

六、详细操作步骤

【任务一：创建新项目和导入素材】

任务一：创建新项目和导入素材

步骤 01：启动 Premiere Pro 2020，创建一个名为"滚动画面效果 .prproj"的项目文件。

步骤 02：利用前面所学知识导入如图 4.106 所示的素材。

步骤 03：将导入的素材拖拽到轨道中，如图 4.107 所示。在【项目：滚动画面效果】监视器中的效果如图 4.108 所示。

图 4.106　导入的素材

图 4.107　拖拽到轨道中的素材

图 4.108　在【项目：滚动画面效果】监视器中的效果

任务二：制作滚动画面效果的基本流程

（1）根据要求收集素材。

（2）将视频素材拖拽到序列窗口中，再使用"扭曲"类视频效果中的"偏移"视频效果制作滚动效果。

【任务二：制作滚动画面效果的基本流程】

（3）创建新序列，将背景图片和以前的序列分别拖拽到刚创建的序列窗口中的"V1"和"V2"轨道中。

（4）使用"扭曲"类视频效果中的"边角定位"视频效果中对"V2"轨道中的序列进行边角定位。

视频播放：具体介绍，请观看配套视频"任务二：制作滚动画面效果的基本流程.mp4"。

任务三：制作滚动视频画面效果

"偏移"视频效果的主要作用是通过改变视频画面的中心位置对画面进行水平或垂直移动，画面中空缺的像素会自动进行补充。使用"偏移"视频效果制作垂直滚动效果的具体操作步骤如下。

【任务三：制作滚动视频画面效果】

步骤 01：将"时间指示器"移到第 1 秒 0 帧的位置。

步骤 02：将"扭曲/偏移"视频效果拖拽到"V1"轨道中的素材上松开鼠标左键即可完成"偏移"视频效果的添加。

步骤 03：单选"V1"轨道中添加了"偏移"视频效果的素材，在【效果控件】面板中单击"将中心移位至"参数左边"切换动画"按钮 ⬚ ，给该参数添加一个关键帧，参数采用默认设置，如图 4.109 所示。

步骤 04：将"时间指示器"移到素材的出点位置。将鼠标移到【滚动画面效果】序列中时间标尺上任意位置→单击鼠标右键，弹出快捷菜单→在弹出的快捷菜单中单击【转到出点】命令即可。

步骤 05：确保"V1"轨道中的素材被选中，在【效果控件】面板中调节"偏移"视频效果参数，具体调节如图 4.110 所示。

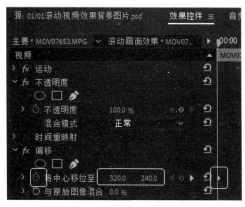

图 4.109　"偏移"视频效果的参数调节一

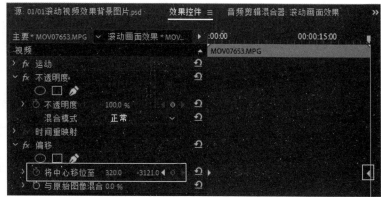

图 4.110　"偏移"视频效果的参数调节二

视频播放：具体介绍，请观看配套视频"任务三：制作滚动视频画面效果.mp4"。

任务四：创建序列、序列嵌套和画面扭曲操作

步骤 01：在菜单栏中单击【文件（F）】→【新建（N）】→【序列（S）...】命令或按键上的"Ctrl+N"组合键→弹出【新建序列】对话框，在该对话框设置"序列名称"为"滚动画面效果嵌套"→单击【确定】按钮，完成序列的创建。

【任务四：创建序列、序列嵌套和画面扭曲操作】

步骤02：将背景图片和"滚动画面效果"序列依次拖拽到"V1"和"V2"视频轨道中，并调节"V1"轨道中素材的长度至"V2"素材的长度，如图 4.111 所示。

步骤03：将"扭曲/边角定位"视频效果拖拽到"V2"轨道中，在【效果控件】面板中调节"边角定位"视频效果参数，具体调节如图 4.112 所示，在【项目：滚动画面效果】监视器中的效果如图 4.113 所示。

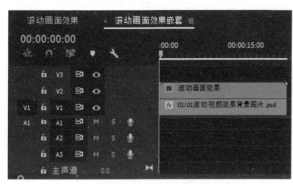

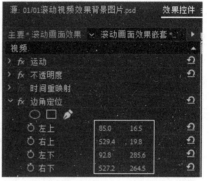

图 4.111　序列中的效果　　　　图 4.112　"边角定位"视频效果参数

图 4.113　在【项目：滚动画面效果】监视器中的效果

视频播放： 具体介绍，请观看配套视频"任务四：创建序列、序列嵌套和画面扭曲操作.mp4"。

七、拓展训练

使用该案例介绍的方法，创建一个名为"滚动画面效果举一反三.prpoj"的节目文件，根据配套资源中提供的素材，制作如下效果并输出命名为"滚动画面效果举一反三.mp4"的文件。

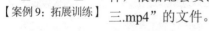

【案例9：拓展训练】

学习笔记：

案例 10：局部马赛克效果

一、案例内容简介

本案例主要介绍使用"变换""风格化"和"扭曲"类视频效果来制作局部马赛克效果。

【案例 10　简介】

二、案例效果欣赏

三、案例制作（步骤）流程

任务一：创建新项目和导入素材➡任务二：制作局部马赛克效果的基本流程➡任务三：对画面进行裁剪和添加马赛克效果➡任务四：创建序列、序列嵌套和画面扭曲操作

四、制作目的

（1）熟悉视频效果的主要作用。
（2）掌握"变换"类视频效果的作用。
（3）掌握"风格化"类视频效果的作用。
（4）掌握"扭曲"类视频效果的作用。
（5）熟练掌握"裁剪""马赛克"和"边角定位"视频效果的作用和参数调节。
（6）掌握局部马赛克效果制作的原理。

五、制作前需要解决的问题

（1）色环的作用和应用。
（2）透视原理。
（3）色彩理论基础知识。
（4）构图理论基础。
（5）灯光基础知识。

【任务一：创建新项目和导入素材】

六、详细操作步骤

任务一：创建新项目和导入素材

步骤 01：启动 Premiere Pro 2020，创建一个名为"局部马赛克效果 .prproj"的项目文件。

步骤 02：利用前面所学知识导入如图 4.114 所示的素材。

步骤 03：将导入的素材拖拽到轨道中，如图 4.115 所示。在【项目：局部马赛克效果】监视器中的效果如图 4.116 所示。

图 4.114　导入的素材

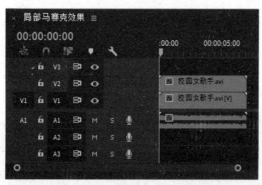

图 4.115　拖拽到轨道中的素材

图 4.116　在【项目：局部马赛克效果】监视器中的效果

视频播放：具体介绍，请观看配套视频"任务一：创建新项目和导入素材.mp4"。

任务二：制作局部马赛克效果的基本流程

（1）根据要求收集素材。

（2）将视频素材拖拽到序列窗口中，使用"变换"类视频效果中的"裁剪"视频效果对画面进行裁剪操作。

【任务二：制作局部马赛克效果的基本流程】

（3）使用"风格化"类视频效果中的"局部马赛克"视频效果给裁剪之后的视频制作马赛克效果。

（4）创建序列，进行序列嵌套。

（5）使用"扭曲"类视频效果中的"边角定位"视频效果进行扭曲操作。

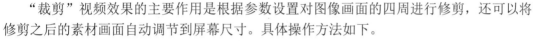

视频播放： 具体介绍，请观看配套视频"任务二：制作局部马赛克效果的基本流程.mp4"。

任务三：对画面进行裁剪和添加马赛克效果

1. 对画面进行裁剪操作

【任务三：对画面进行裁剪和添加马赛克效果】

"裁剪"视频效果的主要作用是根据参数设置对图像画面的四周进行修剪，还可以将修剪之后的素材画面自动调节到屏幕尺寸。具体操作方法如下。

步骤 01： 将"变换/裁剪"视频效果拖拽到"V2"轨道中，松开鼠标左键即可完成"裁剪"视频效果的添加。

步骤 02： 将"V1"轨道中的素材隐藏，方便调节裁剪参数时观察。

步骤 03： 将"时间指示器"移到第 0 秒 0 帧的位置，单选"V2"轨道中添加了"裁剪"视频效果之后的素材，在【效果控件】面板中调节参数并添加关键帧，具体参数调节如图 4.117 所示。调节参数之后在【项目：局部马赛克效果】监视器中的效果如图 4.118 所示。

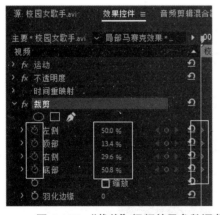

图 4.117　"裁剪"视频效果参数调节

图 4.118　在【项目：局部马赛克效果】监视器中的效果

提示： 在调节"裁剪"视频效果参数时，可以在【效果控件】面板中单击【裁剪】视频效果标签，在【项目：局部马赛克效果】监视器中，将鼠标移到裁剪框中的四方块上按住鼠标左键不放进行移动来调节。

步骤 04： 将"时间指示器"移到第 0 秒 16 帧的位置，在【项目：局部马赛克效果】监视器中调节裁剪框的大小和位置，调节之后的大小和位置如图 4.119 所示。在【效果控件】面板中的参数如图 4.120 所示。

步骤 05： 方法同上，继续移动"时间指示器"，在【项目：局部马赛克效果】监视器中调节裁剪框的大小和位置，系统自动给【裁剪】视频效果添加关键帧，最终添加的关键帧如图 4.121 所示，在【项目：局部马赛克效果】监视器中调节裁剪框的大小和位置如图 4.122 所示。

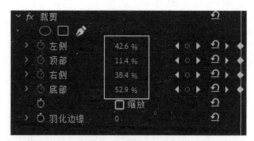

图 4.119　在【项目：局部马赛克效果】监视器中的效果　　图 4.120　"局部马赛克"视频效果的参数

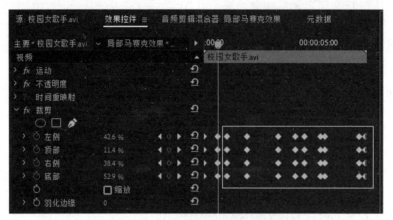

图 4.121　添加的关键帧效果

图 4.122　在【项目：局部马赛克效果】监视器中调节裁剪框的大小和位置

　　2. 给裁剪之后的画面添加"马赛克"视频效果

　　"马赛克"视频效果的主要作用是将图像画面风格呈现许多方形的方格，方格的颜色用方格内所有颜色的平均值，从而创建马赛克效果。具体操作方法如下。

　　步骤 01：将"风格化/马赛克"视频效果拖拽到"V2"轨道中的素材上，松开鼠标左键即可完成"马赛克"视频效果的添加。

步骤 02： 在【效果控件】面板中调节"马赛克"视频效果的参数，具体调节如图 4.123 所示，调节参数之后在【项目：局部马赛克效果】监视器中的截图效果如图 4.124 所示。

步骤 03： 显示"V1"轨道中的视频素材效果，在【项目：局部马赛克效果】监视器中的截图效果如图 4.125 所示。

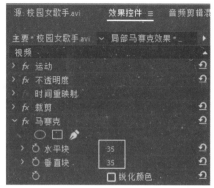

图 4.123　"马赛克"视频效果参数

图 4.124　在【项目：局部马赛克效果】监视器中的截图效果　图 4.125　在【项目：局部马赛克效果】监视器中的截图效果

视频播放： 具体介绍，请观看配套视频"任务三：对画面进行裁剪和添加马赛克效果.mp4"。

【任务四：创建序列、序列嵌套和画面扭曲操作】

任务四：创建序列、序列嵌套和画面扭曲操作

步骤 01： 使用所学知识，创建一个名为"局部马赛克效果嵌套"的序列。

步骤 02： 依次将"背景图片"和"局部马赛克效果"序列拖拽到"局部马赛克效果嵌套"序列中的"V1"和"V2"轨道中，如图 4.126 所示。

图 4.126　素材在序列窗口中的效果

步骤 03： 将"扭曲/边角定位"视频效果拖拽到"V2"轨道中的素材上，松开鼠标左键即可完成"边角定位"视频效果的添加。

步骤 04： 在【效果控件】面板中调节"边角定位"视频效果参数，具体调节如图 4.127 所示，调节参数之后，在【项目：局部马塞克效果嵌套】监视器中的截图效果如图 4.128 所示。

图 4.127 "边角定位"视频效果参数

图 4.128 在【项目：局部马塞克效果嵌套】监视器窗口中的截图效果

视频播放： 具体介绍，请观看配套视频"任务四：创建序列、序列嵌套和画面扭曲操作.mp4"。

七、拓展训练

使用该案例介绍的方法，创建一个名为"局部马赛克效果举一反三 .prpoj"的节目文件，根据配套资源中提供的素材，制作如下效果并输出命名为"局部马赛克面效果举一反三.mp4"的文件。

【案例 10：拓展训练】

学习笔记：

第 **5** 章

强大的音频效果

知识点

案例 1：音频的基本操作

案例 2：各种声道之间的转换

案例 3：音频效果

案例 4：音调与音速的改变

案例 5：音轨混合器

案例 6：5.1 声道音频的创建

说 明

本章主要通过 6 个案例来介绍音频素材的剪辑、音频过渡效果的添加和参数设置、音频效果的创建和参数设置以及 5.1 声道音频文件的创建等相关知识点。

教学建议课时数

一般情况下需要 6 课时，其中理论 2 课时，实际操作 4 课时（特殊情况可做相应调整）。

思维导图

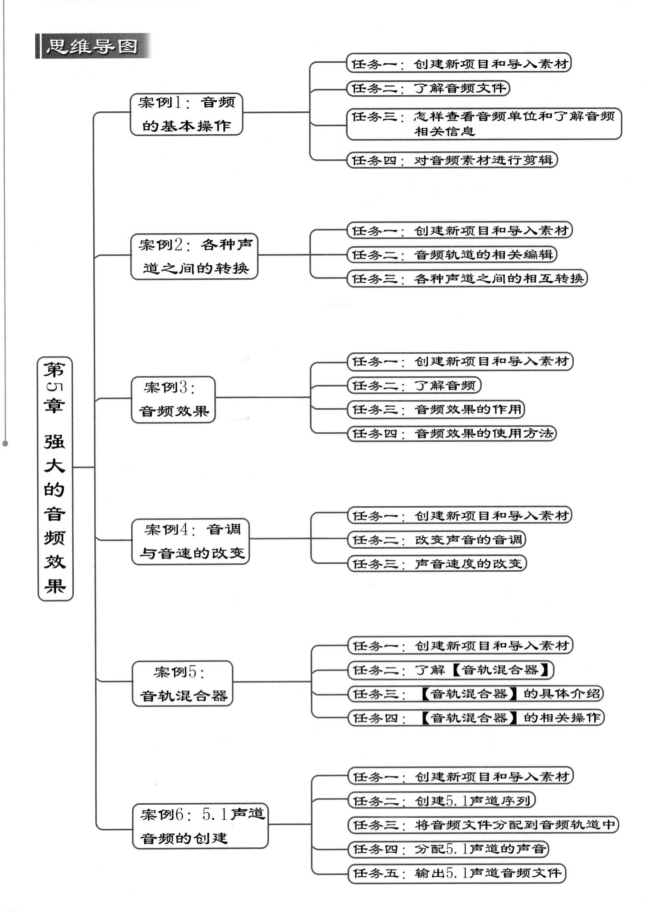

第5章 强大的音频效果

案例1：音频的基本操作
- 任务一：创建新项目和导入素材
- 任务二：了解音频文件
- 任务三：怎样查看音频单位和了解音频相关信息
- 任务四：对音频素材进行剪辑

案例2：各种声道之间的转换
- 任务一：创建新项目和导入素材
- 任务二：音频轨道的相关编辑
- 任务三：各种声道之间的相互转换

案例3：音频效果
- 任务一：创建新项目和导入素材
- 任务二：了解音频
- 任务三：音频效果的作用
- 任务四：音频效果的使用方法

案例4：音调与音速的改变
- 任务一：创建新项目和导入素材
- 任务二：改变声音的音调
- 任务三：声音速度的改变

案例5：音轨混合器
- 任务一：创建新项目和导入素材
- 任务二：了解【音轨混合器】
- 任务三：【音轨混合器】的具体介绍
- 任务四：【音轨混合器】的相关操作

案例6：5.1声道音频的创建
- 任务一：创建新项目和导入素材
- 任务二：创建5.1声道序列
- 任务三：将音频文件分配到音频轨道中
- 任务四：分配5.1声道的声音
- 任务五：输出5.1声道音频文件

一部好的影视作品，往往是声画艺术的完美结合，所以音频和视频具有同样重要的地位，音频质量的好坏，将直接影响到作品的质量。

前面已经详细介绍了视频过渡和视频效果的创建以及相关参数的设置。本章通过音频的基本操作、各种声道之间的转换、音频效果、音调与音速的改变，音轨混合器和 5.1 声道音频的创建等案例，全面介绍音频的基本操作、音频过渡和音频效果的使用方法以及参数调节。

案例 1：音频的基本操作

一、案例内容简介

本案例主要介绍与音频相关的基本操作。

【案例 1　简介】

二、案例效果欣赏

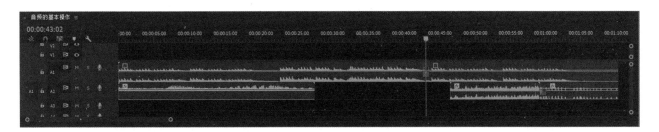

三、案例制作（步骤）流程

任务一：创建新项目和导入素材➡任务二：了解音频文件➡任务三：怎样查看音频单位和了解音频相关信息➡任务四：对音频素材进行剪辑

四、制作目的

（1）了解音频的概念。
（2）理解单声道、双声道和 5.1 声道的概念。
（3）掌握音频单位的查看。
（4）了解音频相关信息。
（5）掌握音频的剪辑。
（6）掌握音频过渡和音频效果的添加以及操作。

五、制作前需要解决的问题

（1）基本乐理知识。
（2）音频与视频之间的关系。
（3）音频的单位。
（4）音频在影视作品中的作用和地位。

六、详细操作步骤

任务一：创建新项目和导入素材

【任务一：创建新
项目和导入素材】

步骤 01：启动 Premiere Pro 2020，创建一个名为"音频的基本操作 .prproj"的项目文件。

步骤02： 导入如图5.1所示的音频素材。

视频播放： 具体介绍，请观看配套视频"任务一：创建新项目和导入素材.mp4"。

任务二：了解音频文件

音频文件有单声道、双声道（立体声）和5.1声道，可以通过【源】素材预览窗口了解音频文件是单声道还是双声道。具体操作方法如下。

步骤01： 在【项目：音频的基本操作】窗口中双击"优美音乐.mp3"音频文件，在【源：优美音乐.mp3】窗口中显示音频的波形图，如图5.2所示。

【任务二：了解音频文件】

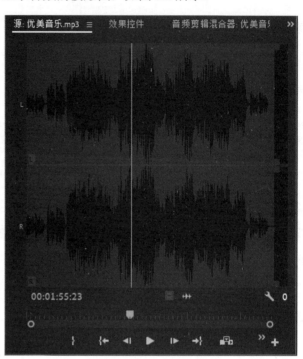

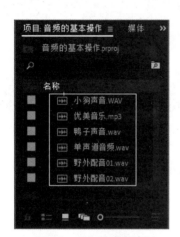

图5.1　导入的音频素材　　　　图5.2　"优美音乐.mp3"波形图

提示： 从图5.2可以判断，该音频文件为立体声，上面波形图为左声道（L），下面波形图为右声道（R），且两个波形图完全相同，说明左右声道发出的声音也完全相同。

步骤02： 在【项目：音频的基本操作】窗口中双击"小狗声音.WAV"音频文件，在【源：小狗声音.WAV】窗口中显示音频的波形图，如图5.3所示。

提示： 从图5.3可以判断，该音频文件为单声道，因为它只有一个波形图。

步骤03： 在【项目：音频的基本操作】窗口中双击"野外配音02.wav"音频文件，在【源：野外配音02.wav】窗口中显示音频的波形图，如图5.4所示。

提示： 从图5.4可以判断，该音频文件为双声道，只有左声道（L）发出声音，右声道不发出声音，因为右声道没有波形。

步骤04： 在【项目：音频的基本操作】窗口中双击"配音解说.mpg"视频文件，在【源：配音解说.mpg】窗口中显示视频文件画面，如图5.5所示。

步骤05： 单击【源：配音解说.mpg】窗口下方的"仅拖动音频"按钮 ，即可显示"配音解说.mpg"视频文件的声音波形图，如图5.6所示。

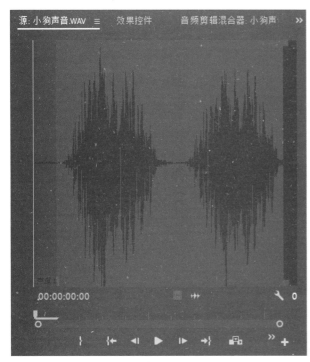

图 5.3　"小狗声音 .WAV"波形图

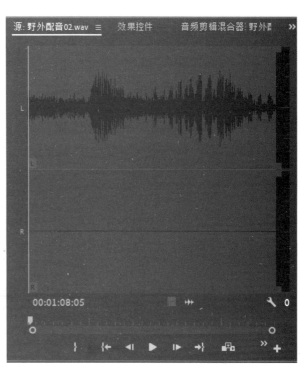

图 5.4　"野外配音 02.wav"波形图

图 5.5　"配音解说 .mpg"视频显示

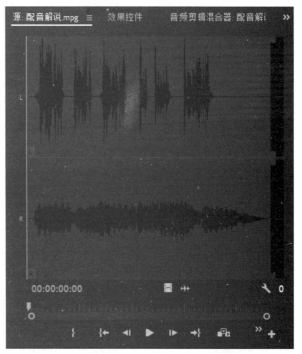

图 5.6　"配音解说 .mpg"视频的音频波形图

提示：从图 5.6 所示可以判断，"配音解说.mpg"视频文件为立体声，左声道（L）为解说词，总共有 6 段波形。右声道为背景音乐。

视频播放：具体介绍，请观看配套视频"任务二：了解音频文件.mp4"。

【任务三：怎样查看音频单位和了解音频相关信息】

任务三：怎样查看音频单位和了解音频相关信息

1. 查看音频单位

步骤 01：将导入的音频文件拖拽道"A1"和"A2"轨道中，如图 5.7 所示。此时的时间标尺以视频单位显示。

步骤 02：在【音频的基本操作】序列窗口中的标尺上单击鼠标右键，弹出快捷菜单，在弹出的快捷菜单中单击"显示音频时间单位"命令，此时的时间标尺以音频采样率单位显示，如图 5.8 所示。

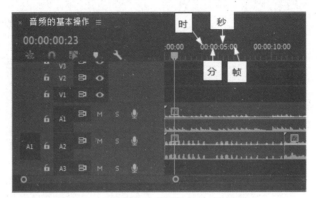

图 5.7　时间标尺以视频单位方式显示

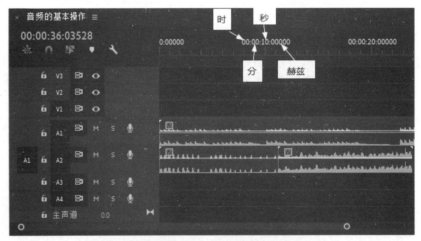

图 5.8　时间标尺以音频采样率单位方式显示

从图 5.8 中可以看出，此时的音频单位为音频采样率，当前音频为 48 千赫，即 1 秒由 48000 个最小单位组成，所以比视频单位中的 1 秒由 25 个最小单位组成更为精确。按键盘上的"="键将时间放大，可以看出"时间指示器"从"0：00000"向右移动一个单位即为 1 秒，如图 5.9 所示。

图 5.9　时间标尺放大之后的效果

提示：一般情况下，不需要对音频进行过于精细的编辑，在时间标尺上单击鼠标右键，弹出快捷菜单，此时，"显示音频时间单位"命令前面出现"√"，将鼠标移到"显示音频时间单位"命令，单击即可将"显示音频时间单位"前面的"√"去掉，以"帧"为最小单位来进行显示。

2. 了解音频相关信息

音频文件的相关信息，可以从【项目】窗口和【序列】窗口中了解到。

步骤 01：将【项目：音频的基本操作】窗口拉宽，就可以在该对话框中详细了解音频的相关信息，如图 5.10 所示。

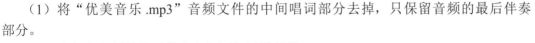

图 5.10　【项目：音频的基本操作】窗口

提示：如图 5.10 所示，从【项目：音频的基本操作】窗口中可以了解到音频的名称、音频的总长度、采样率、声道和使用情况等相关信息。

步骤 02：将鼠标指针移到【音频的基本操作】序列窗口中的音频轨道素材上，会弹出一个快捷菜单，从弹出的快捷菜单了解音频素材的相关信息，如图 5.11 所示。

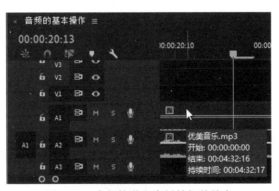

图 5.11　音频轨道上素材的相关信息

视频播放：具体介绍，请观看配套视频"任务三：怎样查看音频单位和了解音频相关信息.mp4"。

任务四：对音频素材进行剪辑

以剪辑"优美音乐 .mp3"音频文件为例来介绍音频素材的剪辑操作。具体编辑要求如下。

（1）将"优美音乐 .mp3"音频文件的中间唱词部分去掉，只保留音频的最后伴奏部分。

【任务四：对音频素材进行剪辑】

（2）给保留音频的前后伴奏之间添加过渡效果。

（3）在"A2"轨道中添加野外动物和鸭子的音频文件。

步骤 01：将"优美音乐 .mp3"音频文件拖拽到"A1"轨道中。

步骤 02：将鼠标移到"A1"和"A2"之间，鼠标变成 形态，此时，按住鼠标左键不放进行向下移动，将"A1"轨道拉宽，使音频文件的波形图显示更大一些，如图 5.12 所示。

图 5.12　音频的波形图

步骤 03：按键盘上的"空格"键对"A1"轨道中的音频进行监听播放可以得知，"优美音乐.mp3"的前 43 秒 2 帧为音乐的前奏部分，第 4 分 5 秒 8 帧到结尾为音乐的后伴奏部分。

步骤 04：将时间指示器移到第 43 秒 2 帧的位置，使用"剃刀工具"🔪将音乐从第 43 秒 2 帧处分割为两段音频素材，如图 5.13 所示。

步骤 05：将时间指示器移到第 4 分 5 秒 8 帧的位置，使用"剃刀工具"🔪将音乐从第 4 分 5 秒 8 帧处分割为两段音频素材，如图 5.14 所示。

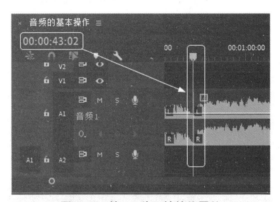

图 5.13　第 43 秒 2 帧的位置处

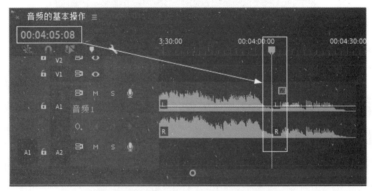

图 5.14　第 4 分 5 秒 8 帧的位置处

步骤 06：将鼠标指针移到"A1"轨道中的第 2 段素材上，单击鼠标右键弹出快捷菜单，在弹出的快捷菜单中单击"波纹删除"命令，将"A1"轨道中的第 2 段素材删除，系统将第 3 段素材自动链接到第 1 段素材之后，如图 5.15 所示。

步骤 07：将"野外配音 01.wav""野外配音 02.wav"和"鸭子声音.wav"3 段素材拖拽到"A2"轨道中，如图 5.16 所示。

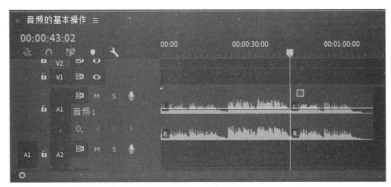

图 5.15　删除第 2 段素材之后的效果

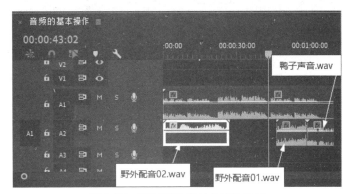

图 5.16　添加配音素材之后的效果

步骤 08：将【效果】浮动面板中的"音频过渡 / 交叉淡化 / 恒定功率"过渡效果拖拽到两段素材的连接处释放鼠标，即可为这两段相连的素材添加一个音频过渡效果，如图 5.17 所示。

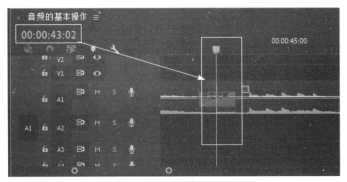

图 5.17　添加"恒定功率"过渡效果的效果

提示："优美音乐.mp3"的主旋律被剪掉了，添加"恒定功率"音频过渡效果的目的是使前后两段伴奏音乐过渡自然流畅。

步骤 09：单选"A1"轨道中添加的"恒定功率"音频过渡效果，此时，在【效果控件】面板中显示"恒定功率"音频过渡效果的相关参数，如图 5.18 所示。

提示：对两段前后相连的音频素材添加音频过渡效果，可以将两段音频柔和地衔接在一起，这与视频中默认的淡入过渡是一个道理。也可以在音频的入点和出点处添加音频过渡效果，这样使音频产生渐起、渐落的效果。

步骤 10：方法同上，给"A2"轨道中相邻两段素材之间添加音频过渡效果，效果如图 5.19 所示。

视频播放：具体介绍，请观看配套视频"任务四：对音频素材进行剪辑.mp4"。

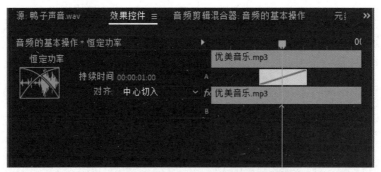

图 5.18 "恒定功率"音频过渡效果参数

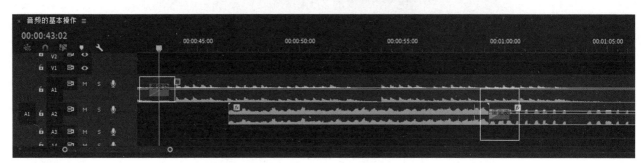

图 5.19 添加"恒定功率"过渡效果的效果

七、拓展训练

【案例 1：拓展训练】 利用本案例所学知识，收集一些音频素材进行编辑操作练习。

学习笔记：

案例 2：各种声道之间的转换

一、案例内容简介

本案例主要介绍音频素材的各种声道之间的转换。

【案例 2　简介】

二、案例效果欣赏

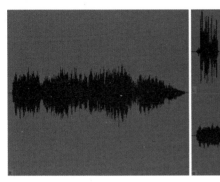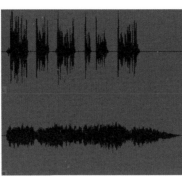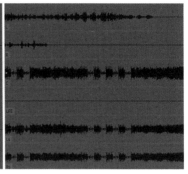

三、案例制作（步骤）流程

任务一：创建新项目和导入素材➡任务二：音频轨道的相关编辑➡任务三：各种声道之间的相互转换

四、制作目的

（1）了解音频轨道的类型和音频素材类型。

（2）掌握将单声道音频素材转换成双声道（立体声道）或 5.1 声道音频素材。

（3）掌握将立体声道音频素材转换成单声道或 5.1 声道音频素材。

（4）掌握将立体声道或 5.1 声道音频素材分离为单声道音频素材。

（5）掌握添加和删除各种音频轨道的方法。

（6）熟练掌握音频的相关操作。

五、制作前需要解决的问题

（1）基本乐理知识。

（2）音频与视频之间的关系。

（3）音频的单位。

（4）音频在影视作品中的作用和地位。

六、详细操作步骤

任务一：创建新项目和导入素材

步骤 01：启动 Premiere Pro 2020，创建一个名为"各种声道之间的转换 .prproj"的项目文件。

步骤 02：导入音频素材。

【任务一：创建新项目和导入素材】

视频播放：具体介绍，请观看配套视频"任务一：创建新项目和导入素材.mp4"。

任务二：音频轨道的相关编辑

音频素材主要有单声道、立体声道（双声道）和5.1声道3种音频类型，对应的音频轨道也有单声道、立体声道和5.1声道音频轨道类型。对应的音频轨道类型只能放对应的音频素材类型。

在 Premiere Pro 2020 中，允许用户添加或删除各种音频轨道。

1. 添加各种类型音频轨道

（1）通过单击右键添加或删除音频轨道。

步骤01： 将鼠标移到【各种声道之间的转换】序列窗口中，在音频轨道表头右侧的空白处单击鼠标右键弹出快捷菜单，如图5.20所示。

步骤02： 再将鼠标移到【添加轨道...】命令上单击，弹出【添加轨道】对话框，根据要求设置对话框，具体设置如图5.21所示。

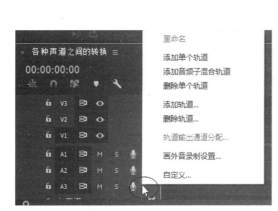

图5.20　弹出的快捷菜单

图5.21　【添加轨道】对话框设置

步骤03： 设置完毕单击【确定】按钮，完成音频轨道的添加，如图5.22所示。

提示： 可以通过音频轨道上右上角的图标来判断音频轨道的类型，■图标表示该音频轨道为自适应音频轨道；■图标表示该音频轨道为5.1音频轨道；■图标表示该音频轨道为单声道音频轨道；没有图标表示该音频轨道为立体声轨道（双声道），如图5.23所示。

图5.22　添加音频轨道

图5.23　各种音频轨道效果

步骤 04：自适应声道、标准声道和 5.1 声道音频轨道的添加方法与单声道音频轨道添加的方法一样，只要在【添加轨道】对话框中单击"轨道类型"右侧的图标，弹出下拉菜单，如图 5.24 所示，在该下拉菜单中单击相应的轨道类型，其他参数同上，单击【确定】按钮即可创建对应的音频轨道。

（2）通过菜单栏添加音频轨道。

步骤 01：在菜单栏中单击【序列（S）】→【添加轨道（T）...】命令，弹出【添加轨道】对话框。

步骤 02：根据要求设置【添加轨道】对话框参数，设置完毕单击【确定】按钮即可。

（3）通过拖拽音频素材添加轨道。

步骤 01：将【项目：各种声道之间的转换】窗口中的音频素材拖拽到序列窗口中音频轨道下方的空白处，出现如图 5.25 所示的图标。

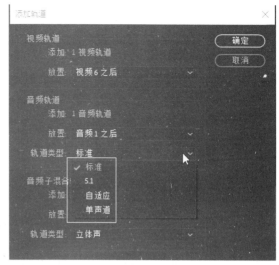

图 5.24 【添加轨道】对话框

步骤 02：松开鼠标添加一个与音频轨道素材类型相同的音频轨道，同时音频素材也被添加到音频轨道中，如图 5.26 所示。

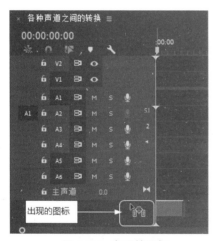

图 5.25　出现的图标

图 5.26　添加的音频轨道和素材

2. 删除音频轨道

（1）通过快捷菜单删除音频轨道。

步骤 01：将鼠标移到【各种声道之间的转换】序列窗口中音频轨道表头右侧的空白处，单击鼠标右键弹出快捷菜单。

步骤 02：将光标指针移到【删除轨道 ...】命令上单击，弹出【删除轨道】对话框，单击"音频轨道"下的 图标，弹出下拉菜单，如图 5.27 所示。其中列出了所有音频轨道。选择需要删除的轨道，单击【确定】按钮即可。

（2）通过菜单栏删除音频轨道。

步骤 01：在菜单栏中单击【序列（S）】→【删除轨道（K）...】命令，弹出【删除轨道】对话框。

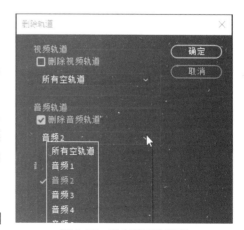

图 5.27　弹出的下拉菜单

步骤 02：根据项目要求设置【删除轨道】对话框，设置完毕单击【确定】按钮即可。

3. 给音频轨道重命名

在后期剪辑中，有可能多人合作，而且使用的配音比较多，相应的音频轨道也就比较多。为了方便操作，可以对各个音频轨道进行重命名。在此，以给"A1"轨道重命名为例。

步骤01：在【各种声道之间的转换】序列中，双击"A1"轨道标头右侧空白处，将"A1"轨道展开，如图5.28所示。

步骤02：将鼠标移到"音频1"文本上单击鼠标右键弹出快捷菜单，如图5.29所示。

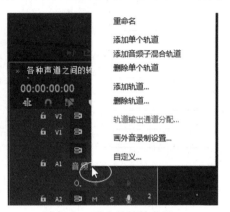

图5.28　展开的"A1"轨道　　　　图5.29　弹出的快捷菜单

步骤03：在快捷菜单中单击【重命名】命令，此时，文本文字呈蓝底白字显示，如图5.30所示。

步骤04：直接输入"背景音乐"按键盘上的"Enter"键，完成轨道的重命名，命名之后的效果如图5.31所示。

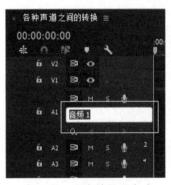

图5.30　文本的显示方式　　　　图5.31　重命名的"A1"轨道

提示：视频轨道重命名的方法和步骤与音频轨道重命名的方法和步骤完全相同。

4. 展开音频轨道和调节音频轨道的宽度

在后期剪辑中，经常采取监听素材播放与观看波形图来进行剪辑。为了更清楚地观看波形图，需要将素材所在的音频轨道展开并调宽。

步骤01：展开音频轨道。在需要展开的音频标头右侧的空白处双击即可展开，如图5.32所示。

步骤02：调节音频轨道的宽度。将鼠标移到两个音频轨道之间，鼠标指针变成形态，如图5.33所示。

步骤03：按住鼠标左键上下移动，即可改变音频的宽度。

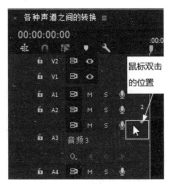
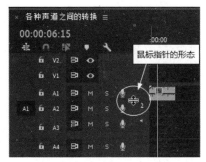

图 5.32　鼠标双击的位置　　　　　图 5.33　鼠标指针的形态

5. 锁定 / 解除音频轨道

在后期剪辑中，有时候为了防止对音频轨道进行误操作，可以将音频轨道锁定，操作完成之后再解除锁定。具体操作方法如下。

步骤 01：锁定音频轨道。单击需要锁定的音频轨道标头的"切换轨道锁定"按钮，完成音频轨道的锁定，此时"切换轨道锁定"按钮图标由形态变成形态，音频轨道上出现斜杠，如图 5.34 所示。

步骤 02：解除锁定音频轨道。单击需要解锁的音频轨道标头的"切换轨道锁定"按钮即可，"切换轨道锁定"按钮的形态变成形态，音频轨道上的右斜杠消失，如图 5.35 所示。

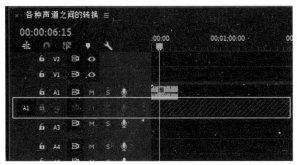
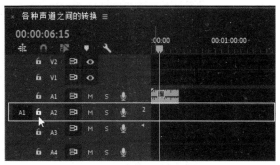

图 5.34　被锁定的音频轨道效果　　　　　图 5.35　解除锁定的音频轨道效果

视频播放：具体介绍，请观看配套视频"任务二：音频轨道的相关编辑.mp4"。

任务三：各种声道之间的相互转换

各种声道之间主要有如下几种转换方式。

（1）单声道转换为立体声道（双声道）。

（2）立体声道转换为单声道。

（3）立体声道分离独立的单声道。

（4）立体声道或单声道转为 5.1 声道。

（5）5.1 声道转换为立体声道或单声道。

【任务三：各种声道
之间的相互转换】

1. 单声道转换为立体声（双声道）

步骤 01：在【项目：各种声道之间的转换】窗口中单选"单声道音频.wav"音频素材。

步骤 02：在菜单栏中单击【剪辑（C）】→【修改】→【音频声道 ...】命令或按键盘上的"Shift+G"组合键，弹出【修改剪辑】对话框，设置对话参数，具体设置如图 5.36 所示。

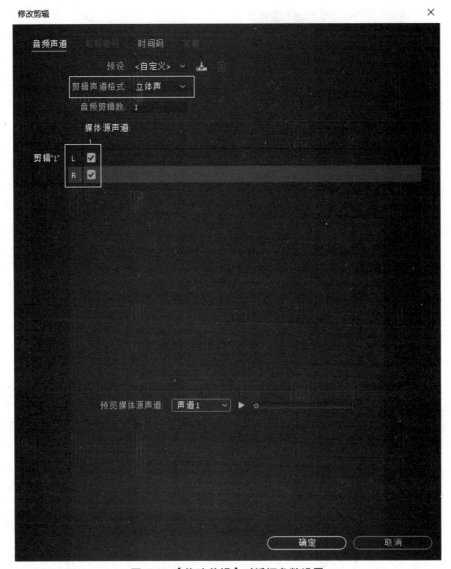

图 5.36 【修改剪辑】对话框参数设置

步骤 03：参数设置完毕，单击【确定】按钮，完成单声道到立体声道的转换。音频波形图如图 5.37 所示。

2. 左右声道之间对调

在 Premiere Pro 2020 中可以将双声道中的左右声道之间进行对调，从而改变音频输出的通道。具体操作方法如下。

步骤 01：在【项目：各种声道之间的转换】窗口中单选"配音解说 .mpg"音频素材，在【源：配音解说 .mpg】窗口中的波形图如图 5.38 所示。

步骤 02：在菜单栏中单击【剪辑（C）】→【修改】→【音频声道 ...】命令或按键盘上的"Shift+G"组合键，弹出【修改剪辑】对话框，设置对话参数，具体设置如图 5.39 所示。

步骤 03：参数设置完毕，单击【确定】按钮，完成左右声道之间的转换，转换之后的音频波形图，如图 5.40 所示。

3. 立体声道转换为单声道

立体声道音频文件不能直接拖到单声道音频轨道中。有时由于项目的要求，可能要将立体声道的音频文件拖到单声道音频轨道中。此时，需要将此立体声道音频文件转换为单声道音频文件。具体操作方法如下。

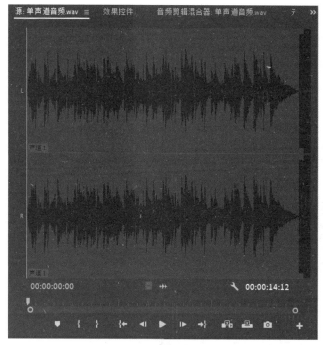

图 5.37　转换为双声道的音频波形图

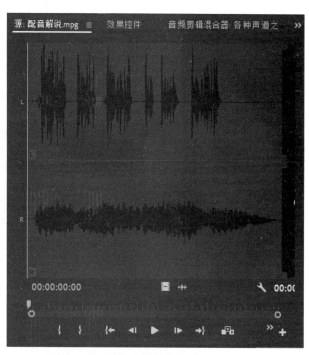

图 5.38　转换之前的音频波形图

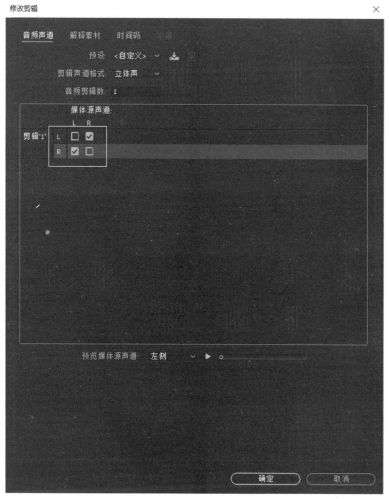

图 5.39　【修改剪辑】对话框

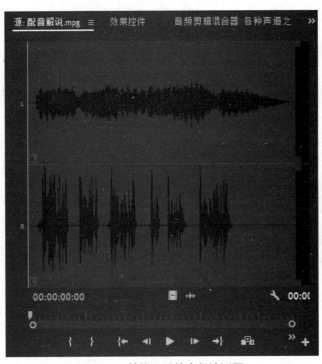

图 5.40　转换之后的音频波形图

步骤 01：在【项目：各种声道之间的转换】窗口中单选"野外配音 01.wav"音频素材，在【源：野外配音 01.wav】窗口中的波形图如图 5.41 所示。

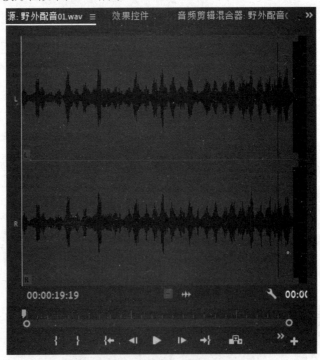

图 5.41　选择的立体声道音频波形图

步骤 02：在菜单栏中单击【剪辑（C）】→【修改】→【音频声道 ...】命令或按键盘上的"Shift+G"组合键，弹出【修改剪辑】对话框，设置对话参数，具体设置如图 5.42 所示。

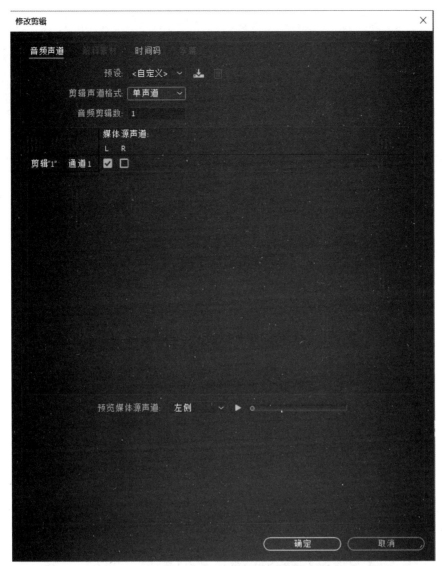

图 5.42 【修改剪辑】对话框

步骤 03：单击【确定】按钮，完成立体声转换为单声道，如图 5.43 所示。

提示：转换为单声道的"野外配音 01.wav"音频文件只能放到单声道的音频轨道中，而不能放到立体声道的音频轨道中。

4. 将立体声道音频素材中的某一个声道转换为单声道

在 Premiere Pro 2020 中，允许将立体声道音频素材中的某一个声道转换为单声道。具体操作方法如下。

步骤 01：单选"配音解说 .mpg"素材。在【源：配音解说 .mpg】窗口中的波形图如图 5.44 所示。

步骤 02：在菜单栏中单击【剪辑（C）】→【修改】→【音频声道 ...】命令或按键盘上的"Shift+G"组合键，弹出【修改剪辑】对话框，设置参数，具体设置如图 5.45 所示。

步骤 03：单击【确定】按钮，完成将立体声道音频素材中的某一个声道转换为单声道的操作，如图 5.46 所示。

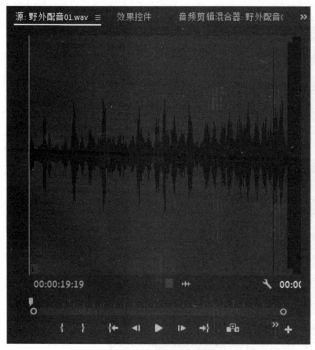

图 5.43　转为单声道的音频波形图　　　　　　　图 5.44　选择素材的波形图

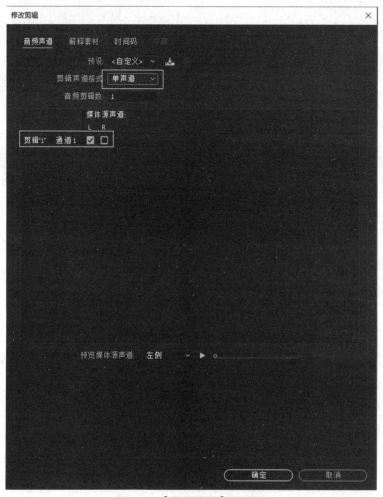

图 5.45　【修改剪辑】对话框

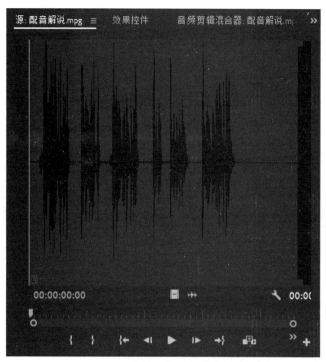

图 5.46　完成转换之后的音频波形图

5. 将立体声道分离成独立的单声道

　　在前面介绍的将立体声道转换为单声道的方法，只能保留选择的声道音频文件，而没有被选择的声道音频文件将丢失。在 Premiere Pro 2020 中，可以将立体声道分离出单声道，也就是说，在保持原来的音频素材不变的情况下，产生两个新的单声道音频文件。分离出来的音频文件和 Premiere Pro 2020 中的字幕一样存在于【项目】窗口中，而无须命名并保存到磁盘中。具体操作方法如下。

　　步骤 01： 重新导入"配音解说 .mpg"文件并选中。

　　步骤 02： 在菜单栏中单击【剪辑（C）】→【音频选项（A）】→【拆分为单声道（B）】命令，完成立体声道的分离，如图 5.47 所示。

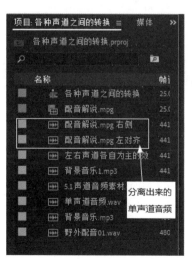

图 5.47　分离出来的单声道音频

提示： 如果选择的是视频文件，则分离出来的单声道音频文件只包含音频文件，视频画面将丢失。

6.将立体声道或单声道转换为5.1声道

将立体声道或单声道转换为5.1声道的方法比较简单。具体操作方法如下。

步骤01：在【项目：各种声道之间的转换】窗口中选择"背景音乐1.mp3"音频素材。

步骤02：在菜单栏中单击【剪辑（C）】→【修改】→【音频声道...】命令或按键盘上的"Shift+G"组合键，弹出【修改剪辑】对话框，设置参数，具体设置如图5.48所示。

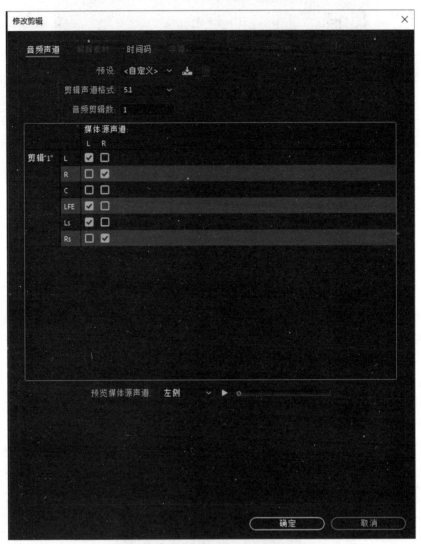

图5.48 【修改剪辑】对话框参数设置

步骤03：单击【确定】按钮，完成音频文件的转换，如图5.49所示。

7.将5.1声道转换为立体声道或单声道

在Premiere Pro 2020中，可以获取5.1声道的音频素材中的某一声轨的音频文件；可以将5.1声道音频文件转换为立体声道或单声道，转换之后的音频文件就可以拖到立体声道或单声道轨道中。5.1声道转换为立体声道或单声道的具体操作方法如下。

（1）将5.1声道转换为立体声道。

步骤01：在【项目：各种声道之间的转换】窗口中单选"5.1声道音频素材.avi"素材文件，在【源：5.1声道音频素材.avi】窗口中的波形如图5.50所示。

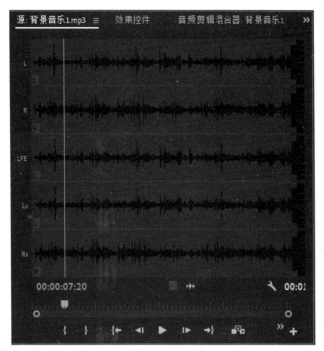

图 5.49　转换为 5.1 声道之后的音频波形图

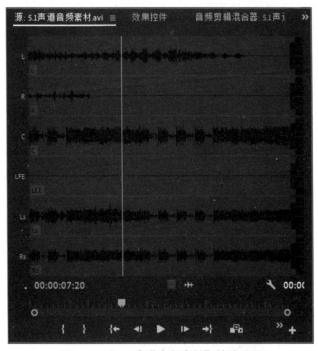

图 5.50　"5.1 声道音频素材"的波形图

　　步骤 02：在菜单栏中单击【剪辑（C）】→【修改】→【音频声道 ...】命令或按键盘上的"Shift+G"组合键，弹出【修改剪辑】对话框，设置对话框参数，具体设置如图 5.51 所示。

　　步骤 03：单击【确定】按钮，完成将 5.1 声道转换为立体声道的操作，如图 5.52 所示。

　　（2）将 5.1 声道转换为单声道。

　　步骤 01：在【项目：各种声道之间的转换】窗口中单选"5.1 声道音频素材 .avi"素材文件。

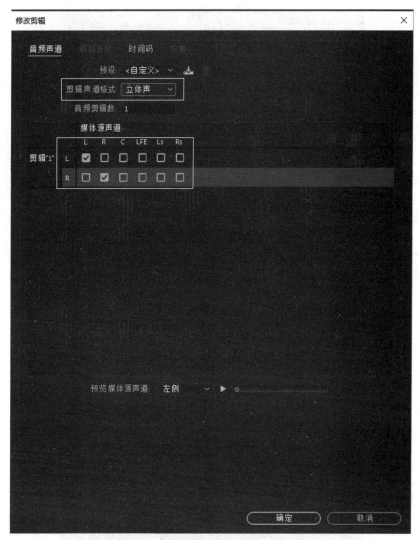

图 5.51 【修改剪辑】对话框参数设置

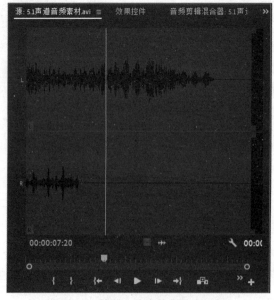

图 5.52 转为立体声的音频波形图

步骤 02：在菜单栏中单击【剪辑（C）】→【修改】→【音频声道...】命令或按键盘上的"Shift+G"组合键，弹出【修改剪辑】对话框，设置参数，具体设置如图 5.53 所示。

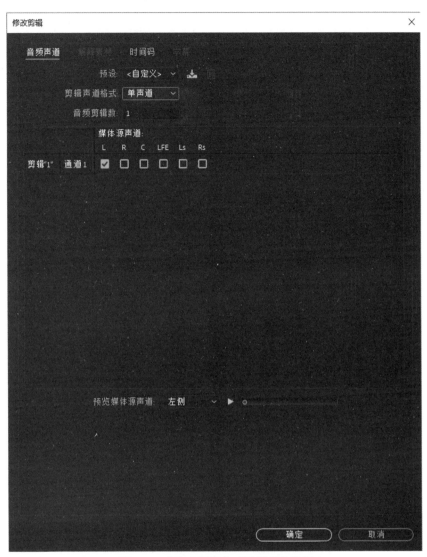

图 5.53　【修改剪辑】对话框参数设置

提示：在【修改剪辑】对话框中有"L""R""C""LFE""ls"和"Rs"6 个通道，供读者勾选。读者勾选哪一个通道，在转换为单通道之后，就保留哪一个通道的音频，其他通道的音频将丢失。

步骤 03：单击【确定】按钮，完成将 5.1 声道转换为单声道的操作。

视频播放：具体介绍，请观看配套视频"任务三：各种声道之间的相互转换.mp4"。

七、拓展训练

利用该案例所学知识，收集一些单声道、双声道（立体声道）和 5.1 声道音频素材，练习各种声道之间的转换和编辑。

【案例 2：拓展训练】

学习笔记：

案例 3：音频效果

【案例3 简介】

一、案例内容简介

本案例主要介绍音频效果的使用方法、作用和各个音频效果参数的调节。

二、案例效果欣赏

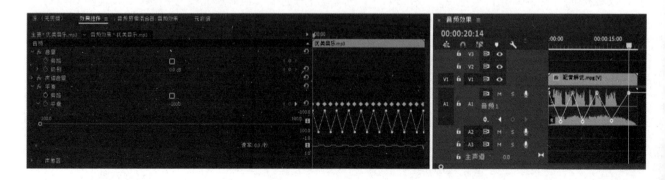

三、案例制作（步骤）流程

　　任务一：创建新项目和导入素材➡任务二：了解音频➡任务三：音频效果的作用➡任务四：音频效果的使用方法

四、制作目的

　　（1）了解音频效果的分类。
　　（2）掌握立体声独有的音频效果。
　　（3）掌握音频效果的使用和参数调节。
　　（4）掌握音频效果的叠加方式。

五、制作前需要解决的问题

　　（1）基本乐理知识。
　　（2）音频与视频之间的关系。
　　（3）音频的单位。
　　（4）音频在影视作品中的作用和地位。

六、详细操作步骤

任务一：创建新项目和导入素材

步骤 01：启动 Premiere Pro 2020，创建一个名为"音频效果 .prproj"的项目文件。
步骤 02：导入音频素材。

【任务一：创建新项目和导入素材】

　　视频播放：具体介绍，请观看配套视频"任务一：创建新项目和导入素材.mp4"。

任务二：了解音频

　　声音是物体振动时产生的声波。它以空气、水、固体等作为介质，通过不断运动将声波传递到人或动物的耳朵中，人或动物会根据声音的音调、音色、音频及响度等来辨别声音的类型。它是人类或大多数动物沟通的重要纽带。在影视动画作品中，可以通过声音的不同效果渲染剧情和传递情感。

【任务二：了解音频】

1.音频的概念

　　音频的形式很多，例如说话、歌声、噪声、乐器声等一切与声音有关的声波都属于音频范畴。不同音频的振动特点有所不同。Premiere Pro 2020 作为一款影视音频编辑软件，在音频编辑的功能很强大，通过音频效果可以模拟各种不同声音效果。用户可以根据不同画面效果模拟不同的声音。

2.【效果控件】中默认音频效果的作用

　　将音频文件拖到音频轨道中，单选音频轨道中的音频素材。此时，在【效果控件】面板中包括"音量""声道音量"和"声像器" 3 个音频效果参数供读者设置，如图 5.54 所示。

　　（1）【旁路】：控制"音量"和"声道音量"参数是否起作用。勾选【旁路】起作用，不勾选参数失效。

图 5.54　【效果控件】面板中音频效果参数

（2）【级别】：调节音频的音量大小。

（3）【左】：调节左声道的音量大小。

（4）【右】：调节右声道的音量大小。

（5）【平衡】：调节音频的（声像位置）左右声道的偏移，数值为 –100 时，只输出左声道的音频；数值为 100 时，只输出右声道的音频。

3. 制作淡入淡出的声音效果

步骤 01：默认情况下，在【序列】窗口中轨道的关键帧为隐藏状态，双击"A1"轨道右侧的空白位置，展开"A1"轨道，此时，关键帧按钮显示出来，如图 5.55 所示。

步骤 02：在展开的"A1"轨道的标头中单击 图标，弹出快捷菜单，在弹出的快捷菜单中单击【剪辑关键帧】命令，显示"音量"关键帧编辑线，如图 5.56 所示。

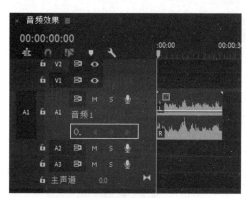

图 5.55　关键帧按钮的显示效果

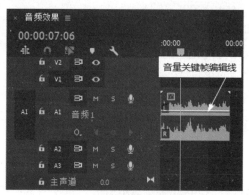

图 5.56　音量关键帧编辑线

步骤 03：将"时间指示器"移到第 0 秒 0 帧的位置。单击"添加 - 移除关键帧"按钮 ，完成关键帧的添加，如图 5.57 所示。

步骤 04：方法同上，移动"时间指示器"到第 1 秒 0 帧位置和第 2 秒 0 帧位置，依次单击"添加 - 移除关键帧"按钮 ，完成关键帧的添加，如图 5.58 所示。

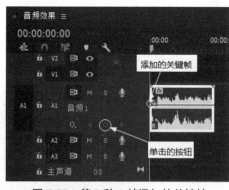

图 5.57　第 0 秒 0 帧添加的关键帧

图 5.58　第 2 秒 0 帧添加的关键帧

步骤 05：调节关键帧的位置，具体调节如图 5.59 所示，完成淡入淡出的音效效果。

步骤 06：删除关键帧。将鼠标移到需要删除的关键帧上，单击鼠标右键弹出快捷菜单，在弹出的快捷菜单中单击【删除】命令即可。

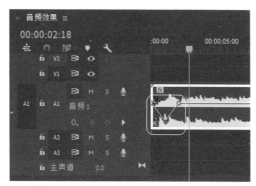

图 5.59　关键帧的调节效果

4. 制作左、右声道偏移效果

步骤 01：将"配音解说 .mpg"素材拖到"V1"轨道中。

步骤 02：双击"A1"轨道标头右侧的空白处，展开"A1"轨道，如图 5.60 所示。

步骤 03：在展开的"A1"轨道的标头中单击 图标，弹出快捷菜单，在弹出的快捷菜单中单击【轨道声像器】→【平衡】命令，显示"平衡"关键帧编辑线，如图 5.61 所示。

图 5.60　展开的"A1"轨道

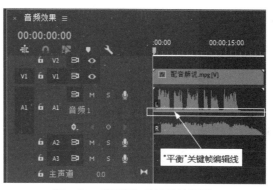

图 5.61　"平衡"关键帧编辑线

步骤 04：将"时间指示器"分别移到第 0 秒 0 帧、第 3 秒 5 帧、第 6 秒 8 帧、第 8 秒 21 帧、第 12 秒 9 帧、第 16 秒 5 帧和第 20 秒 14 帧的位置。依次单击"添加 - 移除关键帧"按钮 ，完成关键帧的添加，如图 5.62 所示。

步骤 05：调节添加关键帧的位置，调节之后的效果如图 5.63 所示。

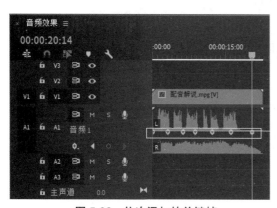

图 5.62　依次添加的关键帧

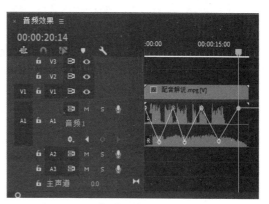

图 5.63　调节关键帧位置之后的效果

步骤 06：按键盘上的"空格"键播放效果，即可听到左、右声道偏移效果。

视频播放：具体介绍，请观看配套视频"任务二：了解音频.mp4"。

**【任务三：音频
效果的作用】**

任务三：音频效果的作用

在 Premiere Pro 2020 中，有 50 多个音频效果，每一个音频效果产生的声音各不相同，每个音频效果的参数也很多，建议大家对每一个音频效果的参数进行修改并试听，感受每一个音频参数变化的效果，加深印象。

在使用单声道的音频文件时，建议先将其转换为立体声道，再进行音频效果的添加和编辑，这样使音频编辑达到最佳效果。

各个音频效果的作用如下所述。

（1）过时的音频效果组：在音频效果组中包括 Premiere 2017 版本之前的音频效果，总计 15 个音频效果，目的是方便 Premiere 老用户的使用。

（2）【吉他套件】音频效果：主要用来模拟其他弹奏的效果，使音质更加浑厚。

（3）【通道混合器】音频效果：主要作用是对声道进行单独调节和混合处理。

（4）【多功能延迟】音频效果：主要作用是在原音频素材基础上制作延迟音效的回声效果。

（5）【多频段压缩器】音频效果：主要作用是将不同频率的音频进行适当的压缩。

（6）【模拟延迟】音频效果：主要作用是为音频制作缓慢的回音。

（7）【带通】音频效果：主要作用是移除在指定范围外发生的频率或频段。

（8）【用右侧填充左侧】音频效果：主要作用是清空右声道信息，同时复制音频的左声道信息并存放在右声道中作为新的右声道信息。该效果只可用于立体声剪辑。

（9）【用左侧填充右侧】音频效果：主要作用是清空左声道信息，同时复制音频的右声道信息并存放在右声道中作为新的左声道信息。该效果只可用于立体声剪辑。

（10）【电子管键压缩器】音频效果：主要作用是用于单声道和立体声道剪辑，可适当压缩电子管键模的频率。

（11）【强制限幅】音频效果：主要作用是控制音频素材的频率。

（12）【Binauralizer-Ambisonics】音频效果：主要作用是用于 Premiere Pro 2020 音频效果中的原场传声器设置。

（13）【FFT 滤波器】音频效果：主要作用是用于音频的频率输出设置。

（14）【降噪】音频效果：主要作用是减除音频中的噪声。

（15）【扭曲】音频效果：主要作用是将少量跺石和饱和效果应用于任何音频。

（16）【低通】音频效果：主要作用是用于删除高于指定频率的其他频率信息，与【高通】效果相反。

（17）【低音】音频效果：主要作用是增大或减小低频。

（18）【Panner-Ambisonics】音频效果：主要用于调整音频信号的定调，适用于立体声编辑。

（19）【平衡】音频效果：主要作用是精确地控制左右声道的相对音量。

（20）【单频段压缩器】音频效果：主要作用是用于设置单频段的波段压缩设置。

（21）【镶边】音频效果：主要用于混合于原始信号大致等比例，延迟时间及短暂周期变化。

（22）【陷波滤波器】音频效果：主要作用是迅速衰减音频信号，属于带阻滤波器的一种。

（23）【卷积混响】音频效果：主要是在一个位置录制掌声，然后将音响效果应用到不同的录制内容，使它听起来像在原始环境中录制的那样。

（24）【静音】音频效果：主要作用是将指定音频部分制作出消音效果。

（25）【简单的陷波滤波器】音频效果：主要作用是阻碍频率信号。

（26）【简单的参数均衡】音频效果：主要作用是增加或减少特定频率邻近的音频频率，使音调在一定范围内达到均衡。

（27）【互换声道】音频效果：主要用于交换左右声道的信息内容。

（28）【人声增强】音频效果：主要作用是将音频中的声音更加偏向于男性声音或女性声音，突出人声特点。

（29）【减少混响】音频效果：主要作用是减少音频中的混响效果。

（30）【动态】音频效果：主要作用是增强或减弱一定范围内的音频信号，使音调更加灵活有特点。

（31）【动态处理】音频效果：主要作用是用来模拟乐器声音。

（32）【参数均衡器】音频效果：主要作用是增大或减小位于指定中心频率附近的频率。

（33）【反转】音频效果：主要作用是反转所有声道。

（34）【和声 / 镶边】音频效果：主要作用是模拟乐器制作出音频的混合效果。

（35）【图形均衡器（10 段）】音频效果：主要作用是调节各频段信号的增益值。

（36）【图形均衡器（20 段）】音频效果：主要作用是精细地调节各频道信号的增益值。

（37）【图形均衡器（30 段）】音频效果：主要作用是更精准地调节各频段信号的增益值，调整范围相对较大。

（38）【增幅】音频效果：主要作用是对左右声道的分贝进行控制。

（39）【声道音量】音频效果：主要作用是用于独立控制立体声、5.1 声道剪辑或轨道中每条声道的音量。

（40）【室内混响】音频效果：主要作用是模拟在室内演奏时的混响音乐效果。

（41）【延迟】音频效果：主要用于添加音频剪辑声音的回声，可在指定时间之后播放。

（42）【母带处理】音频效果：主要作用是将录制的人声与乐器声混合，常用于光盘或磁带中。

（43）【消除锯齿】音频效果：主要作用是消除在前期录制中产生的刺耳齿音。

（44）【消除嗡嗡声】音频效果：主要作用是去除音频中因录制时收入的杂音而产生的"嗡嗡"声。

（45）【环绕声混响】音频效果：主要作用是模拟声音在房间中的效果和氛围。

（46）【科学滤波器】音频效果：主要作用是控制左右两侧立体声的音量比。

（47）【移相器】音频效果：主要作用是通过频率改变声音，从而模拟出另一种声音效果。

（48）【立体声扩展器】音频效果：主要作用是控制立体声音的动态范围。

（49）【自动咔嗒声移除】音频效果：主要作用是消除前期录制音频中产生的"咔嗒"声。

（50）【雷达响度计】音频效果：主要作用是以雷达的形式显示各种响度信息，可调节音频的音量大小，适用于广播、电影、电视的后期制作处理。

（51）【音量】音频效果：主要作用是使用音量效果替代固定音量效果。正值为增加音量，负值为降低音量。

（52）【高音换挡器】音频效果：主要作用是将音效进行伸展，从而进行音频换挡。

（53）【高通】音频效果：主要用于删除低于指定频率界限的其他频率。

（54）【高音】音频效果：主要用于增高或降低高频。

视频播放：具体介绍，请观看配套视频"任务三：音频效果的作用.mp4"。

任务四：音频效果的使用方法

在本任务中主要介绍【平衡】和【声道音量】两个音频效果的使用方法和参数调节。

【任务四：音频效果的使用方法】

1. 使用【平衡】音频效果制作音频左、右声道偏移

步骤 01：将导入的"优美音乐 .mp3"音频素材拖到"A1"轨道中。

步骤 02：将"平衡"音频效果拖到"A1"轨道中的素材上。在【效果控件】面板中添加的音频效果如图 5.64 所示。

步骤 03：在【音频效果】序列文件中，将"时间指示器"移到第 0 秒 0 帧的位置，在【效果控件】面板中将平衡参数设置为"–100"，单击"动画切换"按钮，添加关键帧，如图 5.65 所示。

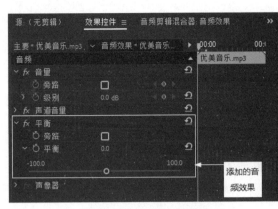

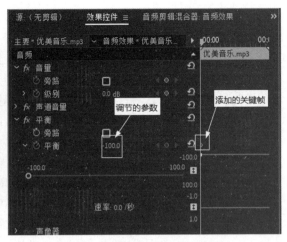

图 5.64　添加的音频效果　　　　　　　　　图 5.65　参数调节和添加的关键帧

步骤 04：将"时间指示器"移到第 15 秒 0 帧的位置，在【效果控件】面板中将"平衡"参数设置为"–100"，系统自动添加关键帧，如图 5.66 所示。

步骤 05：将"时间指示器"移到第 30 秒 0 帧的位置，在【效果控件】面板中将"平衡"参数设置为"100"，系统自动添加关键帧，如图 5.67 所示。

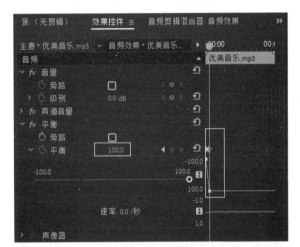

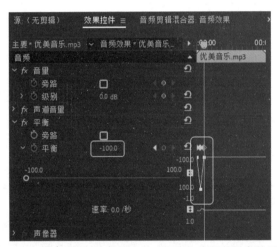

图 5.66　第 15 秒 0 帧位置处的"平衡"音频效果参数设置　　图 5.67　第 30 秒 0 帧位置处的"平衡"音频效果参数设置

步骤 06：将"时间指示器"移到第 45 秒 0 帧的位置，在【效果控件】面板中将"平衡"参数设置为"100"，系统自动添加关键帧。

步骤 07：方法同上，每隔 15 秒设置"平衡"参数，"平衡"参数为"–100"和"100"循环设置，设置完毕的最终效果如图 5.68 所示。

2. 使用"声道音量"音频效果来调节左、右声道的音量

"平衡"音频效果主要用来控制左、右声道之间的偏移，而"声道音量"音频效果主要用来调节左、右声道的音量。具体操作方法如下。

步骤 01：新建"声道音量改变"序列，将"配音解说 .mpg"素材拖到"V1"轨道中，音频自动添加到"A1"轨道中，如图 5.69 所示。

步骤 02：在【项目：音频效果】窗口中双击"配音解说 .mpg"素材，在【源：配音解说 .mpg】窗口中的音频效果如图 5.70 所示。

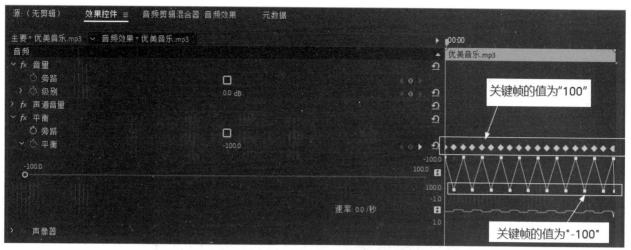

图 5.68 关键帧的添加和参数设置效果

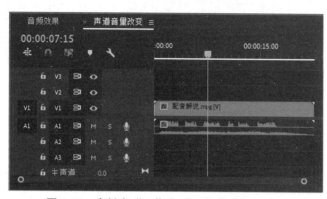

图 5.69 素材在"V1"和"A1"轨道中的效果

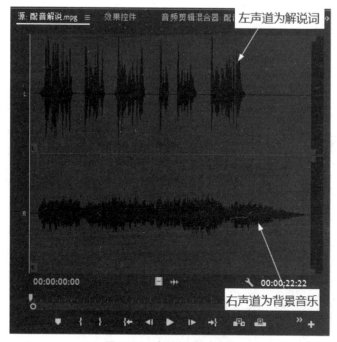

图 5.70 素材的音频效果

步骤 03：将"声道音量"音频效果拖到"A1"轨道中，单选"A1"轨道中的素材，在【效果控件】面板中显示"声道音量"音频效果，如图 5.71 所示。

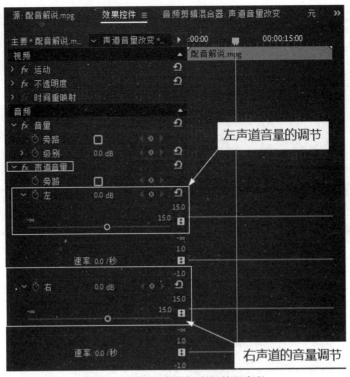

图 5.71 "声道音量"音频效果参数

步骤 04：直接移动滑道上的 ◎ 图标，即可改变声道的音量，且同时添加关键帧。

步骤 05：将"时间指示器"移到第 7 秒 0 帧的位置和第 12 秒 0 帧的位置，分别将 ◎ 图标移到滑道最右端，将"时间指示器"移到第 9 秒 0 帧和第 14 秒 0 帧的位置，分别将滑道移到滑道最左端，最终效果如图 5.72 所示。

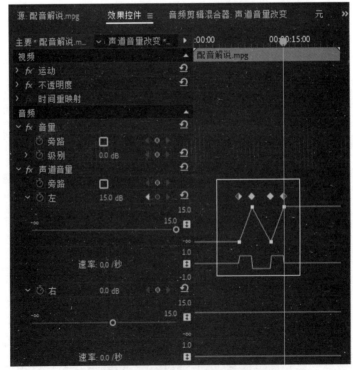

图 5.72 调节"声道音量"效果参数之后的效果

　　提示："声道音量"音频效果中的◎图标在滑道中心位置时，音量为正常音量，当向左滑动时，数值为负值，音量在正常音量的前提下变小，当滑到最左端时，该值为"−∞"，音量为 0。当向右滑动时，数值为正值；当滑到最右端时，该值为 15，音量最大。

　　视频播放：具体介绍，请观看配套视频"任务四：音频效果的使用方法.mp4"。

七、拓展训练

　　利用本案例所学知识，收集一些音频素材，练习各个音频特效的使用方法和参数调节，例如回响效果、多重延迟效果、重音效果、高音效果和模拟卡通声音效果等。

【案例 3：拓展训练】

学习笔记：

案例4：音调与音速的改变

【案例4 简介】

一、案例内容简介

本案例主要介绍使用音频效果改变音调和音速的方法与技巧。

二、案例效果欣赏

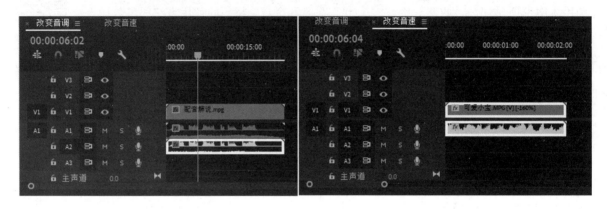

三、案例制作（步骤）流程

任务一：创建新项目和导入素材➡任务二：改变声音的音调➡任务三：声音速度的改变

四、制作目的

（1）了解音调的概念。
（2）掌握声音的音调调节方法和技巧。
（3）掌握声音的音速调节。
（4）掌握素材倒放的制作方法。

五、制作前需要解决的问题

（1）基本乐理知识。
（2）音频与视频之间的关系。
（3）音频的单位。
（4）音频在影视作品中的作用和地位。

六、详细操作步骤

【任务一：创建新项目和导入素材】

任务一：创建新项目和导入素材

步骤01： 启动 Premiere Pro 2020，创建一个名为"音调与音速的改变 .prproj"的项目文件。

步骤02： 导入音频素材。

视频播放：具体介绍，请观看配套视频"任务一：创建新项目和导入素材.mp4"。

【任务二：改变声音的音调】

任务二：改变声音的音调

在前面的案例中详细介绍了各种音频效果的作用和参数调节。在此，使用音频效果来调节音频效果的音调，以加深对音频效果的理解。

步骤 01：在【项目：音调与音速的改变】中双击"配音解说.mpg"素材文件，在【源：配音解说.mpg】窗口中效果如图 5.73 所示。

步骤 02：在【源：配音解说.mpg】窗口的下方单击"仅拖动音频"按钮 ，切换到音频形式状态，如图 5.74 所示。

图 5.73　原始素材的视频画面效果

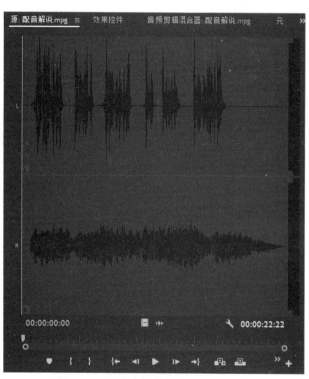

图 5.74　原始素材的音频显示效果

步骤 03：新建一个名为"改变音调"的序列，将"配音解说.mpg"素材拖到【改变音调】序列窗口中的"V1"轨道中，如图 5.75 所示。

步骤 04：将鼠标移到【改变音调】序列窗口中"A1"轨道的素材上，单击鼠标右键，弹出快捷菜单，在弹出的快捷菜单中单击【取消链接】命令，取消素材中的音频与视频之间的链接关系。

步骤 05：将"平衡"音频效果拖到"A1"轨道中的素材上，在【效果控件】面板中调节【平衡】音频效果的"平衡"参数设置为 100，此时，只有背景音乐，具体参数设置如图 5.76 所示。

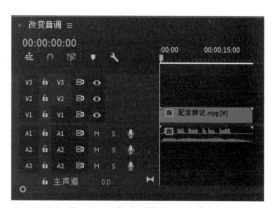

图 5.75　在序列窗口中的素材

图 5.76　"平衡"音频参数设置

步骤 06：将"时间指示器"移到第 0 秒 0 帧的位置，单选"A1"轨道中的素材，按键盘上的"Ctrl+C"组合键复制"A1"轨道中的音频素材。

步骤 07：单选"A2"轨道，按键盘上的"Ctrl+C"组合键将"A1"轨道中的素材复制一份放置在"A2"轨道中，如图 5.77 所示。

步骤 08：单选"A2"轨道中的素材，在【效果控件】面板中调节【平衡】音频效果中的"音频"参数为"-100"。此时，"A2"轨道中只有解说词的声音，去除了背景音乐，完成解说词和背景音乐的分离操作。

步骤 09：将"音高换挡器"音频效果拖到"A2"轨道中，单选"A2"轨道中添加"音高换挡器"音频效果的音频素材。

步骤 10：在【效果控件】面板中调节"音高换挡器"音频效果的参数，可以模拟出各种声音效果。例如，将"变调比率"参数调节为最大值"2"，如图 5.78 所示，可以模拟出卡通角色的声音效果。

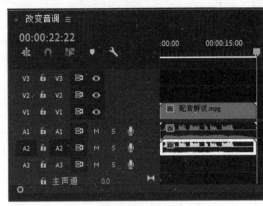

图 5.77 复制的素材

图 5.78 "音高换挡器"参数调节

提示：通过调节"音高换挡器"参数，可以模拟男低音、女高音、卡通声音及其他不同的声音效果。该音频效果的工作原理是通过改变音频的音调来改变声音效果。

视频播放：具体介绍，请观看配套视频"任务二：改变声音的音调.mp4"。

【任务三：声音速度的改变】

任务三：声音速度的改变

为了方便操作，在这里新创建一个"改变音速"序列。先将素材拖到【改变音速】序列窗口中的"A1"轨道中，再进行声音的音速调整。具体操作方法如下。

步骤 01：在菜单栏中单击【文件（F）】→【新建（N）】→【序列（S）...】命令或按键盘上的"Ctrl+N"组合键，弹出【新建序列】对话框，在该对话框中的"序列名称"右边的文本框中输入"改变音速"，单击【确定】按钮，完成序列的创建。

步骤 02：将"可爱小宝 .MPG"素材拖到【改变音速】序列窗口的轨道中，如图 5.79 所示。

步骤 03：单选"V1"轨道中的素材，在菜单栏中单击【剪辑（C）】→【音速 / 持续时间（S）】命令或按键盘上的"Ctrl+R"组合键，弹出【剪辑速度 / 持续时间】对话框，设置【剪辑速度 / 持续时间】对话框参数，具体设置如图 5.80 所示。

步骤 04：单击【确定】按钮完成设置，监听播放效果。"可爱小宝 .MPG"的视频和音频的速度变快，同时音调变高，声音速度变快，声音变尖。

步骤 05：如果将"音速"改为"50%"，具体参数设置，如图 5.81 所示，单击【确定】按钮，监听播放效果。"可爱小宝 .MPG"的视频和音频的速度变慢，同时音调被降低，声音变得缓慢而低沉，轨道中的素材被拉长。

可以对变速选项进行修改，使得在音频被改变速度时仍保持原有的音调。单选"V1"轨道中的素材，在菜单栏中单击【剪辑（C）】→【音速 / 持续时间（S）】命令，弹出【剪辑速度 / 持续时间】对话框，具体参数设置如图 5.82 所示。单击【确定】按钮完成设置，监听播放效果。"可爱小宝 .MPG"视频和音频速度都变快，同时音调被提高，说话语速变快，但声音的音调不变。如果勾选"倒放速度"选项，如图5.83所示，视频和音频都进行倒放。

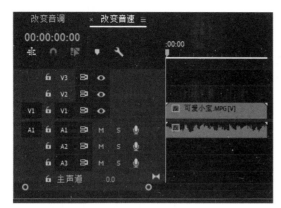

图 5.79　【改变音速】序列中音频效果

图 5.80　【剪辑速度 / 持续时间】参数设置 1

图 5.81　【剪辑速度 / 持续时间】参数设置 2

图 5.82　【剪辑速度 / 持续时间】对话框参数设置 1

图 5.83　【剪辑速度 / 持续时间】对话框参数设置 2

提示：从上面介绍的案例可知，改变视频和音频的速度时，其素材长度也一起发生改变，相对于视频来说，音频更为敏感，音频速度的变化会更引人注意。大多数情况下，为了保持原有的音频效果，应尽量避免音频速度的变化，一般情况下，在对视、音频进行变速处理时，应将音频分离出来单独处理视频，然后对音频和视频进行对位。

视频播放：具体介绍，请观看配套视频"任务三：声音速度的改变.mp4"。

七、拓展训练

【案例4：拓展训练】　利用本案例所学知识，收集一些音频素材，练习声音进行变调和变速效果的操作。

学习笔记：

案例5：音轨混合器

一、案例内容简介

本案例主要介绍【音轨混合器】的组成、【音轨混合器】的使用方法和技巧。

【案例5　简介】

二、案例效果欣赏

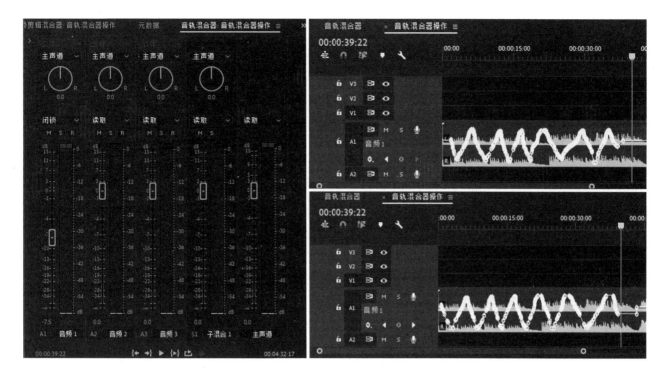

三、案例制作（步骤）流程

任务一：创建新项目和导入素材➡任务二：了解【音轨混合器】➡任务三：【音轨混合器】的具体介绍➡任务四：【音轨混合器】的相关操作

四、制作目的

（1）了解【音轨混合器】的组成。

（2）掌握【音轨混合器】的主要作用。

（3）掌握【音轨混合器】的使用。

（4）了解在【音轨混合器】中给轨道添加音频效果与在【效果控件】中添加音频效果之间的区别。

五、制作前需要解决的问题

（1）基本乐理知识。

（2）音频与视频之间的关系。

（3）音频的单位。

（4）音频在影视作品中的作用和地位。

六、详细操作步骤

任务一：创建新项目和导入素材

步骤 01：启动 Premiere Pro 2020，创建一个名为"音轨混合器 .prproj"的项目文件。

步骤 02：导入音频素材。

【任务一：创建新项目和导入素材】

视频播放： 具体介绍，请观看配套视频"任务一：创建新项目和导入素材.mp4"。

【任务二：了解
【音轨混合器】
窗口】

任务二：了解【音轨混合器】窗口

1. 音频素材的两种编辑方式

在 Premiere Pro 2020 中，对音频素材的编辑主要有如下两种方式。

第一种方式，如前所述，通过【效果控件】面板对音频素材进行编辑。

第二种方式，就是本案例介绍的通过【音轨混合器】窗口对音频素材进行编辑。

使用以上两种方式进行编辑的作用范围有所不同。

通过【效果控件】面板调节参数只对音频轨道中选中的某一段音频素材起作用，而音频轨道中的其他素材不受影响；通过【音轨混合器】窗口调节参数，则对当前整个音频轨道起作用。也就是说，不管当前音频轨道上有多少个独立的音频素材，都受【音轨混合器】窗口的参数统一控制。

2. 打开【音轨混合器】窗口并了解其基本组成

Premiere Pro 2020 中的【音轨混合器】窗口是一个可视化编辑窗口。通过【音轨混合器】窗口可以直观、方便地调节各个参数。该窗口将【序列】窗口中的音频轨道有序地排列在一起。与录影棚中的控制台非常相似，通过【音轨混合器】窗口可以对多个音频轨道进行编辑。例如，给音频轨道添加音频效果、自动化操作和调节音频轨道的子混合等。

打开【音轨混合器】窗口。

步骤 01： 在菜单栏中单击【窗口（W）】→【音轨混合器】命令，即可将【音轨混合器】窗口打开，如图 5.84 所示。

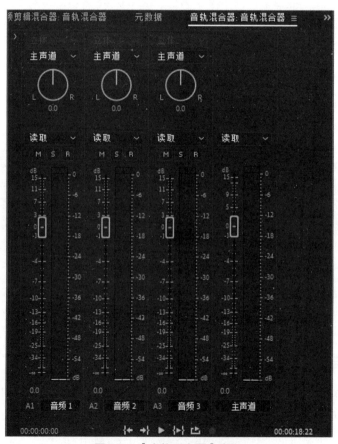

图 5.84 【音轨混合器】窗口

提示：如果该项目中有多个"序列"窗口，在菜单栏中单击【窗口】→【音轨混合器】命令，弹出二级子菜单，如图 5.85 所示。显示出所有"序列"窗口的名称，单击相应的"序列"窗口名称，即可打开相应的【音轨混合器】窗口。

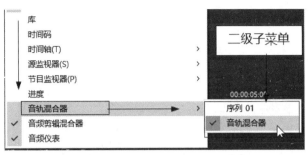

图 5.85 二级子菜单

步骤 02：在打开的【音轨混合器】窗口中单击■图标，弹出快捷菜单，如图 5.86 所示。单击需要打开的"序列"名称列表命令即可，如图 5.87 所示。

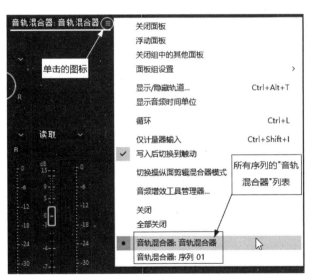

图 5.86 所有序列的【音轨混合器】列表

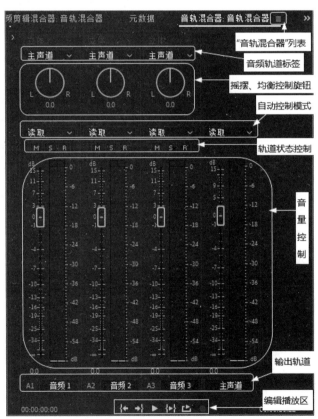

图 5.87 【音轨混合器】窗口

提示：在 Premiere Pro 2020 中，【音轨混合器】不能共用，每一个序列对应一个【音轨混合器】。

【音轨混合器】窗口主要由"'音轨混合器'列表""音频轨道标签""摇摆、均衡控制旋钮""自动控制模式""轨道状态控制""音量控制""输出轨道"和"编辑播放区"组成。

视频播放：具体介绍，请观看配套视频"任务二：了解【音轨混合器】.mp4"。

任务三:【音轨混合器】的具体介绍

1. 音轨混合器列表

音轨混合器列表主要由音轨混合器列表栏、当前时间码和总时码 3 部分组成,如图 5.88 所示。

(1) 音轨混合器列表栏:主要是用来快速切换不同序列的【音轨混合器】窗口。

(2) 当前时间码:主要用来快速定位编辑点。

(3) 总时码:主要用来显示当前序列窗口中音频总时长。

【任务三:【音轨混合器】的具体介绍】

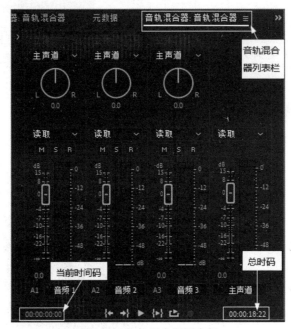

图 5.88　音轨混合器列表栏

2. 音频轨道标签

音频轨道标签主要用来显示序列窗口中的音频轨道数和对音频轨道进行编辑,其结果与在"序列"窗口中对音频轨道进行编辑一样。

对轨道标签进行重命名,方法如下。

步骤 01: 选择需要重命名的音频轨道标签,此时,选中的标签呈蓝色显示。

步骤 02: 输入需要的名称,在这里输入"配音",按"Enter"键即可,如图 5.89 所示。

3. 自动控制模式

自动控制模式主要包括"关""读取""闭锁""触动"和"写入"5 种模式,如图 5.90 所示。

图 5.89　重命名的音频轨道

图 5.90　自动控制模式

（1）"关"模式：选择该模式，则忽略所有自动控制的操作。

（2）"读取"模式：选择该模式，只执行先前对音频轨道修改的变化值，对当前的操作忽略不计。

（3）"闭锁"模式：选择该模式，对音频轨道的修改都会被记录成关键帧动画，且保持最后一个关键帧的状态到下一次编辑操作的开始。

（4）"触动"模式：选择该模式，对音频轨道的修改都会被记录成关键帧动画，且在最后一个操作结束时，自动回到"触动"编辑前的状态。

（5）"写入"模式：选择该模式，对音频轨道的修改都会被记录成关键帧动画，且在最后一个操作结束时，自动将模式切换到触动模式，等待继续编辑。

4. 摇摆、均衡控制

摇摆、均衡控制区（图 5.91）包括一个旋转指针和一个参数调节区。

将光标移到旋转指针上，按住鼠标左键进行上下移动，即可调节摇摆指针偏左还是偏右来调节音频的左右声道平衡。也可以直接在参数调节区输入数值来调节音频的左右声道平衡，输入负值，则向左声道偏移；输入正值，则向右声道偏移。

5. 轨道状态

轨道状态包括"静音轨道"M、"独奏轨道"S和"启用轨道以进行录制"R 3 个按钮，如图 5.92所示。

（1）"静音轨道"按钮M：单击该按钮，将当前的音频轨道设置为静音状态。

（2）"独奏轨道"按钮S：单击该按钮，将当前音轨之外的其他音频轨道设置为静音状态。

（3）"启用轨道以进行录制"按钮R：单击该按钮，将外部音频设备输入的音频信号录制到当前音频轨道。

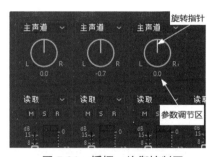

图 5.91　摇摆、均衡控制区

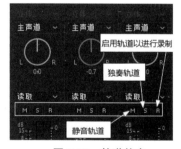

图 5.92　轨道状态

6. 音量控制

音量控制主要用来对当前轨道的音量进行调节，上下移动"音量滑块"按钮，即可实时控制当前轨道的音量，如图 5.93 所示。

7. 轨道输出区

轨道输出区主要用来控制轨道的状态，单击 主声道 按钮，弹出下拉菜单，在弹出的下拉菜单中，可以将当前音轨指定输出到一个子混合轨道或主音轨道当中。

8. 编辑播放区

编辑播放区主要控制音频的播放状态，编辑播放区如图 5.94 所示。

（1）"转到入点（Shift+I）"按钮：单击该按钮，将"时间指示器"移到入点位置。

（2）"转到出点（Shift+O）"按钮：单击该按钮，将"时间指示器"移到出点位置。

（3）"播放－停止切换（space）"按钮：单击该按钮，开始播放音频。

（4）"从入点到出点播放视频"按钮：单击该按钮，播放入点、出点位置的音频。

（5）"循环"按钮：单击该按钮，循环播放入点、出点位置的音频。

（6）"录制"按钮：单击该按钮，开始录制音频设备输入的信号。

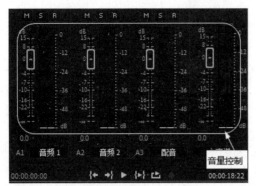

图 5.93　音量控制

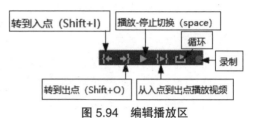

图 5.94　编辑播放区

9. 面板菜单

通过面板菜单可对当前【音轨混合器】窗口进行设置。单击【音轨混合器】窗口右上角的按钮，弹出下拉菜单，如图 5.95 所示。

（1）【显示 / 隐藏轨道】命令：主要用来调节当前【音轨混合器】窗口中轨道的可见状态。单击该命令，弹出【显示 / 隐藏轨道】对话框，根据项目要求，选择需要显示或隐藏的音频轨道，如图 5.96 所示，单击【确定】按钮即可。

图 5.95　【音轨混合器】下拉菜单

图 5.96　【显示 / 隐藏轨道】对话框

（2）【显示音频时间单位】命令：勾选此项，序列窗口中时间标尺以音频显示。

（3）【循环】命令：勾选此项，播放音频时，循环播放。

（4）【仅计量器输入】命令：勾选此项，只显示主音轨的电平、隐藏其他音轨和控制器。

（5）【写入后切换到触动】命令：勾选此项，在写入模式状态时，对音轨写入操作完成后，将自动切换到触动模式。

10. 效果设置区

在【音轨混合器】窗口中单击"显示 / 隐藏效果和发送"按钮，打开效果设置区域，如图 5.97 所示。

　　在"音频效果添加区"最多可以为音频轨道添加 5 个音频效果，在"音频子混合设置区"也最多可以设置 5 个子混合。

　　子混合是当前序列的音频输出到主音轨的过渡音轨。对多个音轨使用相同的效果时，常用子混合来实现，如图 5.98 所示。

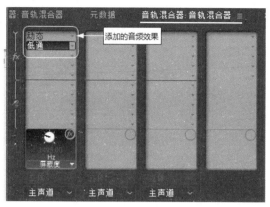

图 5.97　效果设置区

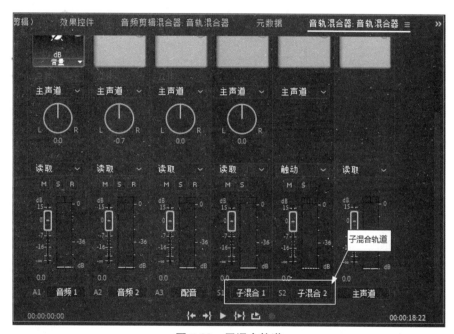

图 5.98　子混合轨道

提示："子混合音轨"可以接受多个音轨的输出，且"子混合音轨"之间可以混合输出。

视频播放：具体介绍，请观看配套视频"任务三：【音轨混合器】的具体介绍.mp4"。

任务四：【音轨混合器】的相关操作

　　【音轨混合器】的应用主要包括给音频轨道添加音频效果、给音轨添加子混合效果、编辑音频轨道效果和子混合、删除音频效果和子混合效果，以及自动控制的实际操作。

【任务四：【音轨混合器】的相关操作】

　　1. 给音频轨道添加音频效果

　　步骤 01：创建一个名为"音轨混合器操作"序列。

　　步骤 02：将"优美音乐 .mp3"音频文件拖到"A1"轨道中，如图 5.99 所示。

步骤 03：在【音轨混合器】窗口中单击"显示 / 隐藏效果和发送"按钮 ，打开效果设置区域，如图 5.100 所示。

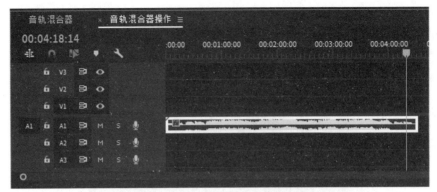

图 5.99　在"A1"轨道中的素材

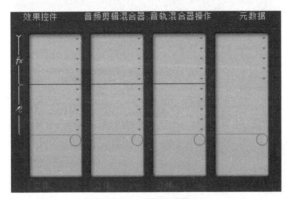

图 5.100　效果设置区

　　步骤 04：单击"音频 1"轨道中效果设置区域的"效果选择"按钮 ，弹出下拉菜单，将光标移到"声道音量"命令上，如图 5.101 所示，单击鼠标左键即可将"声道音量"效果添加到"音频 1"轨道中，如图 5.102 所示。

　　提示：这样添加的音频效果对"音频 1"轨道中的所有音频素材起作用。

　　步骤 05：方法同上，可以继续为"音频 1"轨道添加多个音频效果，如图 5.103 所示。

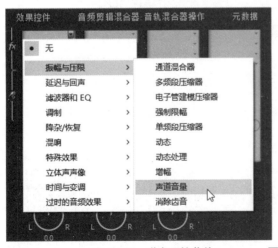

图 5.101　弹出下拉菜单　　　　图 5.102　添加"音频 1"轨道中音频效果　图 5.103　添加的音频效果

2. 给音频轨道添加子混合效果

步骤 01：在"音频 1"下面的音频效果区域单击"发送分配选择"按钮，弹出下拉菜单，如图 5.104 所示。

步骤 02：将光标移到"创建立体声子混合"命令上单击，即可完成音频子混合的添加，如图 5.105 所示。

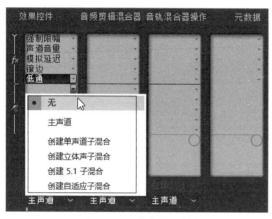

图 5.104　弹出的下拉菜单

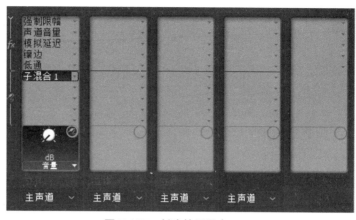

图 5.105　创建的子混合

步骤 03：方法同上，可以继续为"音频 1"轨道添加最多 5 个音频子混合。

3. 编辑音频轨道效果和子混合

音频轨道效果的编辑与音轨子混合的编辑方法相同，在这里以编辑音频轨道效果为例进行介绍。具体操作步骤如下。

步骤 01：在音频特效区单击需要编辑的音频效果。

步骤 02：在参数编辑区单击按钮，弹出下拉菜单，在弹出的下拉菜单中单击需要进行调节的参数选项，如图 5.106 所示。

步骤 03：在参数编辑区对选择的参数进行调节，具体调节如图 5.107 所示。

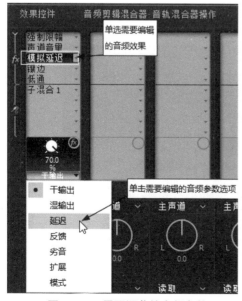

图 5.106　需要调节的音频参数

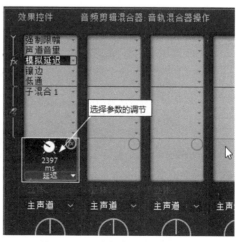

图 5.107　选择参数的调节

步骤04：方法同上，可以对添加的任意音频效果和子轨道进行调节。

4. 删除音频效果及子混合

删除音频效果与删除子混合的方法完全相同。在这里以删除子混合为例。具体操作步骤如下。

步骤01：单击"音频1"轨道中效果设置区域的"效果选择"按钮🔻，弹出下拉菜单，在弹出的下拉菜单中单击"无"项即可将"音频1"轨道中的效果删除。

步骤02：方法同上。删除任意音频效果和子混合。

5. 自动控制的实际操作

每一个音频轨道都有5种自动控制模式，默认情况下都为"读取"模式，在这里对其中几种模式分别进行对比讲解。

（1）"写入"模式。

步骤01：将"音频1"的自动模式设置为"写入"模式，如图5.108所示。

步骤02：按键盘上的"空格"键播放视、音频轨道中的素材，同时，在【音轨混合器】窗口中上下移动"音频1"轨道中的"音量滑块"按钮🔲，然后释放鼠标，播放结束后，"音频1"音频轨道中记录音量变化的关键帧如图5.109所示。

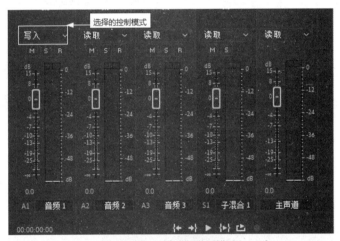

图 5.108　选择的控制模式

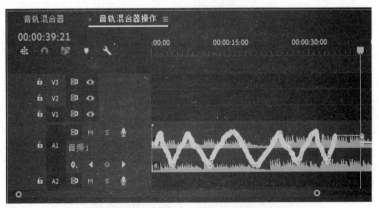

图 5.109　"写入"模式添加的关键帧

步骤03：按键盘上的"空格"键播放，在【音轨混合器】窗口中可以看到"音频1"轨道中"音量滑块"按钮🔲根据记录的关键帧进行上下移动。

（2）"触动"模式。

步骤 01：将"音频 1"的自动模式设置为"触动"模式。

步骤 02：按键盘上的"空格"键播放视、音频轨道中的素材，同时在【音轨混合器】窗口中上下移动"音频 1"轨道中的"音量滑块"按钮█，然后释放鼠标，播放结束后，"音频 1"音频轨道中记录音量变化的关键帧如图 5.110 所示。

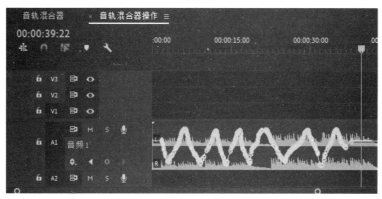

图 5.110　"触动"模式添加的关键帧

提示："触动"模式与"写入"模式相比，"写入"模式从播放开始记录关键帧，而"触动"模式从数值改变处开始记录，如果播放后数值没有改变，则不记录。此外，在记录过程中释放鼠标时，"写入"的数值保持不变，而"触动"模式的数值则会自动回到原来的数值。

（3）"闭锁"模式。

步骤 01：将"音频 1"的自动控制模式设置为"闭锁"模式。

步骤 02：按键盘上的"空格"键播放视、音频轨道中的素材，同时，在【音轨混合器】窗口中上下移动"音频 1"轨道中的"音量滑块"按钮█，然后释放鼠标，播放结束后，"音频 1"音频轨道中记录音量变化的关键帧如图 5.111 所示。

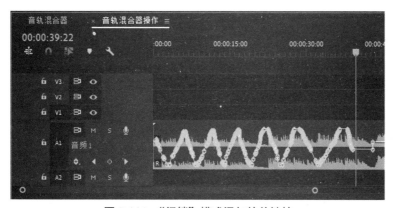

图 5.111　"闭锁"模式添加的关键帧

提示："写入"模式与"闭锁"模式相比，"写入"模式从播放时开始记录关键帧，而"闭锁"模式与"触动"模式一样从有数值改变处开始记录。在记录过程中释放鼠标，"闭锁"模式又与"写入"模式一样，数值保持不变，但又不同于"触动"模式自动返回到原来的数值。这 3 种自动控制模式不仅可以记录音量操作，还可以记录声音的平衡及打开或关闭当前音频轨道声音的操作。

视频播放：具体介绍，请观看配套视频"任务四：【音轨混合器】的相关操作.mp4"。

七、拓展训练

【案例 5：拓展训练】　利用本案例所学的知识，收集一些音频素材，练习【音轨混合器】的相关操作。

学习笔记：

案例 6：5.1 声道音频的创建

一、案例内容简介

本案例主要介绍 5.1 声道音频创建的方法与技巧。

【案例 6　简介】

二、案例效果欣赏

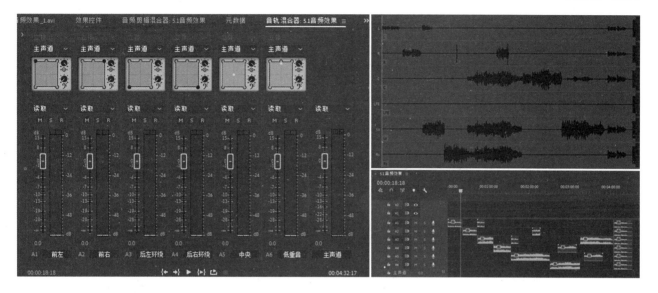

三、案例制作（步骤）流程

任务一：创建新项目和导入素材➡任务二：创建 5.1 声道序列➡任务三：将音频文件分配到音频轨道中➡任务四：分配 5.1 声道的声音➡任务五：输出 5.1 声道音频文件

四、制作目的

（1）掌握 5.1 声道序列的创建。

（2）掌握音频文件声道的改变方法和技巧。

（3）掌握将单声道音频文件分配到音频轨道中的方法。

（4）掌握 5.1 声道音频的分配方法。

（5）掌握 5.1 声道音频文件参数对话框的设置。

五、制作前需要解决的问题

（1）基本乐理知识。

（2）音频与视频之间的关系。

（3）音频的单位。

（4）音频在影视作品中的作用和地位。

六、详细操作步骤

【任务一：创建新
项目和导入素材】

任务一：创建新项目和导入素材

步骤 01： 启动 Premiere Pro 2020，创建一个名为"5.1 声道音频的创建 .prproj"的项目文件。

步骤 02： 导入音频素材。

视频播放： 具体介绍，请观看配套视频"任务一：创建新项目和导入素材.mp4"。

【任务二：创建
5.1 声道序列】

任务二：创建 5.1 声道序列

步骤 01： 在菜单栏中单击【文件（F）】→【新建（N）】→【序列（S）...】命令或按键盘上的"Ctrl+N"组合键→【新建序列】对话框。

步骤 02： 设置【新建序列】对话框，具体设置如图 5.112 所示，单击【确定】完成【5.1 音频效果】序列的创建，如图 5.113 所示。

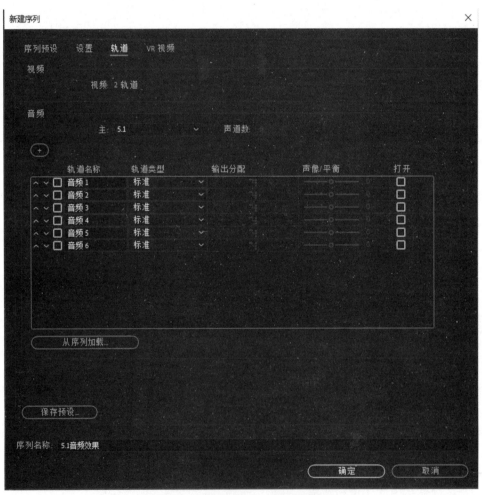

图 5.112 【新建序列】对话框参数设置

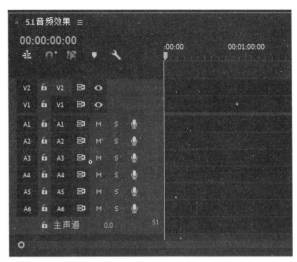

图 5.113　创建的 5.1 声道序列效果

步骤 03：单击【音轨混合器：5.1 音频效果】面板标签，【音轨混合器：5.1 音频效果】面板效果如图 5.114 所示。

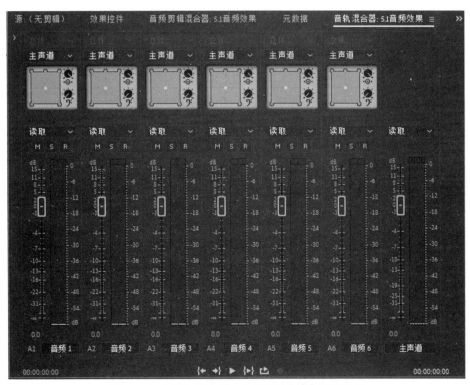

图 5.114　【音轨混合器：5.1 音频效果】面板效果

步骤 04：在【音轨混合器：5.1 音频效果】面板中对音频轨道进行重命名，将"音频 1"至"音频 6"依次重命名为"前左""前右""后左环绕""后右环绕""中央"和"低重音"，如图 5.115 所示。

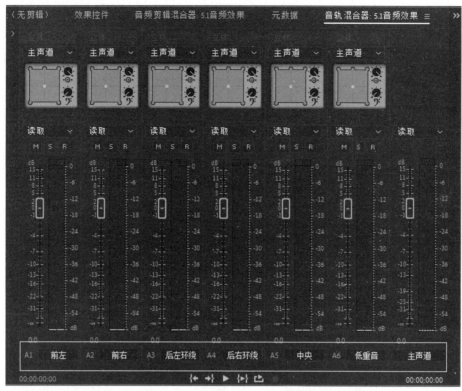

图5.115　重命名的【音轨混合器：5.1音频效果】面板效果

步骤05：命名完毕之后，【5.1音频效果】窗口中的音频轨道名称也相应改变，如图5.116所示。

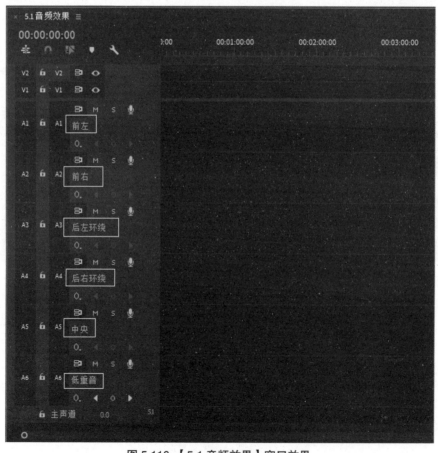

图5.116　【5.1音频效果】窗口效果

步骤 06：导入的音频文件，如图 5.117 所示。

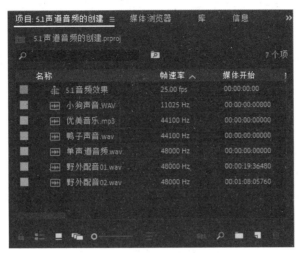

图 5.117　导入的音频文件

视频播放：具体介绍，请观看配套视频"任务二：创建 5.1 声道序列.mp4"。

任务三：将音频文件分配到音频轨道中

步骤 01：将"优美音乐 .mp3"音频素材拖到"A1"（前左）音频轨道中，如图 5.118 所示。

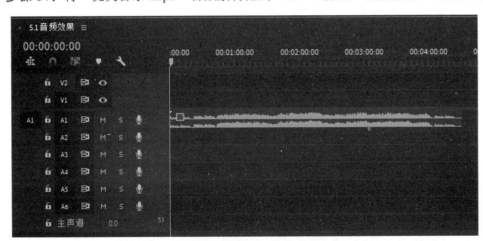

【任务三：将音频
文件分配到音频
轨道中】

图 5.118　拖到"A1"（前左）音频轨道中的音频

步骤 02：使用"剃刀工具（C）" ，将"A1"（前左）音频轨道中的素材分割成 8 段，如图 5.119 所示。

步骤 03：将分割的素材分别拖到不同的音频轨道中，如图 5.120 所示。

步骤 04：单选"A1"（前左）音频轨道中的第 2 段素材，按键盘上的"Ctrl+C"组合键复制该段素材，将"时间指示器"移到第 4 分 4 秒 18 帧的位置（第 2 段素材的入点位置）。

步骤 05：使用"Ctrl+C"组合键复制素材，然后使用"Ctrl+V"组合键粘贴素材，最终效果如图 5.121 所示。

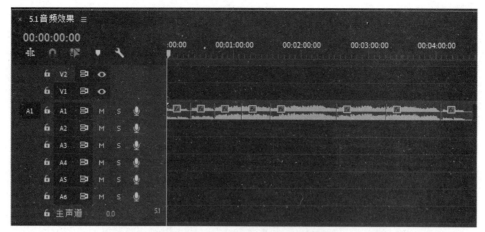

图 5.119　分割成 8 段的音频素材

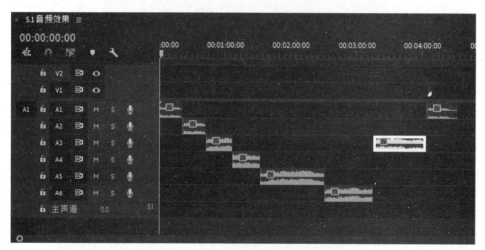

图 5.120　分配到各音频轨道的素材效果

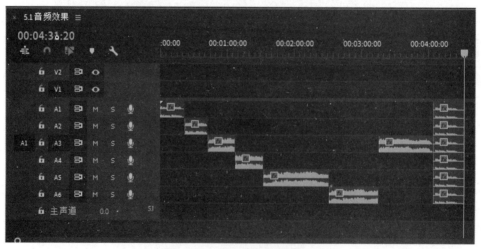

图 5.121　复制和粘贴的素材

步骤 06：分别将其他导入的音频素材转换为单声道，再拖到需要的音频轨道中，最终效果如图 5.122 所示。

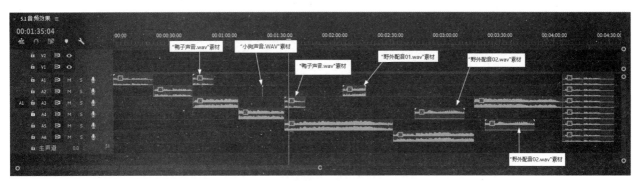

图 5.122　其他音频分配的效果

提示： 读者可以根据自己的需求，将其他音频素材拖到不同的音频轨道，不一定要按这里的介绍放置音频素材。

视频播放： 具体介绍，请观看配套视频"任务三：将音频文件分配到音频轨道中.mp4"。

任务四：分配 5.1 声道的声音

步骤 01： 将光标移到【音轨混合器：5.1 音频效果】窗口"前左"音频下的 5.1 声道调节控制的"5.1 声像器控制点"上█，如图 5.123 所示。

【任务四：分配 5.1 声道的声音】

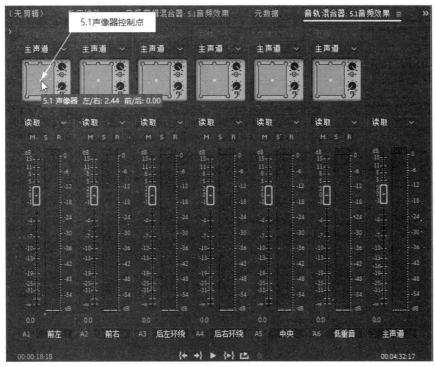

图 5.123　【音轨混合器：5.1 音频效果】窗口

步骤 02： 按住鼠标左键同时将"5.1 声像器控制点"上█移到左上角的半圆内释放鼠标，如图 5.124 所示。

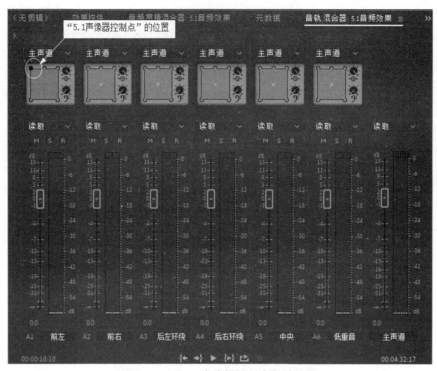

图 5.124 "5.1 声像器控制点"的位置

步骤 03：方法同上，在【音轨混合器：5.1 音频效果】窗口中对其他音轨下的"5.1 声像器控制点"上■进行调节，最终效果如图 5.125 所示。

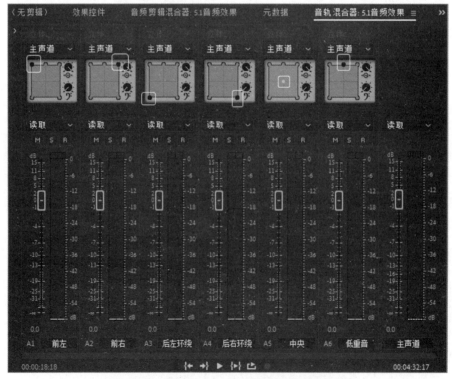

图 5.125 调节完"5.1 声像器控制点"的效果

任务五：输出 5.1 声道音频文件

步骤 01：在菜单栏中单击【文件（F）】→【导出（E）】→【媒体（M）...】命令或按"Ctrl+M"组合键，弹出【导出设置】对话框。

【任务五：输出 5.1 声道音频文件】

步骤 02：设置【导出设置】对话框，具体设置如图 5.126 所示。

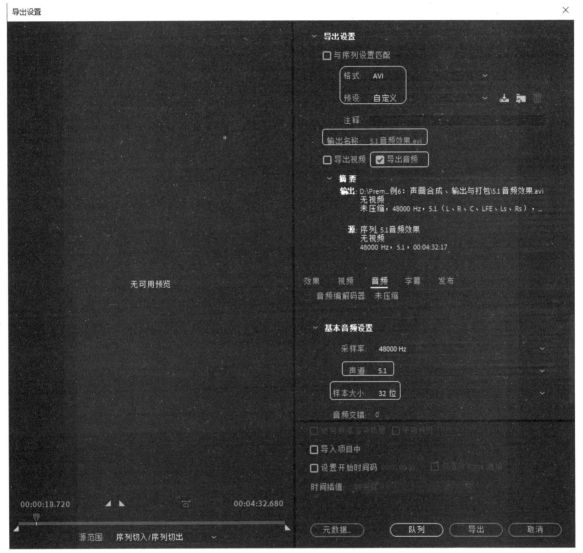

图 5.126　【导出设置】对话框参数设置

步骤 03：参数设置完成，单击【导出】按钮，完成音频文件的导出，导出波形如图 5.127 所示。

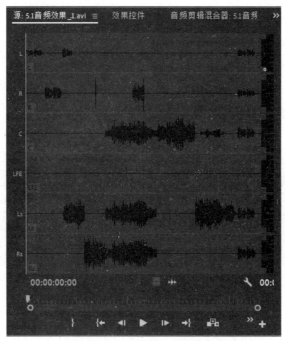

图 5.127　导出的 5.1 音频效果

七、拓展训练

　　新建一个名为"5.1 声道音频文件练习 .prproj"的项目文件，导入音频素材，使用本案例所学知识，制作一个 5.1 声道音频文件效果。

【案例 6：拓展训练】

学习笔记：

第6章

后期字幕制作

知识点

案例1：创建字幕
案例2：制作滚动字幕
案例3：字幕排版技术
案例4：绘制字幕图形

说明

本章主要通过4个案例全面介绍简单字幕的创建、滚动字幕的制作和各种图形的绘制方法与技巧。

教学建议课时数

一般情况下需要6课时，其中理论2课时，实际操作4课时（特殊情况可做相应调整）。

思维导图

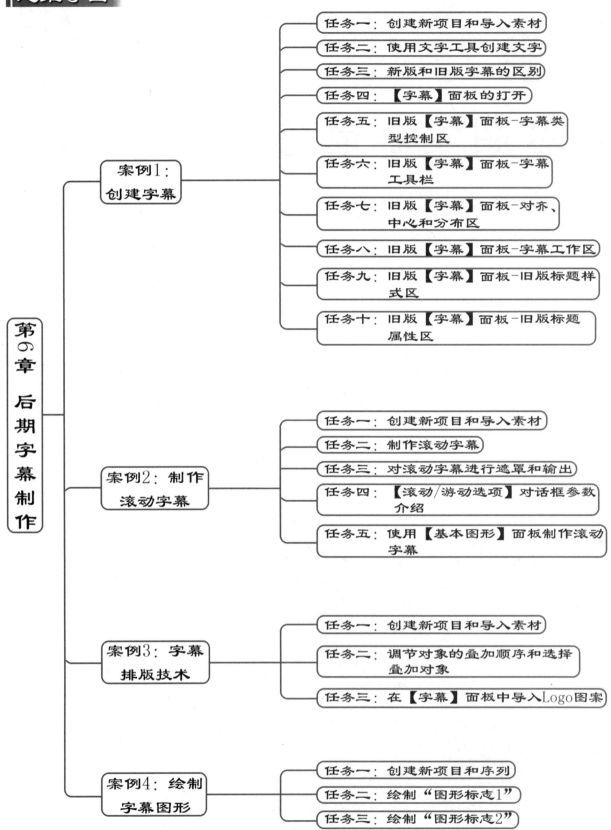

在影视后期制作中，字幕是非常重要的组成部分。它能够给观众带来更多的画面信息。字幕包括文字和图形两部分。视频画面、字幕和图形相结合，能表达出更为广泛的含义，例如，给各种解说和画外音配上精美的字幕，将会为影视作品增色不少。

通过本章的学习，主要要求读者掌握字幕的制作，熟悉【字幕】面板中各项参数的调节和综合应用能力。

案例 1：创建字幕

一、案例内容简介

本案例主要介绍创建字幕和【字幕】面板的组成、字幕元素的应用和字幕属性参数介绍。

【案例 1　简介】

二、案例效果欣赏

三、案例制作（步骤）流程

任务一：创建新项目和导入素材➡任务二：使用文字工具创建文字➡任务三：新版和旧版字幕的区别➡任务四：【字幕】面板的打开➡任务五：旧版【字幕】面板－字幕类型控制区➡任务六：旧版【字幕】面板－字幕工具栏➡任务七：旧版【字幕】面板－对齐、中心和分布区➡任务八：旧版【字幕】面板－字幕工作区➡任务九：旧版【字幕】面板－旧版标题样式区➡任务十：旧版【字幕】面板－旧版标题属性区

四、制作目的

（1）掌握使用【文字工具】创建字幕的方法。

（2）掌握使用【效果控件】面板设置文本相关参数设置的方法。

（3）掌握【字幕】面板的作用。

（4）了解【字幕】面板的组成和各部分的作用。

（5）掌握路径文字的制作的方法。

（6）掌握使用【字幕】面板制作图形对象的方法。

（7）掌握使用预制字幕样式创建文字效果的方法。

（8）掌握字幕背景的创建方法。

五、制作前需要解决的问题

（1）对各种字体效果的感性认识。

（2）图形与图像之间的关系。

（3）文字在影视作品中的作用。

（4）文字在影视作品中的使用规则。

六、详细操作步骤

【任务一：创建新项目和导入素材】

任务一：创建新项目和导入素材

步骤 01：启动 Premiere Pro 2020，创建一个名为"创建字幕 .prproj"的项目文件。

步骤 02：导入如图 6.1 所示的素材。

图 6.1　导入的素材

视频播放：具体介绍，请观看配套视频"任务一：创建新项目和导入素材.mp4"。

任务二：使用文字工具创建文字

【任务二：使用文字工具创建文字】

在 Premiere Pro 2020 中，为读者提供了两个文字工具，即"文字工具"■和"垂直文字工具"■。使用这两个文字工具可以在【项目】监视器中直接输入横排文字和竖排文字工具。具体操作方法如下。

1. 制作横排文字

步骤 01：新建一个名为"茶文化"的序列，将"图层 6/ 茶文化 .psd"图片素材拖到"V1"轨道中。

步骤 02：在工具栏中单击"文字工具"■，在【项目：茶文化】监视器中单击，此时出现一个红色文本输入框，如图 6.2 所示。

图 6.2　单击出现的文本输入框

步骤 03：输入文字，具体文字如图 6.3 所示。此时，系统会自动添加字幕到"V2"轨道中，如图 6.4 所示。

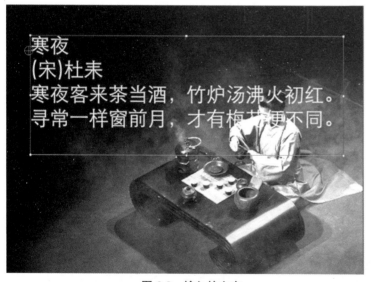

图 6.3　输入的文字

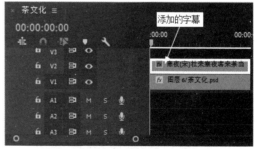

图 6.4　输入文字之后自动添加的字幕

> **提示**：文字可以直接输入，也可以通过其他软件（办公软件和文字处理软件）进行复制和粘贴来实现。

步骤 04：调节文本的相关属性。在【项目：茶文化】监视器中单选输入的文字，在【效果控件】面板中调节文本的参数，具体调节如图 6.5 所示。调节参数后，在【项目：茶文化】监视器中的效果如图 6.6 所示。

> **提示**：在设置"填充""描边""背景"和"阴影"的颜色时，可以直接选择颜色，也可以单击该属性右侧的 工具，拾取屏幕中任意位置的颜色。

> **提示**：上述方法是对所有文字进行属性设置，如果需要设置部分文字的属性，则要在【项目：茶文化】监视器中选择需要修改属性的文字，再在【效果控件】面板中调节文本属性参数。

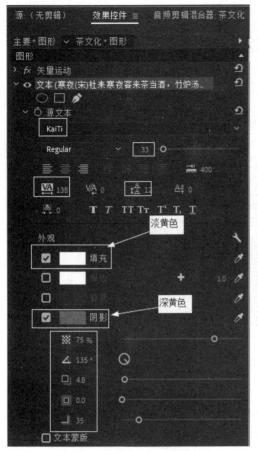

图 6.5　文本属性设置

图 6.6　设置文本属性的效果

2. 制作竖排文字

步骤 01： 将 "图层 8/ 茶文化 .psd" 图片拖到 "V1" 轨道中，并将 "时间指示器" 移到第 5 秒 0 帧的位置，如图 6.7 所示。

步骤 02： 在工具栏中单击 "垂直文字工具" **IT**，在【项目：茶文化】监视器中单击，此时出现一个红色的竖排文本输入框，如图 6.8 所示。系统自动添加一个字幕，并与 "时间指示器" 对齐，如图 6.9 所示。

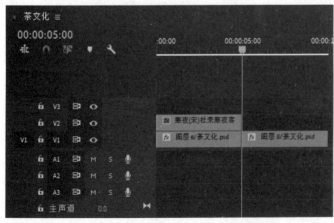

图 6.7　素材在【茶文化】序列窗口中的效果

图 6.8　出现的竖排文字输入框

步骤 03：输入需要的竖排文字，具体文字输入如图 6.10 所示。

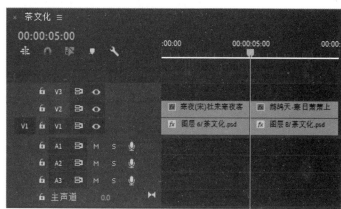

图 6.9　系统自动添加的字幕

图 6.10　输入的文字

步骤 04：设置文本属性。在【项目：茶文化】监视器中单选输入的文本，在【效果控件】面板中设置文本属性，文本属性的具体设置如图 6.11 所示。设置文本属性之后的效果如图 6.12 所示。

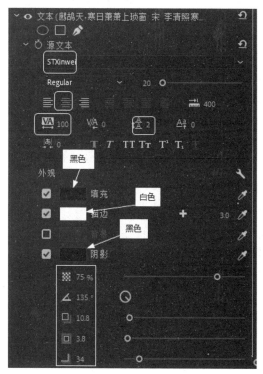

图 6.11　文本属性设置

图 6.12　设置文本属性之后的效果

视频播放：具体介绍，请观看配套视频"任务二：使用文字工具创建文字.mp4"。

任务三：新版和旧版字幕的区别

在任务二中介绍的是新版字幕创建的方法，新版字幕创建时更加便捷灵活。在下面任务中介绍【旧版标题】方式创建字幕。使用旧版方式创建字幕时还可以在【字幕】面板中使用"钢笔工具"或"形状工具"绘制形状图形，相比新版创建字幕的方法涵盖面更广，更加符合 Premiere Pro 老用户的使用习惯。

【任务三：新版和旧版字幕的区别】

视频播放：具体介绍，请观看配套视频"任务三：新版和旧版字幕的区别.mp4"。

任务四：【字幕】面板的打开

在 Premiere Pro 2020 中，打开【字幕】面板的前提是先创建一个项目文件，使用【字幕】面板创建的字幕与其他素材具有相同的属性，用户可以对创建的字幕进行裁切和拉伸，也可以添加效果并设置持续时间。

打开【字幕】面板的具体操作方法如下。

步骤 01：在菜单栏中单击【文件（F）】→【新建（N）】→【旧版标题（T）...】命令，弹出【新建字幕】对话框。

步骤 02：在该对话框中输入创建字幕的名称，如图 6.13 所示。单击【确定】按钮，弹出【字幕】面板，如图 6.14 所示。

图 6.13 【新建字幕】对话框参数

图 6.14 【字幕】面板的布局

从图 6.14 可以看出，【字幕】面板有"字幕类型控制区""字幕工具栏""排列、居中和分布""字幕工作区""字幕样式区""字幕属性控制区"和"安全区"7 部分组成。

提示：在影视作品或有关介绍性视频中，字幕起到非常关键性作用。为了防止字幕在电视播放中被自动裁剪掉，在 Premiere Pro 2020 中提供了"字幕安全框"，字幕放置在"字幕安全框"内，一般情况可以保证字幕不被裁剪掉。

视频播放：具体介绍，请观看配套视频"任务四：【字幕】面板的打开.mp4"。

任务五：旧版【字幕】面板 – 字幕类型控制区

"字幕类型控制区"主要用来新建字幕、调节字幕的运动属性、设置字体、选择对齐方式、制表符设置和调节字幕的视频背景显示等。

"字幕类型控制区"各项功能的详细介绍如下所述。

（1）"基于当前字幕新建字幕"按钮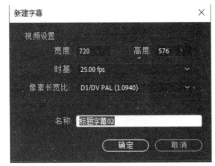：主要用来在当前【字幕】面板中新建字幕文件。具体操作方法如下。

步骤 01：单击"基于当前字幕新建字幕"按钮，弹出【新建字幕】对话框。

步骤 02：根据实际要求设置参数，具体设置如图 6.15 所示，单击【确定】按钮即可创建一个新字幕，如图 6.16 所示。

图 6.15　【新建字幕】对话框参数

图 6.16　新建字幕的名称

提示：单击"基于当前字幕新建字幕"按钮创建的字幕，包括了当前字幕中的所有内容。

（2）"滚动 / 游动"按钮：主要用来调节当前正在编辑的字幕运动属性。具体操作方法如下。

步骤 01：单击"滚动 / 游动"按钮，弹出【滚动 / 游动选项】对话框。

步骤 02：根据实际要求设置参数，单击【确定】按钮，即可制作一个运动字幕文件。

（3）"粗体"按钮、"斜体"按钮和"下划线"按钮：单击这些按钮即可将选择的字体设置成粗体 / 斜体 / 下划线。

（4）"字体列表"：单击"字体列表"，弹出下拉菜单，将光标移到需要的字体上单击，即可为选择的字幕设置字体。

（5）"大小"：主要用来调节字幕中的文字大小。

（6）"字偶间距"：主要用来调节字幕之间的距离。

（7）"行距"：主要用来调节字幕段落的行间距。

（8）"字幕段落的对齐方式"：主要用来调节字幕段落的对齐方式。

（9）"制表符设置（T）..." ：主要用来设置制表符。

提示：制表符设置，在后面案例中再详细介绍。

（10）"显示背景视频" 按钮：单击"显示背景视频" 按钮隐藏背景视频，再单击一次，显示背景视频，它是一个切换按钮。

视频播放：具体介绍，请观看配套视频"任务五：旧版【字幕】面板－字幕类型控制区.mp4"。

任务六：旧版【字幕】面板－字幕工具栏

【任务六：旧版【字幕】面板－字幕工具栏】

字幕栏中的工具主要为用户提供创建字幕、编辑字幕和图形的各种绘制。字幕工具栏如图6.17所示。

字幕工具栏中各个工具的详细介绍如下所述。

（1）"选择工具" ：主要用来选择字幕或图形对象。对字幕或图形进行移动、删除或设置属性前，先要使用"选择工具" 选择对象，被选中的对象四周会出现控制点，拖动这些控制点可以改变图像的形状或大小，如图6.18所示。

图6.17 字幕工具栏　　　　图6.18 使用"选择工具"对字幕对象进行的操作

提示：使用"选择工具" ，按住键盘上的"Shift"键可以加选多个对象；如果在面板中拖出一个选择框，方框内的所有图像都被选中；如果按"Ctrl+A"组合键，可选中当前【字幕】面板中的所有对象。使用键盘上的（上、下、左、右）键可以对选择对象进行微调。

（2）"旋转工具" ：主要用来对选择的对象进行旋转操作，如图6.19所示。

图6.19 旋转操作前后对比

（3）"文字工具" ：主要用来输入横排文字。

步骤01：在工具栏中单击"文字工具" ，将光标移到字幕工作区中需要输入文字的位置单击，出现 图标。

步骤 02：在需要输入文字的位置单击鼠标左键，即可输入文字，如图 6.20 所示。

图 6.20　输入的文字

提示：如果需要对已有的横排字幕进行修改（删除或基于字幕文字），先要使用"文字工具" Ｔ 激活横排字幕。

（4）"垂直文字工具" ↓Ｔ：主要用来输入垂直排列文字。

步骤 01：在工具栏中单击"垂直文字工具" ↓Ｔ，将光标移到字幕工作区中输入段落文字的起始位置，出现 图标。

步骤 02：单击鼠标左键即可输入文字，如图 6.21 所示。

（5）"区域文字工具" ：主要用来在字幕工作区输入段落横排文字。

步骤 01：在工具栏中单击"区域文字工具" ，将光标移到字幕工作区中输入段落文字的起始位置，出现 图标。

步骤 02：按住鼠标左键不放，拖拽出一个段落文字输入框，如图 6.22 所示。

图 6.21　输入的文字

图 6.22　拖拽出的文本输入框

步骤 03：输入文字或粘贴复制文字，如图 6.23 所示。

（6）"垂直区域文字工具" ：主要用来在字幕工作区域输入段落竖排文字。

步骤 01：在工具栏中单击"区域文字工具" ，将光标移到字幕工作区中输入段落文字的起始位置，出现 图标。

步骤 02：按住鼠标左键不放，拖拽出一个段落文字输入框。

步骤 03：输入文字或粘贴复制文字，如图 6.24 所示。

（7）"路径文字工具" ：主要用来输入路径文字。

步骤 01：在工具栏中单击"路径文字工具" ，在字幕工作区中通过单击不同的位置，确定路径，如图 6.25 所示。

步骤 02：使用"转换锚点工具" 对创建的路径进行调节，调节之后的路径如图 6.26 所示。

图 6.23　横排段落文字效果

图 6.24　竖排段落文字效果

图 6.25　创建的文字路径

图 6.26　调节之后的文字路径

步骤 03：再在工具栏中单击"路径文字工具" ，将光标移到路径上单击，即可输入文字，如图 6.27 所示。

（8）"垂直路径文字工具" ：主要用来输入垂直路径文字。

"垂直路径文字工具" 的使用与"路径文字工具" 的使用方法相同，请读者参考"路径文字工具" 的使用方法，输入的垂直路径文字如图 6.28 所示。

图 6.27　输入的路径文字

图 6.28　输入的垂直路径文字

（9）"钢笔工具" ：主要用来绘制自由路径和对路径上的顶点进行移动等操作。

步骤 01：在工具栏中单击"钢笔工具" ，在字幕工作区通过单击绘制闭合路径，如图 6.29 所示。

步骤 02：如果对绘制的路径顶点位置不满意，可以进行调节。单击"钢笔工具" ，将光标移到需要移动的顶点上按住鼠标左键不放进行移动即可。调节之后的效果如图 6.30 所示。

图 6.29　绘制的闭合路径

图 6.30　调节之后的定位顶点

（10）"删除锚点工具" ✐：主要用来删除路径图形上的定位点。

步骤 01：单击需要删除定位顶点的路径。

步骤 02：在工具栏中单击"删除锚点工具" ✐，将光标移到需要删除的定位点上单击即可，如图 6.31 所示。

（11）"添加锚点工具" ✐：主要用来在路径图形上添加定位点。

步骤 01：单选需要添加定位点的路径。

步骤 02：在工具栏中单击"添加锚点工具" ✐，将光标移到需要添加定位点的路径上单击鼠标即可添加一个定位点，添加的定位点如图 6.32 所示。

图 6.31　删除定位顶点之后的效果

图 6.32　添加的定位点

（12）"转换锚点工具" ◣：主要用来调节路径的控制点类型和路径的样条曲线。

步骤 01：单选需要调节控制点的路径。

步骤 02：将光标移到需要调节的控制点上，按住鼠标左键不放并拖动即可调节控制点，调节之后的效果如图 6.33 所示。

> **提示：**路径的控制点主要有尖角、贝塞尔切线和贝塞尔尖角 3 种，可以使用"转换锚点工具" ◣对路径的控制点的类型进行转换。在绘制复杂路径时，顶点转换工具是非常重要的一个造型工具。

（13）图形绘制工具包括："矩形工具" ▮、"圆角矩形工具" ▮、"切角矩形工具" ◉、"圆角矩形工具" ⬭、"楔形工具" ◣、"弧形工具" ◢、"椭圆工具" ●和"直线" ╱。这些图形绘制工具的使用方法基本相同。具体操作方法如下。

步骤 01：在工具栏中单击图形绘制工具，以"矩形工具" ▮为例。

步骤 02：如图 6.34 所示，将光标移到"字幕工作区"，按住鼠标左键拖动一段距离松开鼠标左键即可。

图 6.33　调节定位点曲率之后的效果　　　　图 6.34　绘制的矩形图形

步骤 03：其他图形绘制工具的使用方法相同，在此，就不再赘述，读者自行练习绘制。

视频播放：具体介绍，请观看配套视频"任务六：旧版【字幕】面板 – 字幕工具栏.mp4"。

【任务七：旧版【字幕】面板 – 对齐、中心和分布区】

任务七：旧版【字幕】面板 – 对齐、中心和分布区

如图 6.35 所示，该区域主要由对齐、中心和分布 3 部分组成，主要作用是对字幕和图形进行对齐操作。

（1）对齐区。

对齐区包括"水平靠左" 、"垂直靠上" 、"水平居中" 、"垂直居中" 、"水平靠右" 和"垂直靠下" 6 种方式。具体介绍如下。

① "水平靠左" ：主要作用是将所选对象以水平方向按物体的左边界对齐排列。

② "垂直靠上" ：主要作用是将所选对象以垂直方向按物体的顶边界对齐排列。

③ "水平居中" ：主要作用是将所选对象以水平方向按物体的中心点居中对齐排列。

④ "垂直居中" ：主要作用是将所选对象以垂直方向按物体的中心点居中对齐排列。

⑤ "水平靠右" ：主要作用是将所选对象以水平方向按物体的右边界对齐排列。

⑥ "垂直靠下" ：主要作用是将所选对象以垂直方向按物体的底边界对齐排列。

（2）中心区。

中心区包括"垂直居中" 和"水平居中" 2 种对齐方式。具体介绍如下。

① "垂直居中" ：主要作用是将所选对象，按屏幕中心垂直居中对齐。

图 6.35　旧版【字幕】面板

② "水平居中" ：主要作用是将所选对象，按屏幕中心水平居中对齐。

（3）分布区。

分布区包括"水平靠左" 、"垂直靠上" 、"水平居中" 、"垂直居中" 、"水平靠右" 、"垂直靠下" 、"水平等距间隔" 和"垂直等距间隔" 8 种分布方式。

① "水平靠左" ：主要作用是将所选对象以水平方向按物体的左边界平均分布。

② "垂直靠上" ：主要作用是将所选对象以垂直方向按物体的顶边界平均分布。

③ "水平居中" ：主要作用是将所选对象以水平方向按物体的中心点居中平均分布。

④ "垂直居中" ：主要作用是将所选对象垂直方向按物体的中心点居中平均分布。

⑤ "水平靠右" ：主要作用是将所选对象以水平方向按物体的右边界平均分布。

⑥ "垂直靠下" ：主要作用是将所选对象以垂直方向按物体的底边界平均分布。

⑦ "水平等距间隔" ：主要作用是将所选对象以水平方向平均分布。

⑧ "垂直等距间隔" ：主要作用是将所选对象以垂直方向平均分布。

视频播放：具体介绍，请观看配套视频"任务七：旧版【字幕】面板–对齐、中心和分布区.mp4"。

任务八：旧版【字幕】面板–字幕工作区

【任务八：旧版【字幕】面板–字幕工作区】

该区域的主要作用是显示创建字幕和图形，如图 6.36 所示。

字幕工作区是【字幕】面板的核心区域。字幕、图形的创建、编辑和预览主要通过该区域来完成。

视频播放：具体介绍，请观看配套视频"任务八：旧版【字幕】面板–字幕工作区.mp4"。

图 6.36　字幕工作区

任务九：旧版【字幕】面板–旧版标题样式区

该区域的主要作用是为用户提供各种预制的 Premiere Pro CS6 自带的精彩的标题样式，也可以将用户自定义的标题存储为新的样式。标题样式如图 6.37 所示。

【任务九：旧版【字幕】面板–旧版标题样式区】

图 6.37　标题样式区

步骤 01：在"字幕工作区"选择需要使用标题样式的字幕文字。如图 6.38 所示。

图 6.38　选择的字幕文字

步骤 02：在"标题样式区"单击需要的标题样式和文字效果，如图 6.39 所示。

图 6.39　添加的标题样式和文字效果

提示：如果对标题样式不满意，可以在"旧版标题属性"区中，在标题样式的基础上进行属性修改。

视频播放：具体介绍，请观看配套视频"任务九：旧版【字幕】面板 – 旧版标题样式区.mp4"。

【任务十：旧版
【字幕】面板 – 旧
版标题属性区】

任务十：旧版【字幕】面板 – 旧版标题属性区

该区域主要作用是调节字幕的大小、颜色、阴影、描边和坐标位置等相关属性。

如图 6.40 所示，旧版标题属性区由字幕属性的变换、属性、填充、描边、阴影和背景 6 个参数组组成。

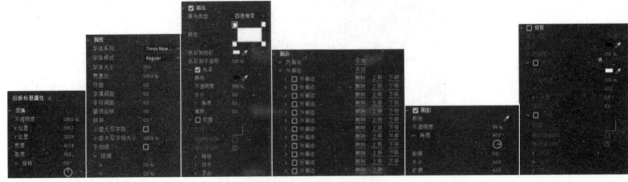

图 6.40　旧版标题属性区

参数组中的各参数调节的具体操作方法如下。

步骤 01： 在字幕工作区中单选需要调节属性的字幕或图形。

步骤 02： 在字幕参数控制区中调节相应参数即可。

各个参数的作用如下所述。

1. "变换"参数组

"变换"参数组中的参数主要用来调节对象的位置、宽度、高度和旋转角度等属性。

（1）"不透明度"参数：主要用来调节选定对象的透明程度，如图 6.41 所示。

（2）"X 位置 /Y 位置"参数：主要用来调节选定对象在 X 轴（水平）和 Y 轴（垂直）方向上的位置。

（3）"宽度 / 高度"参数：主要用来调节选定对象的宽度 / 高度的数值。

（4）"旋转"参数：主要用来对选定对象进行旋转调节，如图 6.42 所示。

图 6.41　"不透明度"参数设置的效果　　　　图 6.42　"旋转"参数设置的效果

2. "属性"参数组

"属性"参数组中的参数主要用来调节字幕的字体类型、字间距、行间距和扭曲程度等属性。

（1）"字体系列"参数：主要用来调节字幕的字体。单击"字体系列"右边的图标，弹出的下拉菜单如图 6.43 所示，在其中选择需要的字体即可。

（2）"字体样式"参数：主要用来调节字幕的字体样式。单击"字体样式"右边图标，弹出的下拉菜单如图 6.44 所示，在其中选择需要的字体样式即可。

图 6.43　"字体系列"下拉列表　　　　　　图 6.44　"字体样式"下拉列表

提示：“属性”参数组中的“字体系列”和“字体样式”参数的作用与“字幕：标题样式”控制区中“字体”和“字体样式”参数的作用完全相同。

（3）“字体大小”参数：主要用来调节字体的大小，如图6.45所示。

（4）“宽高比”参数：主要用来调节被选对象的宽高比例，如图6.46所示。

图6.45　“字体大小”参数设置的效果　　　图6.46　“宽高比”参数设置的效果

（5）“行距”参数：主要用来调节文字的行间距，如图6.47所示。

（6）“字偶间距”参数：主要用来调节字与字之间的距离，如图6.48所示。

图6.47　“行距”参数设置的效果　　　图6.48　“字偶间距”参数设置的效果

（7）“字符间距”参数：主要作用是在字距设置的基础上进一步设置文字的字距。

（8）“基线位移”参数：主要用来调节文字的基线位置，如图6.49所示。

（9）“倾斜”参数：主要用来调节文字倾斜度，如图6.50所示。

（10）“小型大写字母”参数：勾选此项，将字幕中的小写字母修改为大写字母。

（11）“小型大写字母大小”参数：主要用来调节小写字母修改为大写字母与原始字母大小的比例，如图6.51所示。

（12）“下划线”参数：勾选此项，为选择文字添加下划线，如图6.52所示。

（13）“扭曲”参数：主要作用是将文字或形状图形沿X轴或Y轴进行扭曲变形，如图6.53所示。

图 6.49　"基线位移"参数设置的效果

图 6.50　"倾斜"参数设置的效果

图 6.51　"小型大写字母大小"参数设置的效果

图 6.52　添加下划线的效果

图 6.53　"扭曲"参数设置的效果

3. "填充"参数组

"填充"参数组中的参数主要用来调节对象的颜色、光泽度和纹理等属性。

（1）"填充类型"参数，主要用来选择对象的填充类型，单击"填充类型"右侧的■图标，弹出下拉菜单，如图 6.54 所示。

①"实底"填充：为默认填充类型，主要使用单一颜色对对象进行填充，如图 6.55 所示。

图 6.54 "填充类型"下拉列表　　　　　图 6.55 "实底"填充效果

②"线性渐变"填充：主要使用线性渐变的方式对对象进行填充，如图 6.56 所示。

③"径向渐变"填充：主要使用两种颜色放射渐变的方式对对象进行填充，如图 6.57 所示。

图 6.56 "线性渐变"填充效果　　　　　图 6.57 "径向渐变"填充效果

④"四色渐变"填充：主要使用 4 种颜色填充对象，如图 6.58 所示。

⑤"斜面"填充：主要通过颜色的变化生成一个斜面，使对象产生浮雕效果，如图 6.59 所示。

图 6.58 "四色渐变"填充效果　　　　　图 6.59 "斜面"填充效果

⑥"消除"填充：主要将对象的实体部分删除，只保留描边框和阴影框。该填充类型没有参数，通常与描边阴影参数配合使用。

⑦"重影"填充：主要将对象的实体部分删除，只保留描边框和阴影框，该填充类型没有参数，通常与描边和阴影参数配合使用，如图 6.60 所示。

（2）"颜色"参数：主要用来调节填充的颜色。

（3）"不透明度"参数：主要用来调节填充颜色的透明程度。

（4）"光泽"参数：勾选此项，为对象添加光照效果，参数面板如图 6.61 所示。

图 6.60　"重影"配合"外描边"效果　　　图 6.61　"光泽"参数

① "颜色"参数：主要用来调节光泽效果的颜色。

② "不透明度"参数：主要用来调节光泽效果的透明度。

③ "大小"参数：主要用来调节光泽效果的大小。

④ "角度"参数：主要用来调节光泽效果的方向。

⑤ "偏移"参数：主要用来调节光泽效果的偏移量。

如图 6.62 所示，是设置了"光泽"参数后的效果图。

（5）"纹理"参数：勾选此项，则为选择对象填充一种材质效果。参数面板如图 6.63 所示。

① "纹理"参数：主要为选择对象填充纹理。单击"纹理"右边的图标，弹出【选择纹理图像】对话框，在该对话框中选择如图 6.64 所示的图片，单击【打开（O）】按钮即可为选定的对象添加材质，如图 6.65 所示。

图 6.62　"光泽"参数设置后的效果图　　　图 6.63　"纹理"参数　　　图 6.64　选择的图片

图 6.65　选择"纹理"图像的效果

②"随对象翻转"参数：勾选此项，添加的纹理图案将随着对象同步翻转。

③"随对象旋转"参数：勾选此项，添加的纹理图案将随对象同步旋转。

④"缩放"参数组：主要用来调节纹理图案的填充方式、缩放尺寸和平铺效果。

⑤"对齐"参数组：主要用来调节纹理图案在垂直方向上的对齐方式。

⑥"混合"参数组：主要用来调节纹理图案与填充色的混合方式。

图 6.66 "描边"参数

4. "描边"参数组

"描边"参数组主要包括"内描边"和"外描边"两大类参数。用来调节对象的内、外描边效果。"描边"参数组参数面板如图 6.66 所示。

图 6.67 "填充类型"参数

（1）"内描边"参数。

"内描边"参数组主要用来调节内描边的效果。

①"内描边"参数：单击"内描边"参数右边的【添加】按钮，即可添加一个内描边效果。

②"类型"参数：主要用来调节内描边的类型，有"深度""边缘"和"凹进"3 种内描边效果。

③"大小"参数：主要用来调节内描边的宽度。

④"角度"参数：主要用来调节内描边的填充类型，包括 7 种填充类型，如图 6.67 所示。

提示：内描边的"光泽"参数和"纹理"参数组中的参数与前面介绍的"填充"参数组中的"光泽"参数和"材质"参数组的作用和调节方法完全相同，此处不再详细介绍。

（2）"外描边"参数组。

"外描边"参数组主要用来调节外侧描边的效果，其中的参数与"内描边"参数组中的参数完全相同。在此就不再介绍。

"内描边"和"外描边"效果参数设置和实例效果，如图 6.68 所示。

图 6.68 "内描边"和"外描边"的参数设置和实例效果

5. "阴影"参数组

"阴影"参数组主要用来调节对象的阴影效果。勾选此项，即可为选定对象添加阴影效果。"阴影"参数组如图 6.69 所示。

（1）"颜色"参数：主要用来调节阴影的颜色。

（2）"不透明度"参数：主要用来调节阴影的透明程度。

（3）"角度"参数：主要用来调节阴影的投射角度。

（4）"距离"参数：主要用来调节阴影与对象之间的距离。

（5）"大小"参数：主要用来调节阴影的大小。

（6）"扩展"参数：主要用来调节阴影的羽化程度。

给选定对象添加阴影效果的参数设置和实际效果，如图 6.70 所示。

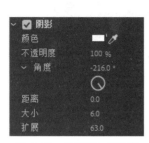

图 6.69　"阴影"参数组　　　　　　　图 6.70　添加阴影效果的参数设置和实际效果

6. "背景"参数组

"背景"参数组主要用来调节背景的颜色、角度、重复、光泽和纹理等参数，"背景"参数组，如图 6.71 所示。

（1）"填充类型"参数：主要用来调节背景的填充类型，包括"实底""线性渐变""径向渐变""四色渐变""斜面""消除"和"重影"7 种填充类型。

（2）"颜色"参数：主要用来调节背景的填充颜色。

（3）"不透明度"参数：主要用来调节背景填充颜色的透明程度。

（4）"光泽 / 纹理"：主要用来调节背景填充的光照效果 / 纹理填充效果。

勾选"背景"参数组并设置"背景"参数组参数，具体设置如图 6.72 所示，效果如图 6.73 所示。

图 6.71　"背景"参数组

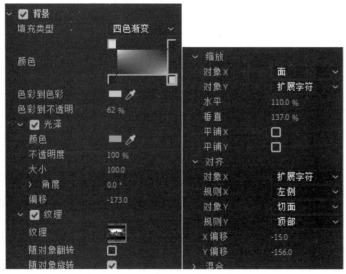

图 6.72　"背景"参数组参数设置　　　　　　　图 6.73　设置参数之后的效果

视频播放： 具体介绍，请观看配套视频"任务十：旧版【字幕】窗口 - 旧版标题属性区.mp4"。

七、拓展训练

　　使用该案例介绍的方法，创建一个名为"【字幕】窗口简介举一反三 .prproj"的节目文件，根据配套资源中提供的素材，制作如下效果并输出命名为"【字幕】窗口简介举一反三 .jpg"图片。

【案例 1：拓展训练】

学习笔记：

案例 2：制作滚动字幕

一、案例内容简介

本案例主要介绍滚动字幕制作的方法与技巧。

【案例 2　简介】

二、案例效果欣赏

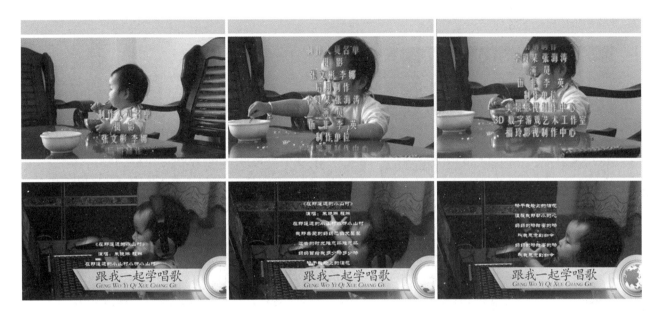

三、案例制作（步骤）流程

任务一：创建新项目和导入素材➡任务二：制作滚动字幕➡任务三：对滚动字幕进行遮罩和输出➡任务四：【滚动 / 游动选项】对话框参数介绍➡任务五：使用【基本图形】面板制作滚动字幕

四、制作目的

（1）掌握滚动字幕制作的原理。

（2）掌握【滚动 / 游动选项】对话框参数设置。

（3）掌握游动字幕和滚动字幕的概念及它们之间的区别。

（4）掌握使用【基本图形】面板制作滚动字幕。

（5）了解使用旧版【字幕】窗口制作滚动字幕与使用【基本图形】面板制作滚动字幕之间的区别与联系。

五、制作前需要解决的问题

（1）对各种字体效果的感性认识。

（2）图形与图像之间的关系。

（3）文字在影视作品中的作用。

（4）文字在影视作品中的使用规则。

六、详细操作步骤

任务一：创建新项目和导入素材

【任务一：创建新
项目和导入素材】

步骤01： 启动 Premiere Pro 2020，创建一个名为"制作滚动字幕.prproj"的项目文件。

步骤02： 导入如图 6.74 所示的素材。

步骤03： 新建名为"滚动字幕01"的序列，将素材拖到序列窗口中的视频轨道中，如图 6.75 所示。

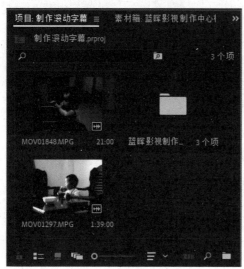

图 6.74　导入的素材

图 6.75　在【滚动字幕01】序列中的素材

视频播放： 具体介绍，请观看配套视频"任务一：创建新项目和导入素材.mp4"。

任务二：制作滚动字幕

步骤01： 在菜单栏中单击【文件（F）】→【新建（N）】→【旧版标题（T）...】命令→弹出【新建字幕】对话框，具体设置如图 6.76 所示。

【任务二：制作
滚动字幕】

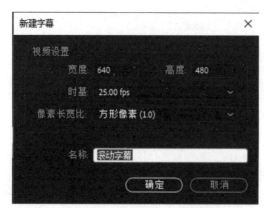

图 6.76　【新建字幕】对话框

步骤02： 单击【确定】按钮，弹出【字幕：滚动字幕】窗口。

步骤03： 在【字幕：滚动字幕】窗口中单击"区域文字工具"按钮，在字幕工作区拖出一个文字输入区域，如图 6.77 所示。

图 6.77 拖出的文本输入区

步骤 04：输入文字，设置字幕文字的标题属性，具体设置如图 6.78 所示，设置字幕文字标题属性之后的效果如图 6.79 所示。

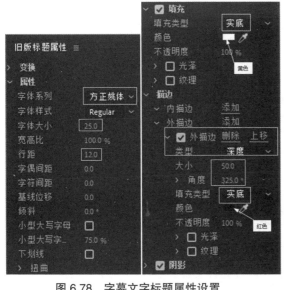

图 6.78 字幕文字标题属性设置

图 6.79 字幕文字效果

步骤 05：单选输入的文字标题，单击"滚动 / 游动"按钮，弹出【滚动 / 游动选项】对话框，具体设置如图 6.80 所示，单击【确定】按钮完成滚动字幕的制作。

步骤06：将制作好的"滚动字幕"拖到【滚动字幕01】序列窗口中的空白处，松开鼠标左键，完成滚动字幕的制作，如图6.81所示。

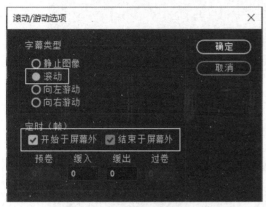

图6.80 【滚动/游动选项】对话框　　　　　图6.81 在【滚动字幕01】序列窗口中的效果

步骤07：在【项目：滚动字幕01】窗口中播放效果，播放的截图效果如图6.82所示。

图6.82 播放的截图效果

视频播放：具体介绍，请观看配套视频"任务二：制作滚动字幕.mp4"。

任务三：对滚动字幕进行遮罩和输出

【任务三：对滚动字幕进行遮罩和输出】

1. 使用视频效果对滚动字幕进行遮罩

步骤01：将"变换/裁剪"视频效果拖到"V4"轨道中的字幕素材上。

步骤02：确保添加"裁剪"视频效果的字幕素材被选中，在【效果控件】面板中调节"裁剪"视频效果参数，具体调节如图6.83所示。在【项目：滚动字幕01】监视器中的效果如图6.84所示。

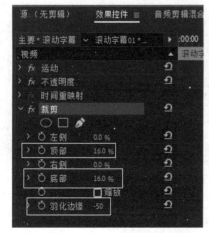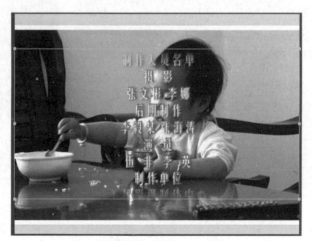

图6.83 "裁剪"视频效果参数　　　　　图6.84 调节"裁剪"视频效果参数之后的效果

步骤 03：调节 "V2" 和 "V3" 轨道中图片素材的参数，具体调节如图 6.85 所示，调节参数之后的效果如图 6.86 所示。

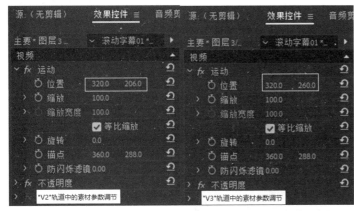

图 6.85　"V2" 和 "V3" 轨道中素材的参数调节　　　　图 6.86　调节参数之后的效果

2. 输出文件

步骤 01：在菜单栏中单击【文件（F）】→【导出（E）】→【媒体（M）...】命令或按键盘上的 "Ctrl+M" 组合键，弹出【导出设置】对话框，具体参数设置如图 6.87 所示。

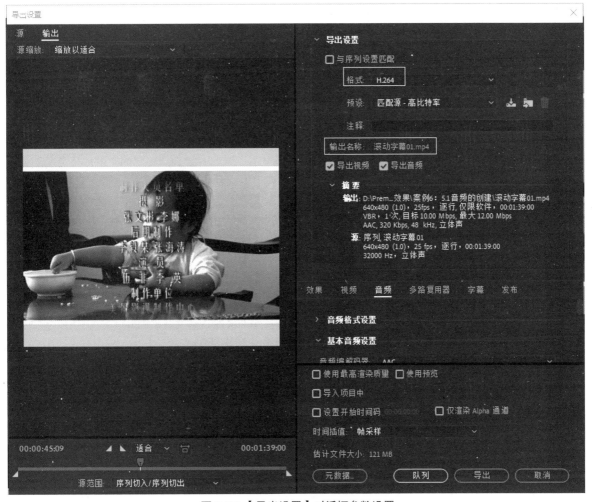

图 6.87　【导出设置】对话框参数设置

步骤 02：单击【导出】按钮即可将制作好的滚动字幕导出为设定的媒体格式。

视频播放：具体介绍，请观看配套视频"任务三：对滚动字幕进行遮罩和输出.mp4"。

任务四：【滚动 / 游动选项】对话框参数介绍

【滚动 / 游动选项】对话框主要用来调节字幕的运动方式、卷入、卷出时间调节等。在【字幕编辑器】窗口中单击"滚动 / 游动选项（R）"按钮 ，弹出【滚动 / 游动选项】对话框，如图 6.88 所示。

【任务四：【滚动 / 游动选项】对话框参数介绍】

图 6.88 【滚动 / 游动选项】对话框

【滚动 / 游动选项】对话框参数介绍如下所述。

1. "字幕类型"参数组

"字幕类型"参数组的主要作用是用来控制字幕的运动方式，包括"静止图像""滚动""向左滚动"和"向右游动"4 种方式。

（1）"静止图像"参数：勾选此项，创建的字幕为静态字幕，字幕所在的位置为用户调节的字幕位置。

（2）"滚动"参数：勾选此项，创建的字幕为滚动字幕，滚动方式为从屏幕的底部向屏幕的顶部滚动。

（3）"向左游动"参数：勾选此项，创建的字幕为游动字幕，游动方式为从屏幕的右侧向屏幕的左侧游动。

（4）"向右游动"参数：勾选此项，创建的字幕为游动字幕，游动方式为从屏幕的左侧向屏幕的右侧游动。

2. "定时（帧）"参数组

"定时（帧）"参数组主要用来调节滚动字幕的起始位置、滚入滚出的速度，包括"开始于屏幕外""结束于屏幕外""预卷""缓入""缓出"和"过卷"6 个参数。各个参数的具体介绍如下。

（1）"开始于屏幕外"参数：勾选此项，字幕从屏幕外开始滚动。

（2）"结束于屏幕外"参数：勾选此项，字幕滚动到屏幕外结束。

（3）"预卷"参数：主要用来调节字幕滚动开始前停留的帧数。

（4）"缓入"参数：主要用来调节字幕滚动开始到匀速运动的帧数。

（5）"缓出"参数：主要用来调节字幕从匀速运动到滚动结束的帧数。

（6）"过卷"参数：主要用来调节字幕滚动停止后停留的帧数。

视频播放：具体介绍，请观看配套视频"任务四：【滚动 / 游动选项】对话框参数介绍.mp4"。

【任务五：使用【基本图形】面板制作滚动字幕】

任务五：使用【基本图形】面板制作滚动字幕

使用【基本图形】面板制作滚动字幕效果比较简单，具体操作如下所述。

步骤 01：创建一个名为"滚动字幕效果 02"的序列。

步骤 02：将"MOV01848.MPG"视频拖到"V1"轨道中，如图 6.89 所示。

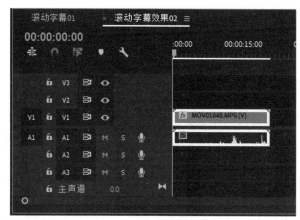

图 6.89　素材在轨道中的效果

步骤 03：在菜单栏中单击【窗口（W）】→【基本图形】命令，打开【基本图形】面板，在该面板中单击"浏览"标签，将"新闻下方三分之一靠右"模板拖到"V2"轨道中，如图 6.90 所示。模板素材在【项目：滚动字幕效果 02】监视器中的效果，如图 6.91 所示。

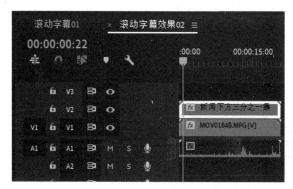

图 6.90　拖到"V2"轨道中模板素材

图 6.91　添加模板素材的效果

步骤 04：在【基本图形】面板中修改标题文字属性和文本属性，具体修改如图 6.92 所示，修改之后的效果如图 6.93 所示。

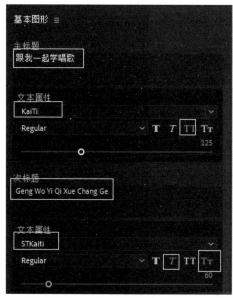

图 6.92　标题模板参数修改

图 6.93　修改之后的效果

　　步骤 05：将"时间指针"移到第 1 秒 0 帧的位置，在工具栏中单击"文字工具"，在【项目：滚动字幕效果 02】监视器中单击，输入文字，在【基本图形】面板中设置输入文字的属性，具体设置如图 6.94 所示，调节属性之后的效果如图 6.95 所示。

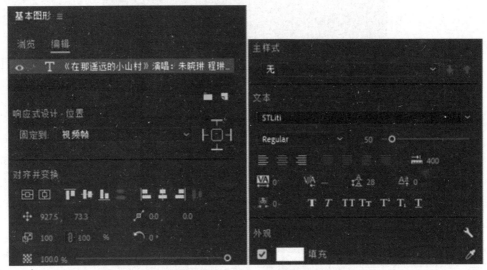

图 6.94　字幕文字属性设置

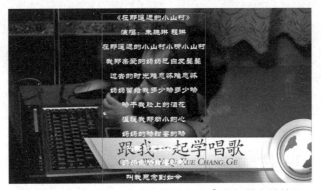

图 6.95　在【项目：滚动字幕效果 02】监视器中的效果

　　步骤 06：在【滚动字幕效果 02】序列窗口中单选"V3"轨道中创建的"图形"素材，在【基本图形】面板中设置参数，具体设置如图 6.96 所示，完成滚动效果的制作。

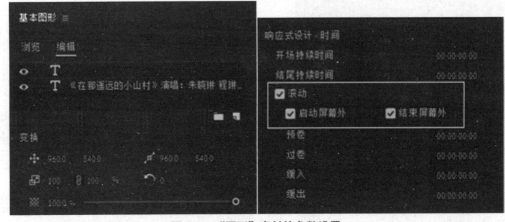

图 6.96　"图形"素材的参数设置

步骤 07：将"变换 / 裁剪"视频效果拖到"V3"轨道中的"图形"字幕素材上，在【效果控件】面板中设置"裁剪"视频效果参数，具体设置如图 6.97 所示。

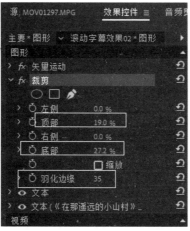

图 6.97　"裁剪"视频效果参数设置

步骤 08：在【项目：滚动字幕效果 02】监视器中预览截图效果如图 6.98 所示。

图 6.98　预览截图效果

提示：【基本图形】面板中的相关参数与【字幕】窗口中的参数基本相同，在此就不再详细介绍，请读者参考本章"案例 1"中【字幕】窗口参数详细介绍。

视频播放：具体介绍，请观看配套视频"任务五：使用【基本图形】面板制作滚动字幕.mp4"。

七、拓展训练

使用该案例介绍的方法，创建一个名为"制作滚动字幕举一反三 .prproj"节目文件，根据配套资源中提供的素材，制作如下效果并输出名为"制作滚动字幕举一反三.mp4"文件。

【案例 2：拓展训练】

学习笔记：

案例 3：字幕排版技术

一、案例内容简介

【案例 3　简介】

本案例主要介绍叠加对象的选择和顺序的改变，怎样在字幕中导入 Logo 图案及相关操作。

二、案例效果欣赏

三、案例制作（步骤）流程

四、制作目的

（1）掌握叠加对象的调节方法和技巧。

（2）了解 Logo 图案的概念。

（3）掌握在文字块中插入和编辑 Logo 图案的方法与技巧。

五、制作前需要解决的问题

（1）对各种字体效果的感性认识。

（2）图形与图像之间的关系。

（3）文字在影视作品中的作用。

（4）文字在影视作品中的使用规则。

六、详细操作步骤

任务一：创建新项目和导入素材

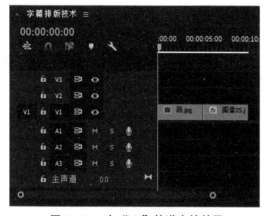

步骤 01： 启动 Premiere Pro 2020，创建一个名为"字幕排版技术 .prproj"的项目文件。

步骤 02： 新建一个名为"字幕排版技术"的序列，导入如图 6.99 所示的素材。

【任务一：创建新项目和导入素材】

步骤 03： 将素材拖到"字幕排版技术"序列窗口中的"V1"轨道中，如图 6.100 所示，在【项目：字幕排版技术】监视器中的截图效果如图 6.101 所示。

图 6.99　导入的素材

图 6.100　在"V1"轨道中的效果　　图 6.101　在【项目：字幕排版技术】监视器中的截图效果

视频播放： 具体介绍，请观看配套视频"任务一：创建新项目和导入素材.mp4"。

任务二：调节对象的叠加顺序和选择叠加对象

1. 调节对象的叠加顺序

如需在一个【字幕】面板中创建多个对象时，先创建的对象总在后创建的对象下面，如果有重叠的部分，则后创建的对象覆盖先创建的对象，在 Premiere Pro

【任务二：调节对象的叠加顺序和选择叠加对象】

2020 中，允许用户通过菜单中的命令改变它们的叠加顺序。具体操作方法如下。

步骤 01：在【字幕】面板中单选需要改变叠加顺序的对象。

步骤 02：在菜单栏中单击【图形（G）】→【排列】命令，弹出二级子菜单，如图 6.102 所示。

步骤 03：根据实际要求将光标移到二级子菜单中的相关命令上单击即可。

2.【排列】命令的二级子菜单命令的作用

【排列】命令的二级子菜单中包括 4 个调节对象顺序的命令。各个命令的作用如下。

（1）【移到最前】命令：单击该命令，将选择的对象置于最上层。

（2）【前移】命令：单击该命令，将选择的对象与它上面的对象互换层级。

（3）【后移】命令：单击该命令，将选择的对象与它下面的对象互换层级。

（4）【移到最后】命令：单击该命令，将选择的对象置于最底层。

图 6.102 【排列】命令的二级子菜单

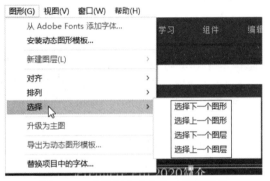

图 6.103 【选择】命令的二级子菜单

3. 选择叠加对象

在一个【字幕】面板中创建多个叠加的对象，如果通过鼠标单击来选择叠加对象，难度比较大，不过可以通过菜单栏中的命令来完成此操作。具体操作方法如下。

步骤 01：在【字幕】面板中任意单选一个对象。

步骤 02：在菜单栏中单击【图形（G）】→【选择】命令，弹出二级子菜单，如图 6.103 所示，根据要求单击相应的二级子菜单命令即可。

4.【选择】命令二级子菜单命令的作用

【选择】命令的二级子菜单中包括 4 个选择对象的命令，各个命令的作用如下。

（1）【选择下一个图形】命令：单击该命令，则选择最上层的对象。

（2）【选择上一个图形】命令：单击该命令，则以当前选择的对象为准，选择它上面的对象。

（3）【选择下一个图层】命令：单击该命令，则以当前选择的对象为准，选择它下一个图层中的所有对象。

（4）【选择上一个图层】命令：单击该命令，则以当前选择的对象为准，选择它上一个图层中的所有对象。

视频播放：具体介绍，请观看配套视频"任务二：调节对象的叠加顺序和选择叠加对象.mp4"。

任务三：在【字幕】面板中导入 Logo 图案

【任务三：在【字幕】面板中导入 Logo 图案】

在 Premiere Pro 2020 中，通过【字幕】面板可以将其他软件设置的 Logo 图案作为标志插入【字幕】面板中作为字幕的一部分。可以给 Logo 图案赋予各种样式，也可以对它进行复杂编辑。

1. 将 Logo 图案插入【字幕】面板中

步骤 01：新建一个字幕文件，打开【字幕】面板。

步骤 02：在【字幕】面板中不选择任何图形或对象，在"旧版标题属性"区中单击"背景"属性下的"纹理"右侧的▇图标，弹出【选择纹理图像】对话框，在该对话框中单选需要插入的 Logo 图案，如图 6.104 所示。

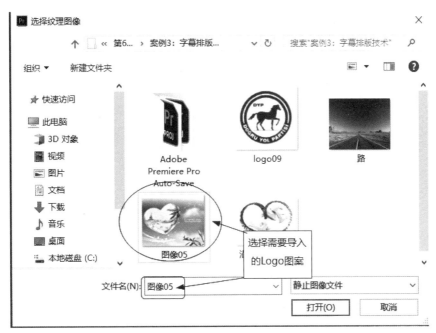

图 6.104　选择需要导入的 Logo 图案

步骤 03：单击【打开（O）】按钮，根据要求设置导入的 Logo 图案的缩放、对齐和混合的参数，具体参数和效果如图 6.105 所示。

图 6.105　导入 Logo 的参数设置和效果

2. 将 Logo 图案插入图形或字幕文字中

步骤 01：新建一个字幕，在"字幕编辑区"绘制一个矩形，并单选该矩形，如图 6.106 所示。

图 6.106　选择绘制的图形

步骤 02：在【字幕】面板中不选择任何图形或对象，在"旧版标题属性"区中单击"填充"属性下的"纹理"右侧的■图标，弹出【选择纹理图像】对话框，在该对话框中单选需要填充的 Logo 图案，如图 6.107 所示。

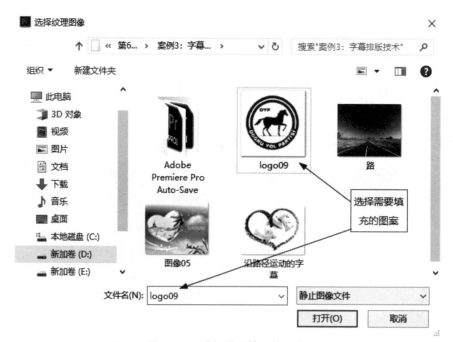

图 6.107　选择需要填充的图案

步骤 03：单击【打开（O）】按钮，完成 Logo 图案的插入，插入的 Logo 图案和参数设置如图 6.108 所示。

视频播放：具体介绍，请观看配套视频"任务三：在【字幕】面板中导入 Logo 图案.mp4"。

图 6.108　插入的 Logo 图案和参数设置

七、拓展训练

利用本案例所学知识，制作如下字幕效果。

【案例 3：拓展训练】

学习笔记：

学习笔记：

案例4：绘制字幕图形

一、案例内容简介

本案例主要介绍在【字幕】面板中绘制图形的方法和技巧。

【案例4 简介】

二、案例效果欣赏

三、案例制作（步骤）流程

任务一：创建新项目和序列➡任务二：绘制"图形标志1"➡任务三：绘制"图形标志2"

四、制作目的

（1）熟悉路径工具的作用。

（2）熟练掌握绘制剪影马图形的方法和技巧。

（3）掌握 Logo 图案和路径属性参数设置。

五、制作前需要解决的问题

（1）对各种字体效果的感性认识。

（2）图形与图像之间的关系。

（3）文字在影视作品中的作用。

（4）文字在影视作品中的使用规则。

六、详细操作步骤

任务一：创建新项目和序列

步骤 01： 启动 Premiere Pro 2020，创建一个名为"绘制字幕图形 .prproj"的项目文件。

步骤 02： 新建一个名为"绘制字幕图形"的序列。

【任务一：创建新项目和序列】

视频播放： 具体介绍，请观看配套视频"任务一：创建新项目和序列.mp4"。

任务二：绘制"图形标志 1"

使用【字幕】面板中的工具绘制如图 6.109 所示的标志，具体操作方法如下。

步骤 01： 在菜单栏中单击【文件（F）】→【新建（N）】→【旧版标题（T）...】命令→弹出【新建字幕】对话框，设置对话框参数，具体设置如图 6.110 所示。

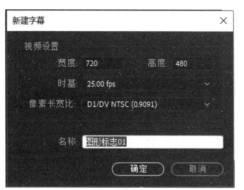

【任务二：绘制"图形标志 1"】

图 6.109　最终标志图形参考　　　图 6.110　【新建字幕】对话框参数设置

步骤 02： 单击【确定】按钮，创建一个名为"图形标志 01"的字幕文件。

步骤 03： 在工具栏中单击"椭圆工具"按钮 ，在字幕编辑区绘制一个圆（宽度和高度都为 460），设置填充颜色为纯黑色。

步骤 04： 确保绘制的圆被选中，单击"垂直居中"按钮 和"水平居中"按钮 ，使绘制的圆在字幕编辑中垂直水平居中，如图 6.111 所示。

步骤 05： 方法同上，依次绘制 3 个圆，大小和叠放顺序如图 6.112 所示。

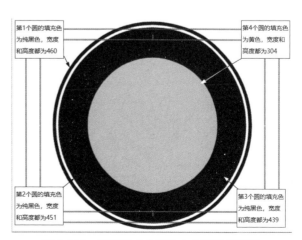

图 6.111　绘制的圆　　　　　　图 6.112　绘制的 4 个圆的大小和叠放顺序

步骤06：使用"钢笔工具"按钮 ，绘制2条闭合曲线，如图6.113所示。

步骤07：使用"转换锚点工具"按钮 ，对绘制的2条闭合曲线进行顶点的调节，设置闭合曲线的属性，具体参数设置如图6.114所示，最终效果如图6.115所示。

步骤08：方法同上，使用"钢笔工具" 和"转换锚点工具" ，绘制如图6.116所示的图形。

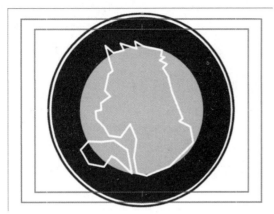

图 6.113　绘制的闭合曲线

图 6.114　闭合曲线的参数设置

图 6.115　参数设置之后的效果

图 6.116　绘制曲线图形

步骤09：单击"路径文字工具" ，绘制如图6.117所示的文字路径，输入如图6.118所示的文字（文字样式读者可以根据自己的审美选择标题样式并在样式的基础上进行修改）。

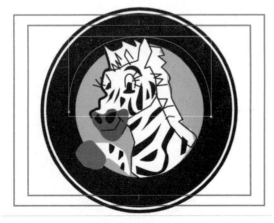

图 6.117　文字路径

图 6.118　输入的文字效果 1

步骤 10： 方法同上，输入如图 6.119 所示的文字。

步骤 11： 使用"钢笔工具" 绘制五角形，最终效果如图 6.120 所示。

图 6.119　输入的文字效果 2

图 6.120　绘制的五角形

视频播放： 具体介绍，请观看配套视频"任务二：绘制'图形标志 1'.mp4"。

任务三：绘制"图形标志 2"

使用"钢笔工具" 绘制如图 6.121 所示的图形标志，具体操作方法如下。

步骤 01： 使用"钢笔工具" 绘制如图 6.122 所示的闭合曲线。

【任务三：绘制
"图形标志 2"】

图 6.121　图形标志 2 的效果图

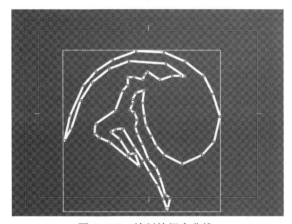

图 6.122　绘制的闭合曲线

步骤 02： 使用"转换锚点工具" 对绘制的图形进行调节，如图 6.123 所示。

步骤 03： 将闭合曲线"图形类型"设置为"填充贝塞尔曲线"，并将填充色调节为蓝色（彩色效果见视频），如图 6.124 所示。

步骤 04： 方法同上。绘制如图 6.125 所示闭合曲线，并将闭合曲线"图形类型"设置为"填充曲线"，将填充色调节为白色，如图 6.126 所示。

步骤 05： 继续使用"钢笔工具" 和"转换锚点工具" 绘制如图 6.127 所示的图形。

步骤 06： 使用"矩形工具" 绘制一个矩形并填充为白色，在菜单栏中单击【图形（G）】→【排列】→【移到最后】命令，即可将绘制的图形放置到最底层，效果如图 6.128 所示。

图 6.123　调节之后的曲线

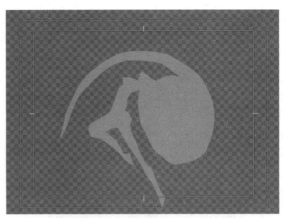

图 6.124　设置闭合曲线参数之后的效果

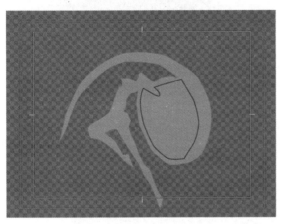

图 6.125　绘制的闭合曲线

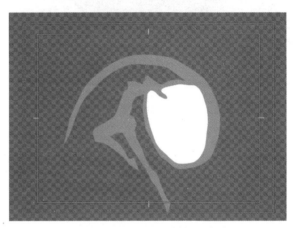

图 6.126　设置闭合曲线参数之后的效果

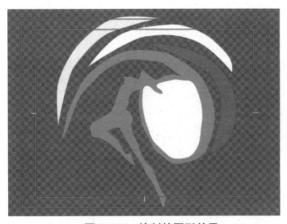

图 6.127　绘制的图形效果

图 6.128　绘制的矩形图形和调节位置的效果

视频播放：具体介绍，请观看配套视频"任务三：绘制'图形标志 2'.mp4"。

七、拓展训练

利用本案例所学知识，制作如下字幕效果。

【案例 4：拓展训练】

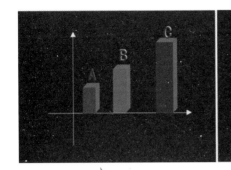

学习笔记：

第7章
综合案例制作

知识点

案例 1：电子相册

案例 2：画面擦出效果的制作

案例 3：多画面平铺效果

案例 4：画中画效果

案例 5：倒计时电影片头的制作

说 明

本章主要通过 5 个案例对前面所学知识进行综合运用和巩固。

教学建议课时数

一般情况下需要 10 课时，其中理论 4 课时，实际操作 6 课时（特殊情况可做相应调整）。

思维导图

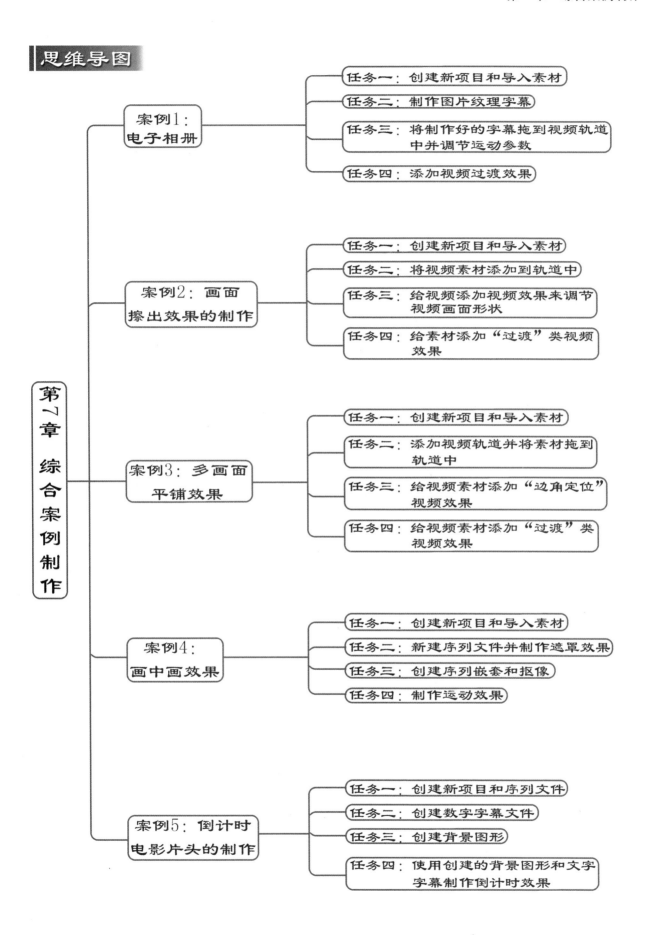

第 7 章　综合案例制作

案例1：电子相册
- 任务一：创建新项目和导入素材
- 任务二：制作图片纹理字幕
- 任务三：将制作好的字幕拖到视频轨道中并调节运动参数
- 任务四：添加视频过渡效果

案例2：画面擦出效果的制作
- 任务一：创建新项目和导入素材
- 任务二：将视频素材添加到轨道中
- 任务三：给视频添加视频效果来调节视频画面形状
- 任务四：给素材添加"过渡"类视频效果

案例3：多画面平铺效果
- 任务一：创建新项目和导入素材
- 任务二：添加视频轨道并将素材拖到轨道中
- 任务三：给视频素材添加"边角定位"视频效果
- 任务四：给视频素材添加"过渡"类视频效果

案例4：画中画效果
- 任务一：创建新项目和导入素材
- 任务二：新建序列文件并制作遮罩效果
- 任务三：创建序列嵌套和抠像
- 任务四：制作运动效果

案例5：倒计时电影片头的制作
- 任务一：创建新项目和序列文件
- 任务二：创建数字字幕文件
- 任务三：创建背景图形
- 任务四：使用创建的背景图形和文字字幕制作倒计时效果

在前面的章节中，对 Premiere Pro 2020 基础知识的视频过渡效果、视频效果、音频效果、音频过渡效果、字幕等知识做了详细介绍。本章利用前面所学知识讲解 Premiere Pro 2020 综合应用，使读者进一步巩固和加强前面所学知识，增强知识的综合应用能力，能够举一反三，轻松完成各种复杂的影视后期剪辑，创作出更加完美的影视作品。

案例1：电子相册

一、案例内容简介

本案例主要介绍电子相册制作的方法与技巧。

二、案例效果欣赏

【案例1　简介】

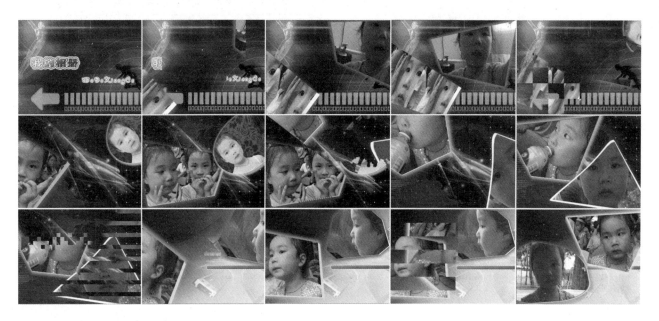

三、案例制作（步骤）流程

任务一：创建新项目和导入素材➡任务二：制作图片纹理字幕➡任务三：将制作好的字幕拖到视频轨道中并调节运动参数➡任务四：添加视频过渡效果

四、制作目的

（1）熟练掌握纹理的插入和调节。

（2）熟练掌握字幕样式的综合应用。

（3）熟练掌握电子相册制作的基本流程。

（4）熟练掌握给视频添加过渡效果和参数调节。

五、制作前需要解决的问题

（1）视听语言基础知识。

（2）构图基础理论。

（3）色彩原理和色彩构成基础知识。

（4）Premiere Pro 2020 的相关操作。

六、详细操作步骤

任务一：创建新项目和导入素材

步骤 01：启动 Premiere Pro 2020，创建一个名为"电子相册 .prproj"的项目文件。

步骤 02：导入如图 7.1 所示的素材。

步骤 03：新建一个名为"电子相册"的序列，将背景图片和音乐拖到"V1"和 "A1"轨道中，如图 7.2 所示。

【任务一：创建新项目和导入素材】

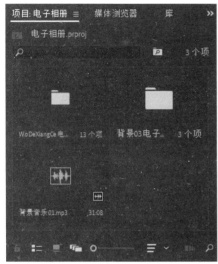

图 7.1　导入的素材

图 7.2　拖到【电子相册】序列窗口中的素材

步骤 04：将"溶解 / 叠加溶解"过渡效果添加到"V1"视频轨道中相邻素材之间，如图 7.3 所示。

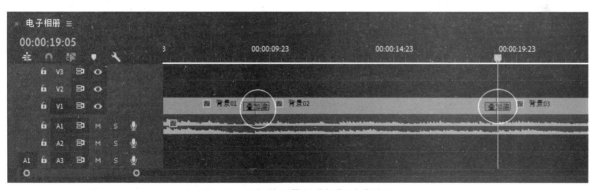

图 7.3　添加的"叠加溶解"过渡效果

视频播放：具体介绍，请观看配套视频"任务一：创建新项目和导入素材 .mp4"。

任务二：制作图片纹理字幕

图片纹理字幕制作的原理是新建字幕文件。在【字幕编辑】窗口中插入图标作为标记，给插入的图片添加字幕样式，再对添加的字幕样式进行属性设置即可。具体操作方法如下。

【任务二：制作图片纹理字幕】

步骤 01：在菜单栏中单击【文件（F）】→【新建（N）】→【旧版标题（T）...】命令，弹出【新建字幕】对话框，具体设置如图 7.4 所示。

步骤 02：单击【确定】按钮，创建一个名为"字幕 01"的字幕文件。

步骤03：在工具栏中单击"矩形工具"按钮▣，在"字幕编辑区"绘制一个矩形（宽度为：720，高度为：480）。

步骤04：单选绘制的矩形，在"旧版标题样式"区单击"Times New Roman Regular red glow"▣样式。完成给绘制的矩形添加标题样式的操作，添加标题样式之后的效果如图7.5所示。

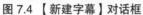

图7.4 【新建字幕】对话框　　　　图7.5 添加标题样式之后的效果

步骤05：添加填充纹理背景。确保添加了标题样式的矩形被选中，在"旧版标题属性"区，单击"填充"参数下的"纹理"参数右边的▣图标，弹出【选择纹理图像】对话框，在该对话框中单选"电子相册图片01"，如图7.6所示。

图7.6 【选择纹理图像】对话框

步骤06：单击【打开（O）】按钮，完成纹理的添加，添加的纹理和参数设置如图7.7所示。

步骤07：单击【字幕】窗口右上角的▣关闭，完成字幕的制作。

步骤08：方法同上，再制作9个字幕文字，制作好的字幕效果如图7.8所示。

提示：以上字幕效果只供参考，读者可以根据自己的喜好添加不同效果。

视频播放：具体介绍，请观看配套视频"任务二：制作图片纹理字幕.mp4"。

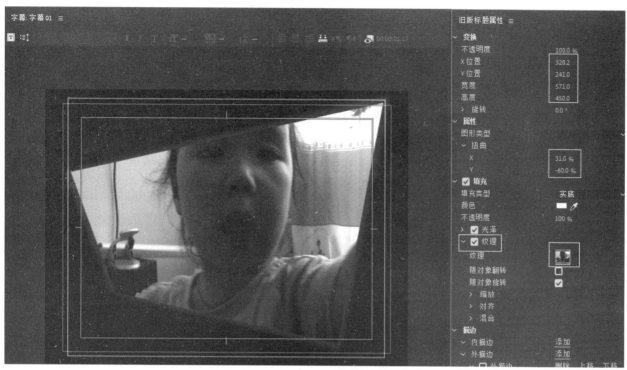

图 7.7　添加的纹理、参数设置和效果图

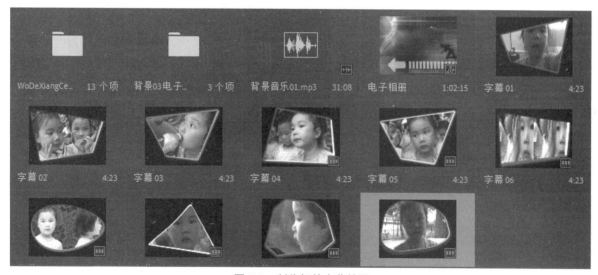

图 7.8　制作好的字幕效果

任务三：将制作好的字幕拖到视频轨道中并调节运动参数

1. 将制作好的字幕拖到视频轨道中

将制作好的字幕拖到"V2"和"V3"视频轨道中，如图 7.9 所示。

2. 调节视频轨道中素材的运动参数

步骤 01：将"时间指示器"移到第 3 秒 0 帧的位置，调节视频轨道中的素材参数，具体调节如图 7.10 所示，在【项目：电子相册】监视器中的效果如图 7.11 所示。

【任务三：将制作好的字幕拖到视频轨道中并调节运动参数】

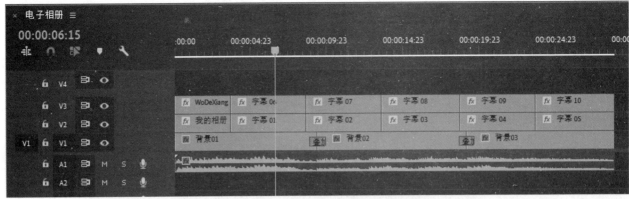

图 7.9 "V2" 和 "V3" 视频轨道中的字幕

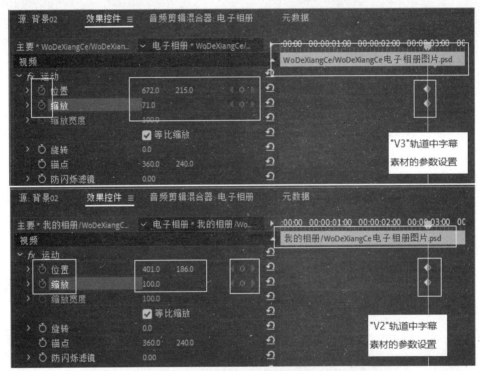

图 7.10 字幕素材的参数调节 1

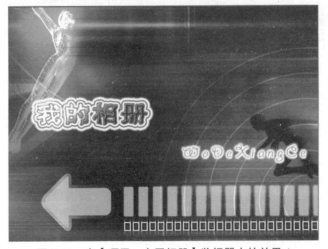

图 7.11 在【项目：电子相册】监视器中的效果 1

步骤 02：将"时间指示器"移到第 0 秒 0 帧的位置，调节视频轨道中的素材参数，系统自动添加关键帧，具体调节如图 7.12 所示，在【项目：电子相册】监视器中的效果如图 7.13 所示。

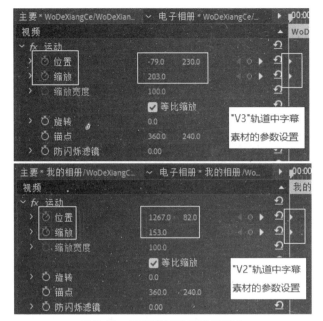

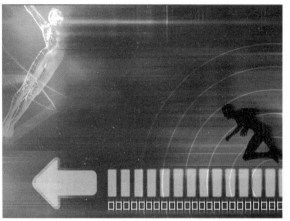

图 7.12　字幕素材的参数调节 2　　　　　图 7.13　在【项目：电子相册】监视器中的效果 2

步骤 03：将"时间指示器"移到第 6 秒 20 帧的位置，调节视频轨道中的素材参数，具体调节如图 7.14 所示，在【项目：电子相册】监视器中的效果如图 7.15 所示。

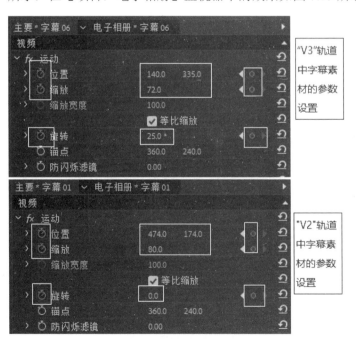

图 7.14　字幕素材的参数调节 3　　　　　图 7.15　在【项目：电子相册】监视器中的效果 3

步骤 04：将"时间指示器"移到第 3 秒 18 帧的位置，调节视频轨道中的素材参数，具体调节如图 7.16 所示，在【项目：电子相册】监视器中的效果如图 7.17 所示。

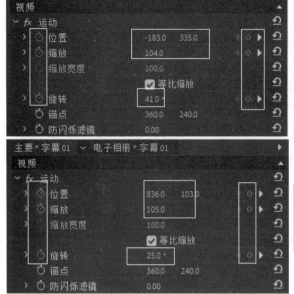
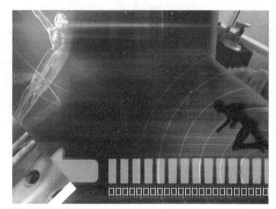

图 7.16　字幕素材的参数调节 4　　　　　　　　　　　图 7.17　在【项目：电子相册】监视器中的效果 4

步骤 05：将"时间指示器"移到第 12 秒 10 帧的位置，调节视频轨道中的素材参数，具体调节如图 7.18 所示，在【项目：电子相册】监视器中的效果如图 7.19 所示。

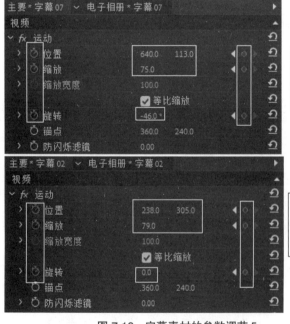

图 7.18　字幕素材的参数调节 5　　　　　　　　　　　图 7.19　在【项目：电子相册】监视器中的效果 5

步骤 06：将"时间指示器"移到第 8 秒 17 帧的位置，调节视频轨道中的素材参数，具体调节如图 7.20 所示，在【项目：电子相册】监视器中的效果如图 7.21 所示。

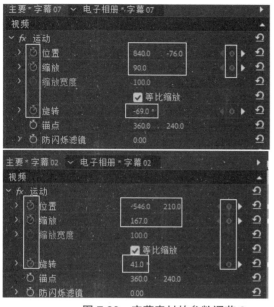

"V3"轨道中字幕素材的参数设置

"V2"轨道中字幕素材的参数设置

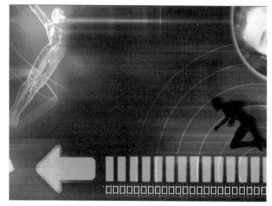

图 7.20　字幕素材的参数调节 6

图 7.21　在【项目：电子相册】监视器中的效果 6

步骤 07：将"时间指示器"移到第 17 秒 10 帧的位置，调节视频轨道中的素材参数，具体调节如图 7.22 所示，在【项目：电子相册】监视器中的效果如图 7.23 所示。

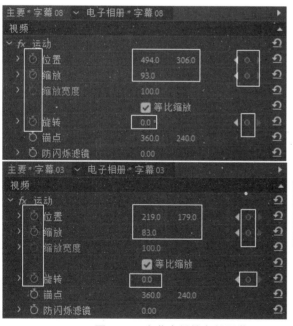

"V3"轨道中字幕素材的参数设置

"V2"轨道中字幕素材的参数设置

图 7.22　字幕素材的参数调节 7

图 7.23　在【项目：电子相册】监视器中的效果 7

步骤 08：将"时间指示器"移到第 13 秒 16 帧的位置，调节视频轨道中的素材参数，具体调节如图 7.24 所示，在【项目：电子相册】监视器中的效果如图 7.25 所示。

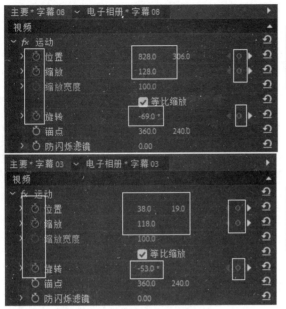

图 7.24　字幕素材的参数调节 8

图 7.25　在【项目：电子相册】监视器中的效果 8

步骤 09：将"时间指示器"移到第 22 秒 10 帧的位置，调节视频轨道中的素材参数，具体调节如图 7.26 所示，在【项目：电子相册】监视器中的效果如图 7.27 所示。

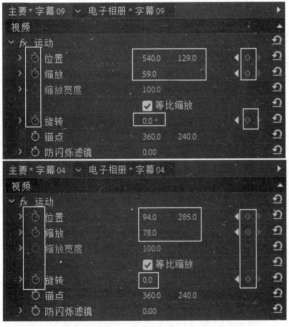

图 7.26　字幕素材的参数调节 9

图 7.27　在【项目：电子相册】监视器中的效果 9

步骤 10：将"时间指示器"移到第 18 秒 18 帧的位置，调节视频轨道中的素材参数，具体调节如图 7.28 所示，在【项目：电子相册】监视器中的效果如图 7.29 所示。

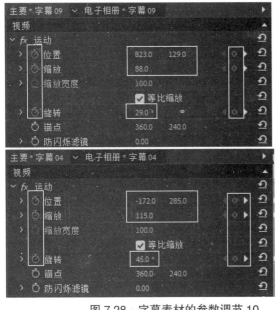

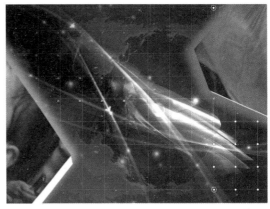

图 7.28　字幕素材的参数调节 10 　　　　　图 7.29　在【项目：电子相册】监视器中的效果 10

步骤 11：将"时间指示器"移到第 27 秒 10 帧的位置，调节视频轨道中的素材参数，具体调节如图 7.30 所示，在【项目：电子相册】监视器中的效果如图 7.31 所示。

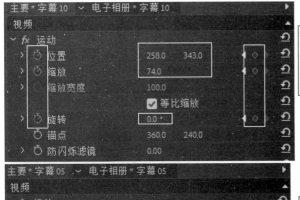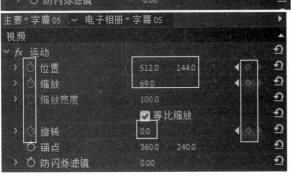

图 7.30　字幕素材的参数调节 11 　　　　　图 7.31　在【项目：电子相册】监视器中的效果 11

步骤12：将"时间指示器"移到第23秒17帧的位置，调节视频轨道中的素材参数，具体调节如图7.32所示，在【项目：电子相册】监视器中的效果如图7.33所示。

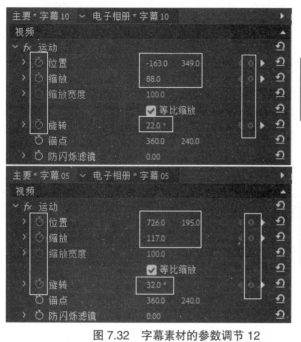

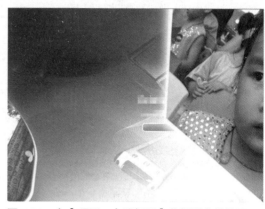

图 7.32　字幕素材的参数调节 12　　　　　　图 7.33　在【项目：电子相册】监视器中的效果 12

视频播放：具体介绍，请观看配套视频"任务三：将制作好的字幕拖到视频轨道中并调节运动参数.mp4"。

【任务四：添加
视频过渡效果】

任务四：添加视频过渡效果

步骤01：将"擦除/划出"和"擦除/双侧平推门"过渡效果拖到如图7.34所示的位置，在【项目：电子相册】监视器中的效果如图7.35所示。

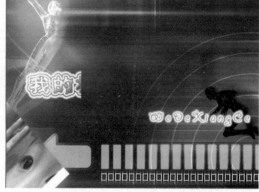

图 7.34　添加的视频过渡效果 1　　　　　　图 7.35　在【项目：电子相册】监视器中的效果 1

步骤02：将"擦除/棋盘"和"擦除/水波块"过渡效果拖到如图7.36所示的位置，在【项目：电子相册】监视器中的效果如图7.37所示。

步骤03：将"擦除/油漆飞溅"和"擦除/径向擦除"过渡效果拖到如图7.38所示的位置，在【项目：电子相册】监视器中的效果如图7.39所示。

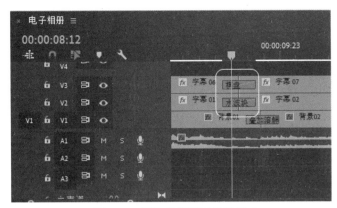

图 7.36　添加的视频过渡效果 2

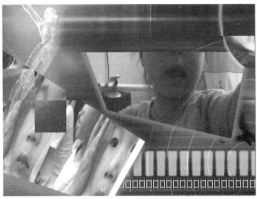

图 7.37　在【项目：电子相册】监视器中的效果 2

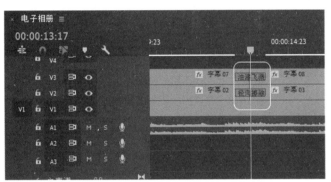

图 7.38　添加的视频过渡效果 3

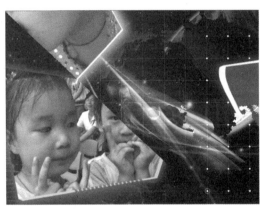

图 7.39　在【项目：电子相册】监视器中的效果 3

步骤 04：将"擦除 / 百叶窗"和"擦除 / 随机擦除"过渡效果拖到如图 7.40 所示的位置，在【项目：电子相册】监视器中的效果如图 7.41 所示。

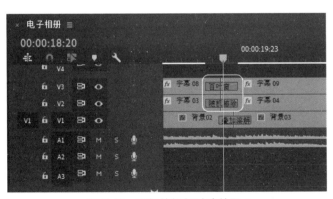

图 7.40　添加的视频过渡效果 4

图 7.41　在【项目：电子相册】监视器中的效果 4

步骤 05：将"内滑 / 内滑"和"内滑 / 带状内滑"过渡效果拖到如图 7.42 所示的位置，在【项目：电子相册】监视器中的效果如图 7.43 所示。

步骤 06：添加完过渡效果的序列窗口，如图 7.44 所示。

步骤 07：将制作好的电子相册进行输出。

视频播放：具体介绍，请观看配套视频"任务四：添加视频过渡效果.mp4"。

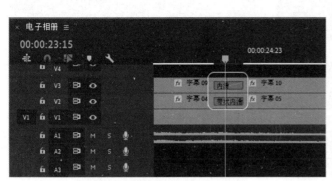

图 7.42　添加的视频过渡效果 5

图 7.43　在【项目：电子相册】监视器中的效果 5

图 7.44　添加完过渡效果的序列窗口

七、拓展训练

　　使用该案例介绍的方法，创建一个名为"电子相册举一反三 .prproj"的节目文件，

【案例 1：拓展训练】　收集一些自己喜好的照片，制作电子相册并输出名为"电子相册举一反三.mp4"的文件。

学习笔记：

案例 2：画面擦出效果的制作

一、案例内容简介

本案例主要介绍画面擦出效果的制作方法和技巧。

二、案例效果欣赏

【案例2　简介】

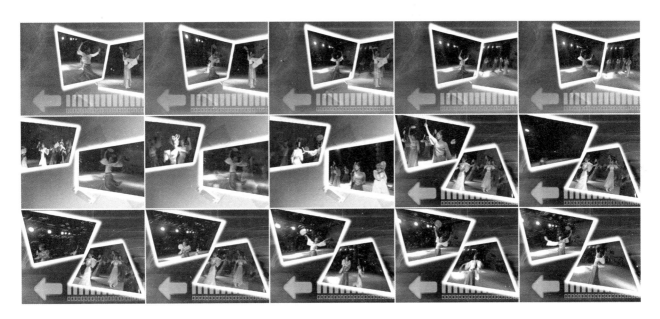

三、案例制作（步骤）流程

任务一：创建新项目和导入素材➡任务二：将视频素材添加到轨道中➡任务三：给视频添加视频效果来调节视频画面形状➡任务四：给素材添加"过渡"类视频效果

四、制作目的

（1）熟练掌握画面擦出效果的制作原理。

（2）熟练掌握综合应用"过渡"视频效果组中的视频效果。

五、制作前需要解决的问题

（1）视听语言基础知识。

（2）构图基础理论。

（3）色彩原理和色彩构成基础知识。

（4）Premiere Pro 2020 的相关操作。

六、详细操作步骤

【任务一：创建新项目和导入素材】

任务一：创建新项目和导入素材

步骤 01： 启动 Premiere Pro 2020，创建一个名为"画面擦出效果的制作 .prproj"的项目文件。

步骤 02： 导入如图 7.45 所示的素材。

步骤 03： 将背景图片和音频素材分别拖到视频轨道和音频轨道中，如图 7.46 所示。

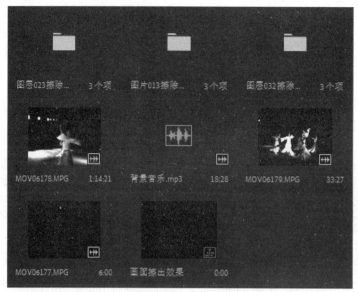

图 7.45　导入的素材

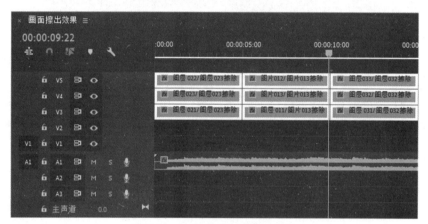

图 7.46　拖到轨道中的素材效果

视频播放：具体介绍，请观看配套视频"任务一：创建新项目和导入素材.mp4"。

【任务二：将视频
素材添加到轨道中】

任务二：将视频素材添加到轨道中

给"V1"轨道中添加视频素材的方法是在【源】窗口中通过标记素材的入点和出点，再使用"仅拖动视频" 按钮将入出点之间的视频拖到"V1"轨道中，具体操作方法如下。

步骤 01：在【项目：画面擦出效果的制作】窗口中双击"MOV06178.MPG"素材，使该素材在【源：MOV06178.MPG】窗口中显示。

步骤 02：在【源：MOV06178.MPG】窗口中确定素材的入点和出点，如图 7.47 所示。

步骤 03：将光标移到"仅拖动视频" 按钮上，按住鼠标左键拖到"V1"轨道中，如图 7.48 所示。

步骤 04：在【源：MOV06178.MPG】窗口再设置一段长为 3 秒 01 帧的视频素材，如图 7.49 所示。

步骤 05：将确定好入出点位置的素材拖到"V2"视频轨道中，如图 7.50 所示。

步骤 06：方法同上，将其他两段素材通过设置入出点，将其拖到视频轨道中，如图 7.51 所示。

图 7.47　素材的入点和出点及总长度

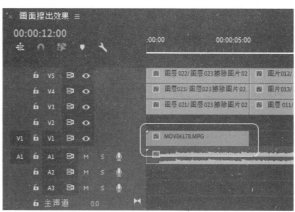

图 7.48　"V1"轨道中的素材效果

图 7.49　素材的入点和出点及总长度

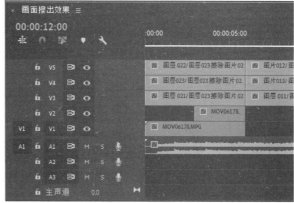

图 7.50　在"V2"轨道中的素材效果

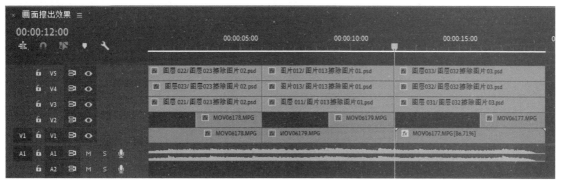

图 7.51　视频轨道中素材效果

视频播放：具体介绍，请观看配套视频"任务二：将视频素材添加到轨道中.mp4"。

任务三：给视频添加视频效果来调节视频画面形状

视频画面的形状调节主要通过"边角定位"视频效果来实现。具体操作方法如下。

步骤01：在【画面擦出效果】序列中单选"V1"轨道中的第1段素材。

步骤02：在【效果】窗口中双击"扭曲/边角定位"视频效果即可给选定的视频素材添加该效果。

【任务三：给视频添加视频效果来调节视频画面形状】

步骤03：在【效果控件】面板中调节"边角定位"视频效果的参数，具体调节如图7.52所示，在【项目：画面擦出效果】监视器中的效果如图7.53所示。

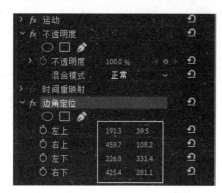

图7.52 "边角定位"效果参数

图7.53 在【项目：画面擦出效果】监视器中的效果

提示：方法同上，给"V1"和"V2"轨道中的所有素材分别添加"边角定位"视频效果，调节"边角定位"的控制点，控制的调节方法可以在【效果控件】面板中单击"边角定位"图标，此时，在【项目：画面擦出效果】监视器中出现4个控制点的图标，将光标移到需要移动的控制点上，按住鼠标左键进行移动即可调节控制点。

视频播放：具体介绍，请观看配套视频"任务三：给视频添加视频效果来调节视频画面形状.mp4"。

任务四：给素材添加"过渡"类视频效果

添加"过渡"类视频效果的目的是将遮住视频的图片逐渐擦除，从而显示出底层的视频素材的画面。具体操作方法如下。

步骤01：单选"V4"轨道中的第一个遮罩图片。

【任务四：给素材添加"过渡"类视频效果】

步骤02：在【效果】窗口中双击"过渡/渐变擦除"视频效果即可给选中的遮罩图片添加效果。

步骤03：将"时间指示器"移到第0秒0帧的位置，在【效果控件】中给"渐变擦除"视频效果添加关键帧和调节参数，具体调节如图7.54所示

图7.54 "渐变擦除"视频效果参数设置1

步骤04：将"时间指示器"移到第1秒0帧的位置，在【效果控件】中给"渐变擦除"视频效果添加关键帧和调节参数，具体调节如图7.55所示，在【项目：画面擦出效果】监视器中的效果如图7.56所示。

步骤05：单选"V5"轨道中的第1个遮罩图片。

图 7.55　"渐变擦除"视频效果参数设置 2　　　图 7.56　在【项目：画面擦出效果】监视器中的效果

步骤 06：在【效果】窗口中双击"过渡 / 百叶窗"视频效果，即可给选中的遮罩图片添加视频效果。

步骤 07：将"时间指示器"移到"V2"视频轨道中第 1 段素材的入点位置。

步骤 08：在【效果控件】面板中调节"百叶窗"视频效果的参数和添加关键帧，具体调节如图 7.57 所示。

步骤 09：将"时间指示器"往后移动 1 秒，在【效果控件】面板中将"过渡完成"的参数调节为"100%"，系统自动添加一个关键帧，在【项目：画面擦出效果】监视器中的效果如图 7.58 所示。

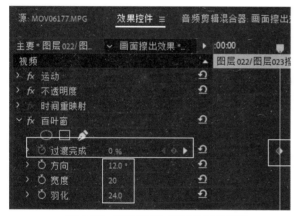

图 7.57　"百叶窗"视频效果的参数　　　图 7.58　在【项目：画面擦出效果】监视器中的效果

提示：方法同上，继续给"V4"和"V5"轨道中的遮罩图片添加"过渡"类视频效果并调节参数，可以参考配套教学视频。

视频播放：具体介绍，请观看配套视频"任务四：给素材添加'过渡'类视频效果.mp4"。

七、拓展训练

使用该案例介绍的方法，创建一个名为"画面擦出效果的制作举一反三 .prproj"的节目文件，收集一些自己喜好的照片，制作电子相册并输出名为"画面擦出效果的制作举一反三.mp4"的文件。

【案例 2：拓展训练】

学习笔记：

案例3：多画面平铺效果

一、案例内容简介

本案例主要介绍多画面平铺效果制作的方法和技巧。

【案例3 简介】 ## 二、案例效果欣赏

三、案例制作（步骤）流程

　　任务一：创建新项目和导入素材➡任务二：添加视频轨道并将素材拖到轨道中➡任务三：给视频素材添加"边角定位"视频效果➡任务四：给视频素材添加"过渡"类视频效果

四、制作目的

（1）熟练掌握多画面平铺效果制作的原理。

（2）熟练掌握"过渡"类视频效果组的综合应用。

（3）掌握"边角定位"视频效果的综合应用。

五、制作前需要解决的问题

（1）视听语言基础知识。

（2）构图基础理论。

（3）色彩原理和色彩构成基础知识。

（4）Premiere Pro 2020 的相关操作。

六、详细操作步骤

【任务一：创建新项目和导入素材】

任务一：创建新项目和导入素材

步骤 01：启动 Premiere Pro 2020，创建一个名为"多画面平铺效果 .prproj"的项目文件。

步骤 02：创建一个名为"多画面平铺效果"的序列文件，导入如图 7.59 所示的素材。

视频播放：具体介绍，请观看配套视频"任务一：创建新项目和导入素材.mp4"。

任务二：添加视频轨道并将素材拖到轨道中

步骤 01：在【多画面平铺效果】序列的标头上单击鼠标右键，弹出快捷菜单，如图 7.60 所示。

步骤 02：在弹出的快捷菜单中单击【添加轨道 ...】命令，弹出【添加轨道】对话框，设置参数，具体设置如图 7.61 所示。

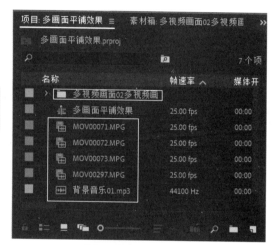

图 7.59　导入的素材

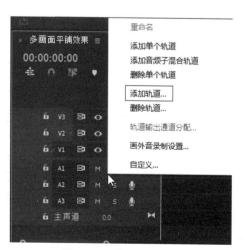

图 7.60　弹出的快捷菜单

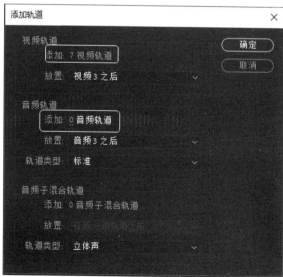

图 7.61　【添加轨道】对话框参数设置

【任务二：添加视频轨道并将素材拖到轨道中】

步骤03：单击【确定】按钮，完成视频轨道的添加，如图7.62所示。

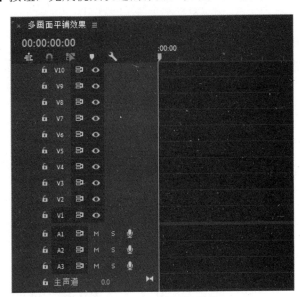

图7.62 添加的视频轨道

步骤04：将素材拖到轨道中，如图7.63所示。

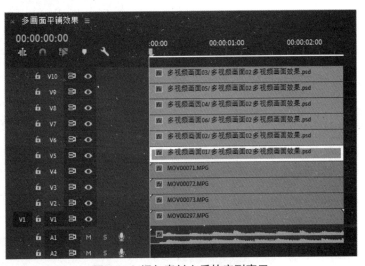

图7.63 添加素材之后的序列窗口

视频播放：具体介绍，请观看配套视频"任务二：添加视频轨道并将素材拖到轨道中.mp4"。

【任务三：给视频
素材添加"边角
定位"视频效果】

任务三：给视频素材添加"边角定位"视频效果

步骤01：依次单击"V7""V8""V9"和"V10"轨道标头区的 ◉ 图标，使其变为 ◎ 图标，暂时隐藏这几个视频轨道中的素材显示，方便操作。

步骤02：单选"V4"轨道中的素材，双击"扭曲/边角定位"视频效果，完成"边角定位"视频效果的添加。

步骤03：在【效果控件】面板中单击"边角定位"视频效果标签，在【项目：多画面平铺效果】监视器中调节"边角定位"的定位控制点，具体调节如图7.64所示。

步骤04：方法同上。继续给"V1""V2"和"V3"视频轨道中的素材添加"扭曲/边角定位"视频效果，并调节定位控制点，在【项目：多画面平铺效果】中的最终效果如图7.65所示。

图 7.64 在【项目：多画面平铺效果】中的效果 　　　图 7.65 在【项目：多画面平铺效果】中的最终效果

视频播放： 具体介绍，请观看配套视频 "任务三：给视频素材添加'边角定位'视频效果.mp4"。

任务四：给视频素材添加"过渡"类视频效果

通过给视频添加 "过渡" 类视频效果来模拟画面过渡擦出效果，具体操作方法如下。

步骤 01： 依次单击 "V7" "V8" "V9" 和 "V10" 轨道标头区的 图标，使其变为 图标，显示视频轨道中的素材，在【项目：多画面平铺效果】中的效果如图 7.66 所示。

步骤 02： 单选 "V10" 轨道中的素材，在【效果】窗口中双击 "过渡 / 线性擦除" 视频效果，完成视频效果的添加。

【任务四：给视频素材添加"过渡"类视频效果】

步骤 03： 将 "时间指示器" 移到第 0 秒 0 帧的位置，在【效果控件】面板中调节 "线性擦除" 视频效果的参数并添加关键帧，具体调节如图 7.67 所示。

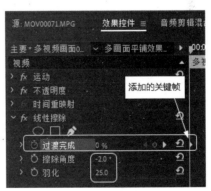

图 7.66 在【项目：多画面平铺效果】中的效果 　　图 7.67 "线性擦除" 视频效果参数设置

步骤 04： 将 "时间指示器" 移到第 0 帧 20 秒位置，在【效果控件】面板中将 "过渡完成" 参数设置为 "100%"，系统自动添加关键帧，在【项目：多画面平铺效果】中的效果如图 7.68 所示。

步骤 05： 方法同上。继续给 "V7" "V8" 和 "V9" 轨道中的素材添加 "过渡" 类视频效果并调节参数，最终效果如图 7.69 所示。

图 7.68　调节"过渡完成"参数之后的效果　　　　　图 7.69　在【项目：多画面平铺效果】中的最终效果

步骤 06：制作完毕，输出名为"多画面平铺效果.mp4"的文件。

> **视频播放**：具体介绍，请观看配套视频"任务四：给视频素材添加'过渡'类视频效果.mp4"。

七、拓展训练

使用该案例介绍的方法，创建一个名为"多画面平铺效果举一反三 .prproj"的节目文件，收集一些自己喜好的照片，制作电子相册并输出名为"多画面平铺效果举一反三.mp4"的文件。

【案例 3：拓展训练】

学习笔记：

学习笔记：

案例 4：画中画效果

一、案例内容简介

本案例主要介绍画中画效果的制作方法与技巧。

【案例 4　简介】

二、案例效果欣赏

三、案例制作（步骤）流程

任务一：创建新项目和导入素材➡任务二：新建序列文件并制作遮罩效果➡任务三：创建序列嵌套和抠像➡任务四：制作运动效果

四、制作目的

（1）熟练掌握画中画效果的制作原理。
（2）熟练掌握嵌套序列的创建方法和基本操作。
（3）了解嵌套序列的原理。
（4）掌握对嵌套序列的抠像。
（5）掌握运动画面制作的原理。

五、制作前需要解决的问题

（1）视听语言基础知识。
（2）构图基础理论。
（3）色彩原理和色彩构成基础知识。
（4）Premiere Pro 2020 的相关操作。

六、详细操作步骤

任务一：创建新项目和导入素材

步骤 01：启动 Premiere Pro 2020，创建一个名为"画中画效果 .prproj"的项目文件。

步骤 02：导入如图 7.70 所示的素材。

【任务一：创建新
项目和导入素材】

视频播放： 具体介绍，请观看配套视频"任务一：创建新项目和导入素材.mp4"。

【任务二：新建序列文件并制作遮罩效果】

任务二：新建序列文件并制作遮罩效果

1. 创建名为"画中画嵌套序列 01"的序列文件

步骤 01： 创建一个名为"画中画嵌套序列 01"的序列文件。

步骤 02： 将"画中画 01/ 画中画 .psd"图片素材拖到"画中画嵌套序列 01"序列窗口中，并将素材出点拉长至第 6 秒 0 帧位置处，如图 7.71 所示。

图 7.70　导入的素材

图 7.71　在"V2"轨道中的效果

步骤 03： 在【项目：画中画效果】窗口中双击"桂林山水 .avi"视频素材，在【源：桂林山水 .avi】窗口中显示该素材。

步骤 04： 在【源：桂林山水 .avi】窗口中设置素材的入出点，如图 7.72 所示。

图 7.72　素材的入出点和总长度

步骤 05：将光标移到 "仅拖动视频" 按钮 ▣ 上，按住鼠标左键将素材拖到 "V1" 轨道中，如图 7.73 所示。在【项目：画中画嵌套序列 01】监视器中的截图效果如图 7.74 所示。

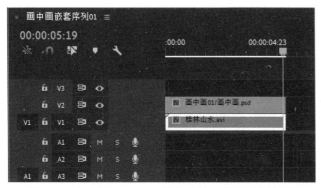
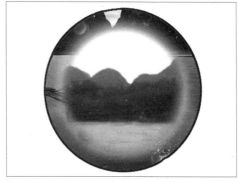

图 7.73　在【项目：画中画嵌套序列 01】面板中的设置　　图 7.74　在【项目：画中画嵌套序列 01】监视器中的截图效果

2. 创建名为 "画中画嵌套序列 02" 的序列文件

步骤 01：方法同上，再创建一个 "画中画嵌套序列 02" 的序列文件。

步骤 02：将素材拖到 "画中画嵌套序列 02" 序列的视频轨道中，如图 7.75 所示。在【项目：画中画嵌套序列 02】监视器中的效果，如图 7.76 所示。

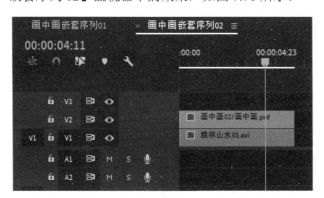

图 7.75　【项目：画中画嵌套序列 02】面板中的设置　　图 7.76　在【项目：画中画嵌套序列 02】监视器中的截图效果

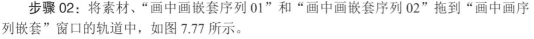

视频播放：具体介绍，请观看配套视频 "任务二：新建序列文件并制作遮罩效果.mp4"。

任务三：创建序列嵌套和抠像

在这里通过 "颜色键" 视频效果对序列进行抠像。具体操作方法如下。

步骤 01：创建一个名为 "画中画嵌套" 的序列。

步骤 02：将素材、"画中画嵌套序列 01" 和 "画中画嵌套序列 02" 拖到 "画中画序列嵌套" 窗口的轨道中，如图 7.77 所示。

【任务三：创建序列嵌套和抠像】

步骤 03：在 "画中画序列嵌套" 序列中单选 "V3" 轨道中嵌套的序列素材，在【效果】窗口中双击 "键控 / 颜色键" 视频效果，完成视频效果的添加。

步骤 04：在【效果控件】面板中设置参数，具体设置如图 7.78 所示。

步骤 05：方法同上。给 "V2" 轨道中的嵌套序列素材添加 "键控 / 颜色键" 视频效果，在【效果控件】面板设置参数，具体设置如图 7.79 所示。

步骤 06：添加 "颜色键" 视频效果和调节参数之后，在【项目：画中画序列嵌套】监视器中的效果如图 7.80 所示。

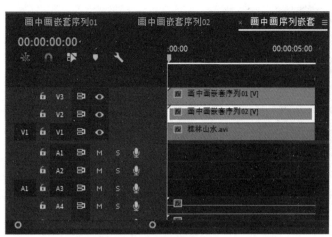

图 7.77　在【画中画序列嵌套】轨道中的素材

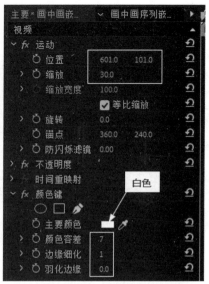

图 7.78　"V3"轨道素材的参数设置

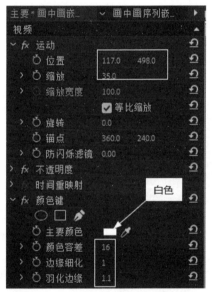

图 7.79　"V2"轨道素材的参数设置

图 7.80　调节参数之后在【项目：画中画序列嵌套】监视器中的截图效果

视频播放： 具体介绍，请观看配套视频"任务三：创建序列嵌套和抠像.mp4"。

【任务四：制作 运动效果】

任务四：制作运动效果

运动动画的制作主要通过调节视频轨道中的素材的"运动"相关参数来实现。具体操作方法如下。

步骤 01： 将"时间指示器"移到第 0 秒 0 帧的位置。

步骤 02： 单选"画中画序列嵌套"序列中"V3"轨道中的素材，在【效果控件】面板中设置参数并添加关键帧，具体设置如图 7.81 所示。

步骤 03： 将"时间指示器"移到第 5 秒 0 帧的位置，在【效果控件】面板中设置参数，系统自动添加关键帧，具体设置如图 7.82 所示，调整参数之后在【项目：画中画序列嵌套】监视器中的截图效果如图 7.83 所示。

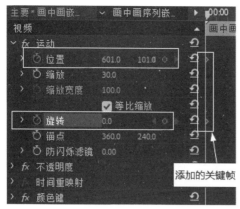

图 7.81　"V3" 轨道素材第 0 秒 0 帧处的参数设置

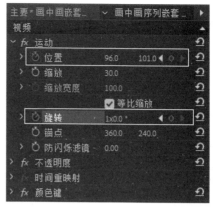

图 7.82　"V3" 轨道素材第 5 秒 0 帧处的参数设置

步骤 04：将"时间指示器"移到第 0 秒 0 帧的位置。

步骤 05：单选"画中画序列嵌套"序列中"V2"轨道中的素材，在【效果控件】面板中设置参数并添加关键帧，具体设置如图 7.84 所示。

图 7.83　在【项目：画中画序列嵌套】监视器中的截图效果

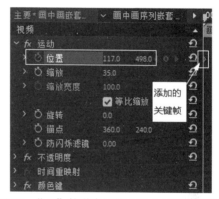

图 7.84　"V2" 轨道素材第 0 秒 0 帧处的参数设置

步骤 06：将"时间指示器"移到第 5 秒 0 帧的位置，在【效果控件】面板中设置参数，系统自动添加关键帧，具体设置如图 7.85 所示，调整参数之后在【项目：画中画序列嵌套】监视器中的截图效果如图 7.86 所示。

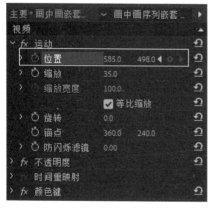

图 7.85　"V2" 轨道素材第 5 秒 0 帧处的参数设置

图 7.86　在【项目：画中画序列嵌套】监视器中的截图效果

步骤 07：制作完毕，将结果输出为"画中画嵌套效果.mp4"文件。

视频播放：具体介绍，请观看配套视频"任务四：制作运动效果.mp4"。

七、拓展训练

使用该案例介绍的方法，创建一个名为"画中画效果举一反三 .prproj"的节目文件，收集一些自己喜好的照片，制作电子相册并输出名为"画中画效果举一反三.mp4"

【案例 4：拓展训练】 文件。

学习笔记：

案例 5：倒计时电影片头的制作

一、案例内容简介

本案例主要介绍倒计时电影片头的制作方法与技巧。

【案例 5 简介】

二、案例效果欣赏

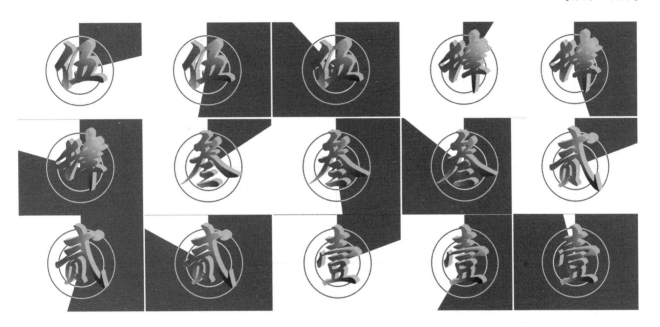

三、案例制作（步骤）流程

任务一：创建新项目和序列文件➡任务二：创建数字字幕文件➡任务三：创建背景图形➡任务四：使用创建的背景图形和文字字幕制作倒计时效果

四、制作目的

（1）熟练掌握倒计时电影片头效果的制作原理。

（2）熟练掌握数字字幕和背景图形字幕的制作。

（3）熟练掌握"时钟式擦除"效果的应用和参数调节。

五、制作前需要解决的问题

（1）视听语言基础知识。

（2）构图基础理论。

（3）色彩原理和色彩构成基础知识。

（4）Premiere Pro 2020 的相关操作。

六、详细操作步骤

任务一：创建新项目和序列文件

【任务一：创建新项目和序列文件】

步骤 01：启动 Premiere Pro 2020，创建一个名为"倒计时电影片头的制作 .prproj"的项目文件。

步骤 02：创建一个名为"倒计时"的序列文件。

视频播放： 具体介绍，请观看配套视频"任务一：创建新项目和序列文件.mp4"。

任务二：创建数字字幕文件

步骤 01： 在菜单栏中单击【文件（F）】→【新建（N）】→【旧版标题（T）...】命令→弹出【新建字幕】对话框，设置参数，具体设置如图 7.87 所示。

步骤 02： 单击【确定】按钮，创建一个名为"壹"的标题字幕。

步骤 03： 在"标题字幕编辑区"输入文字"壹"，设置标题文字的属性，具体设置如图 7.88 所示，设置文字属性之后的效果如图 7.89 所示。

步骤 04： 在【字幕】窗口中单击"基于当前字幕新建字幕"按钮，弹出【新建字幕】对话框，具体设置如图 7.90 所示。

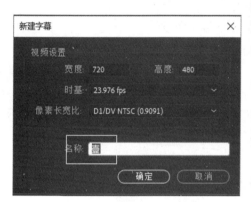

图 7.87 【新建字幕】对话框

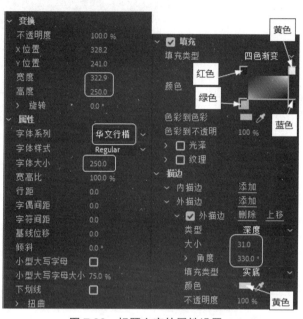

图 7.88 标题文字的属性设置

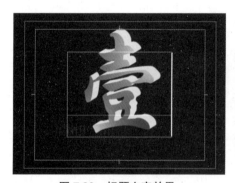

图 7.89 标题文字效果

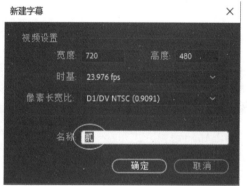

图 7.90 【新建字幕】对话框

步骤 05： 单击【确定】按钮即可创建一个基于当前字幕的字幕文件。

步骤 06： 将标题文字中的"壹"改为"贰"，效果如图 7.91 所示。

步骤 07： 方法同上，再创建文字为"叁""肆"和"伍"三个字幕，如图 7.92 所示。

图 7.91　修改之后的文字效果

图 7.92　创建的文字字幕

视频播放： 具体介绍，请观看配套视频"任务二：创建数字字幕文件.mp4"。

任务三：创建背景图形

背景图形的创建方法与前面的文字字幕创建的方法基本相同，具体操作方法如下。

步骤 01： 在菜单栏中单击【文件（F）】→【新建（N）】→【旧版标题（T）...】命令→弹出【新建字幕】对话框，设置参数，具体设置如图 7.93 所示。

步骤 02： 单击【确定】按钮即可创建一个字幕文件。

步骤 03： 使用"直线工具"，在"字幕编辑区"绘制两条直线，如图 7.94 所示。

【任务三：创建背景图形】

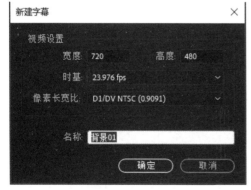

图 7.93　【新建字幕】对话框

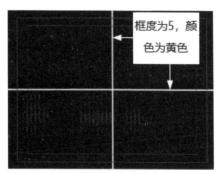

框度为 5，颜色为黄色

图 7.94　绘制直线

步骤 04： 使用"椭圆工具"，在"字幕编辑区"绘制两个圆，如图 7.95 所示。

步骤 05： 使用"矩形工具"，在"字幕编辑区"绘制一个白色矩形，确保矩形被选中，在菜单栏中单击【图形（G）】→【排列】→【移到最后】命令→将绘制的矩形置于最底层，效果如图 7.96 所示。

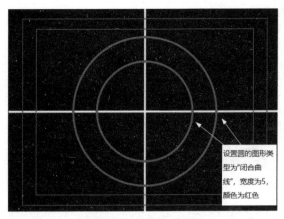

图 7.95 绘制的两个圆

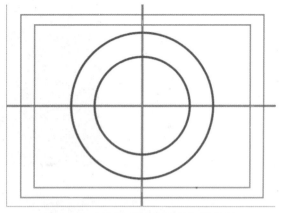

图 7.96 绘制和调节之后的矩形效果

步骤 06：方法同上。再创建一个"背景 02"字幕，绘制如图 7.97 所示（矩形的颜色为天蓝色，两个圆的颜色为黄色，彩色效果见视频）的图形。

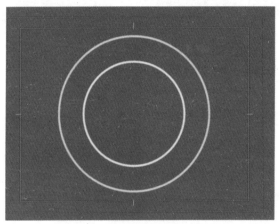

图 7.97 创建的"背景 02"图形

视频播放：具体介绍，请观看配套视频"任务三：创建背景图形.mp4"。

任务四：使用创建的背景图形和文字字幕制作倒计时效果

步骤 01：将创建的文字字幕和背景图形拖到【倒计时】序列窗口的轨道中，如图 7.98 所示。

【任务四：使用创建的背景图形和文字字幕制作倒计时效果】

图 7.98 在轨道中的素材效果

步骤 02：在【效果】窗口中将"擦除/时钟式擦除"过渡效果连续拖拽 5 次，依次放到"V2"轨道中的 5 段素材上，在【效果控件】中设置"时钟式擦除"视频过渡效果的参数，具体设置如图 7.99 所示。

步骤 03：在【倒计时】序列窗口中的效果如图 7.100 所示。

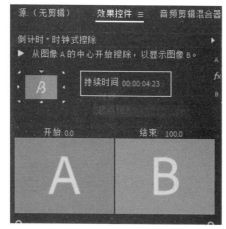

图 7.99　"时钟式擦除"视频过渡效果的参数

图 7.100　添加"时钟式擦除"视频过渡效果的序列窗口

　　提示： "V2"轨道中的 5 段素材上的"时钟式擦除"视频过渡效果的参数设置完全相同，"倒计时"的最终效果请读者参考"案例效果欣赏"截图。

　　视频播放： 具体介绍，请观看配套视频"任务四：使用创建的背景图形和文字字幕制作倒计时效果.mp4"。

七、拓展训练

　　创建一个名为"倒计时电影片头的制作举一反三.prproj"节目文件，制作倒计时效果并输出名为"倒计时电影片头的制作举一反三.mp4"文件。

【案例 5：拓展训练】

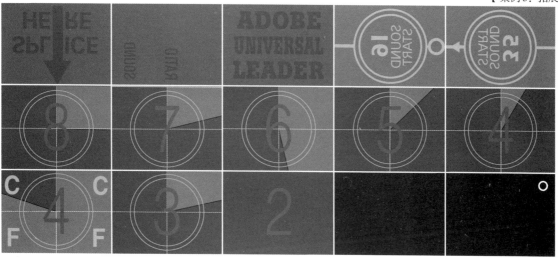

学习笔记：

学习笔记：

第**8**章

专题训练

知识点

案例 1:《MTV——世上只有妈妈好》基本概述

案例 2:《MTV——世上只有妈妈好》专题片技术实训

说 明

本章主要通过《MTV——世上只有妈妈好》专题片案例的讲解,全面介绍使用 Premiere Pro 2020 制作 MTV 和专题片的创作思路、流程、使用技巧和节目的最终输出等知识。

教学建议课时数

一般情况下需要 10 课时,其中理论 2 课时,实际操作 8 课时(特殊情况可做相应调整)。

思维导图

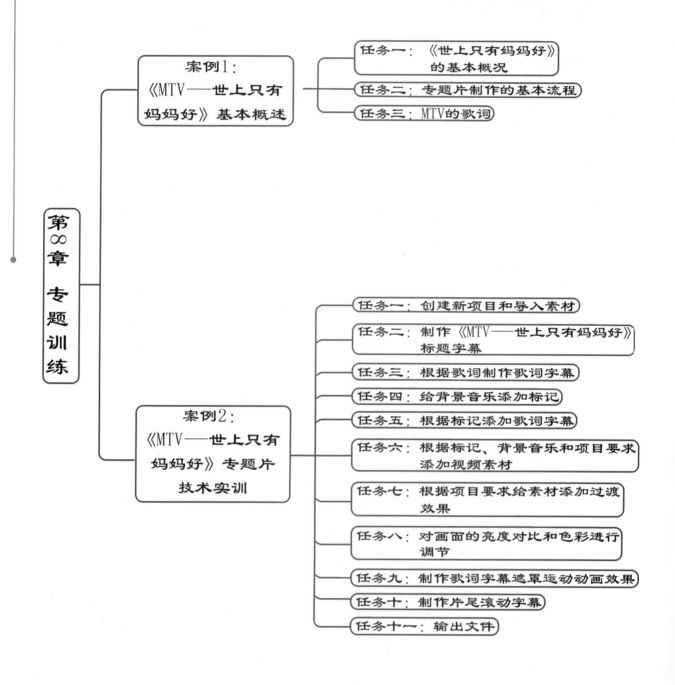

第∞章 专题训练

案例1：
《MTV——世上只有妈妈好》基本概述

任务一： 《世上只有妈妈好》的基本概况

任务二： 专题片制作的基本流程

任务三： MTV的歌词

案例2：
《MTV——世上只有妈妈好》专题片技术实训

任务一： 创建新项目和导入素材

任务二： 制作《MTV——世上只有妈妈好》标题字幕

任务三： 根据歌词制作歌词字幕

任务四： 给背景音乐添加标记

任务五： 根据标记添加歌词字幕

任务六： 根据标记、背景音乐和项目要求添加视频素材

任务七： 根据项目要求给素材添加过渡效果

任务八： 对画面的亮度对比和色彩进行调节

任务九： 制作歌词字幕遮罩运动动画效果

任务十： 制作片尾滚动字幕

任务十一： 输出文件

　　本章主要通过源于实践生活的素材，通过一个经典案例全面介绍专题片制作的基本流程和使用技巧。通过该案例的学习，读者可以把自己喜欢的歌曲制作成 MTV，在家中、公共场所使用媒体播放器进行播放，可以通过手机与朋友分享自己的影视作品，也可以制作各种专题片，例如，晚会、运动会、生日晚会、重要节目、各种庆典活动和旅游景点介绍等专题，送给自己的亲戚、朋友、同事或领导。

案例 1：《MTV——世上只有妈妈好》基本概述

一、案例内容简介

　　本案例主要介绍专题片《世上只有妈妈好》MTV 制作的基本概况。

【案例 1　简介】

二、案例效果欣赏

　　该案例为理论知识无参考图

三、案例制作（步骤）流程

　　任务一：《世上只有妈妈好》的基本概况➡任务二：专题片制作的基本流程➡任务三：MTV 的歌词

四、制作目的

　　（1）了解专题片《世上只有妈妈好》MTV 制作的基本概况。
　　（2）了解专题片制作的基本流程。
　　（3）熟悉《世上只有妈妈好》这首歌曲的歌词和这首歌曲的创作背景。

五、制作前需要解决的问题

　　（1）专题片的分类
　　（2）微电影制作的相关基础知识。
　　（3）Premiere Pro 2020 的相关操作。

六、详细操作步骤

任务一：《世上只有妈妈好》的基本概况

【任务一：《世上只有妈妈好》的基本概况】

　　《世上只有妈妈好》的歌曲出自香港电影《苦儿流浪记》，原唱为该电影主演萧芳芳，后被台湾电影《妈妈再爱我一次》引用而广为传唱。本 MTV 的视频来自作者孩子的生活片段，在该专题片中作者主要负责视频录制、后期编辑、背景音乐配乐歌词、导演等工作。

　　视频播放：具体介绍，请观看配套视频"任务一：《世上只有妈妈好》的基本概况.mp4"。

任务二：专题片制作的基本流程

【任务二：专题片制作的基本流程】

　　（1）在平时多积累相关的素材并进行归类保存。
　　（2）根据自己的创意撰写拍摄脚本，MTV 制作的脚本与电影拍摄的脚本相比相对来说没有那么严格，比较熟悉制作流程的读者也可以不写拍摄脚本，直接进行拍摄或从积累的素材中挑选合适的素材。作为一个初学 MTV 制作的用户来说，建议最好写一个大致的拍摄脚本，便于拍摄，也有利于培养一种好的制作习惯。
　　（3）对收集的素材进行分类整理并进行第二次创意。
　　（4）对素材进行后期编辑制作。

（5）将制作好的节目输出为影片。

视频播放： 具体介绍，请观看配套视频"任务二：专题片制作的基本流程.mp4"。

【任务三：MTV
的歌词】

任务三：MTV 的歌词

《世上只有妈妈好》

（1）世上只有妈妈好，有妈的孩子像块宝。

（2）投进妈妈的怀抱，幸福享不了。

（3）世上只有妈妈好，没妈的孩子像根草。

（4）离开妈妈的怀抱，幸福哪里找？

（5）世上只有妈妈好，有妈的孩子像块宝。

（6）投进妈妈的怀抱，幸福享不了。

（7）世上只有妈妈好，没妈的孩子像根草。

（8）离开妈妈的怀抱，幸福哪里找？

（9）世上只有妈妈好，有妈的孩子像块宝。

（10）投进妈妈的怀抱，幸福享不了。

（11）世上只有妈妈好，没妈的孩子像根草。

（12）离开妈妈的怀抱，幸福哪里找？

视频播放： 具体介绍，请观看配套视频"任务三：MTV 的歌词.mp4"。

七、拓展训练

根据自己的爱好，选择一首歌曲制作一首 MTV 或一部微电影。建议读者平时多收集相关视频、图片和文字素材。

【案例1：拓展训练】

学习笔记：

案例 2：《MTV——世上只有妈妈好》专题片技术实训

一、案例内容简介

本案例主要介绍《MTV——世上只有妈妈好》专题片制作的流程、方法和技巧。

【案例2　简介】

二、案例效果欣赏

三、案例制作（步骤）流程

任务一：创建新项目和导入素材➡任务二：制作《MTV——世上只有妈妈好》标题字幕➡任务三：根据歌词制作歌词字幕➡任务四：给背景音乐添加标记➡任务五：根据标记添加歌词字幕➡任务六：根据标记、背景音乐和项目要求添加视频素材➡任务七：根据项目要求给素材添加过渡效果➡任务八：对画面的亮度对比和色彩进行调节➡任务九：制作歌词字幕遮罩运动动画效果➡任务十：制作片尾滚动字幕➡任务十一：输出文件

四、制作目的

（1）熟练掌握文字字幕的制作。
（2）熟练掌握专题片制作的流程。
（3）熟练掌握背景音乐与文字对位的歌词字幕制作。
（4）熟练掌握视音频对位的方法和技巧。
（5）掌握专题片制作的注意事项、技巧和方法。
（6）熟练掌握专题片输出相关设置。

五、制作前需要解决的问题

（1）专题片的分类。

（2）微电影制作的相关基础知识。

（3）专题片制作的基本流程。

（4）各段素材和景别之间的组接注意事项。

（5）Premiere Pro 2020 的相关操作。

六、详细操作步骤

【任务一：创建新项目和导入素材】

任务一：创建新项目和导入素材

步骤 01： 启动 Premiere Pro 2020，创建一个名为"《MTV——世上只有妈妈好》.prproj"的项目文件。

步骤 02： 新建一个名为"MTV——世上只有妈妈好"的序列文件。

步骤 03： 导入如图 8.1 所示的素材。

MOV01288　MOV01289　MOV01296　MOV01297　MOV01300　MOV01301

MOV01304　MOV01492　MOV01846　MOV01847　MOV01848　MOV01849　MOV01850　MOV01851　MOV01852　MOV01853

MOV01862　MOV01865　MOV01866　MOV01867　MOV01868　MOV01869　MOV01870　MOV01872　MOV01873　MOV01874

MOV03826　MOV03830　MOV04596　MOV04597　MOV04598　MOV04600　MOV04602　MOV05010　MOV05029

图 8.1　导入的素材

视频播放： 具体介绍，请观看配套视频"任务一：创建新项目和导入素材.mp4"。

任务二：制作《MTV——世上只有妈妈好》标题字幕

【任务二：制作《MTV——世上只有妈妈好》标题字幕】

《MTV——世上只有妈妈好》标题字幕的制作主要通过对 Premiere Pro 2020 软件自带的图形来制作，具体操作方法如下。

步骤 01： 将"世上只有妈妈好 .mp3"音乐拖到"MTV——世上只有妈妈好"序列中的"A1"音频轨道中，并将其锁定，如图 8.2 所示。

步骤 02： 单击 Premiere Pro 2020 的工作界面切换区中的"图形"标签，将工作界面切换到"图形"工作界面。

步骤 03： 在【基本图形】面板中单击"浏览"项，切换到"浏览"选项。

步骤 04： 将鼠标移到"库"中如图 8.3 所示的模板上，按住鼠标左键不放的同时，拖到"MTV——世上只有妈妈好"序列中空白位置松开鼠标，则系统自动添加一个视频轨道，名称为"V4"，图形库中的模板被添加到"V4"轨道中，将添加的图形拉长至与音频出点对齐，如图 8.4 所示。

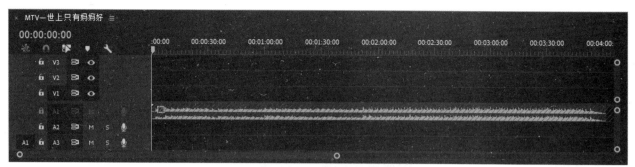

图 8.2　拖到"A1"轨道中的背景音乐

图 8.3　Premiere Pro 2020 自带图形模板

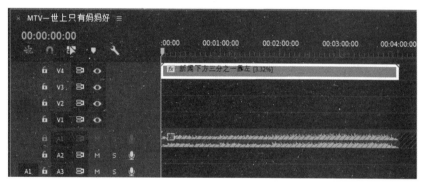

图 8.4　在序列中的图形模板效果

步骤 05：单选"V4"轨道中的图形模板，在【效果控件】面板中调节图形的"运动"参数，具体调节如图 8.5 所示，参数调节完之后，在【项目：MTV——世上只有妈妈好】监视器中的效果，如图 8.6 所示。

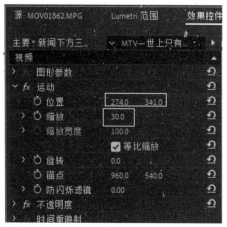

图 8.5　模板图形的参数调节

图 8.6　在【项目：MTV——世上只有妈妈好】监视器中的效果

步骤06：单选"V4"轨道中的图形素材，在【基本图形】面板中调节图形的相关属性，具体调节如图 8.7 所示，参数调节之后的效果如图 8.8 所示。

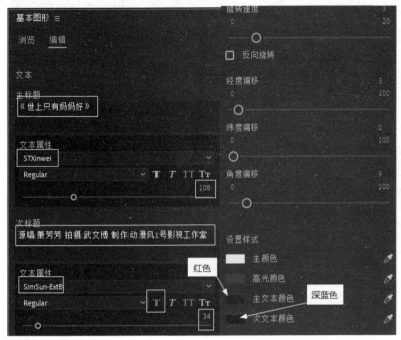

图 8.7 "V4"轨道中图形素材参数调节

图 8.8 调节参数之后的效果

视频播放：具体介绍，请观看配套视频"任务二：制作《MTV——世上只有妈妈好》标题字幕.mp4"。

【任务三：根据歌词制作歌词字幕】

任务三：根据歌词制作歌词字幕

通过 Premiere Pro 2020 中【旧版标题（T）...】命令来制作歌词字幕。根据本章案例 1 可知，该歌曲有 24 句歌词，需要制作 24 个歌词字幕。具体操作方法如下。

步骤01：在菜单栏中单击【文件（F）】→【新建（N）】→【旧版标题（T）...】命令，弹出【新建字幕】对话框，具体设置如图 8.9 所示。

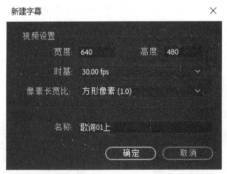

图 8.9 【新建字幕】对话框

步骤02：单击【确定】按钮，创建一个名为"歌词 01 上"的字幕。

步骤03：在工具栏中单击"文字工具"按钮**T**，在"字幕编辑区"单击输入"世上只有妈妈好"歌词。

步骤04：确保输入的歌词被选中，在"旧版标题属性"区单击"Times New Roman Regular red glow"标题样式图标**Aa**，给选定的标题字幕赋予样式。

步骤 05：在赋予的样式基础上修改标题字幕的属性，具体修改如图 8.10 所示，修改之后的歌词字幕的效果如图 8.11 所示。

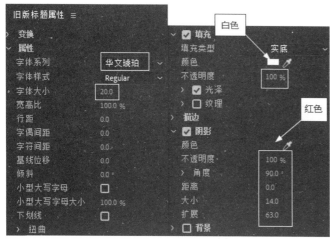

图 8.10　给词字幕的参数修改　　　　　图 8.11　调节样式参数之后的字幕效果

步骤 06：在【字幕】窗口中单击"基于当前字幕新建字幕"按钮　→弹出【新建字幕】对话框，具体设置如图 8.12 所示→单击【确定】按钮，创建一个基于前一字幕样式效果的字幕。

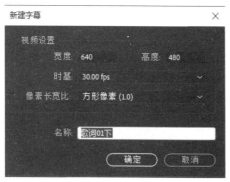

图 8.12　【新建字幕】对话框

步骤 07：修改歌词字幕的填充颜色为黄色（R：250，G：255，B：108），如图 8.13 所示，修改参数之后的效果如图 8.14 所示。

图 8.13　参数修改　　　　　图 8.14　修改参数之后的效果

步骤 08：方法同上，继续制作其他歌词的字幕。

视频播放：具体介绍，请观看配套视频"任务三：根据歌词制作歌词字幕.mp4"。

任务四：给背景音乐添加标记

给背景添加标记的目的是方便歌曲字幕和视频素材的添加与编辑。添加标记的具体操作方法如下。

步骤 01：在"A1"轨道的空白处双击，展开"A1"轨道中的音频波形图，如图 8.15 所示。

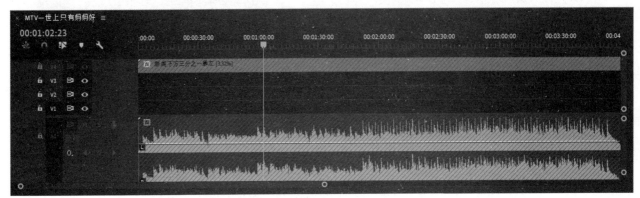

图 8.15　展开的波形图效果

步骤 02：按"空格"键播放"MTV——世上只有妈妈好"序列中的音频，在播放的同时观察波形图，在监听到歌声开始的位置再按"空格"键停止播放。

步骤 03：将光标移到"MTV——世上只有妈妈好"序列窗口中的标尺上，单击鼠标右键，弹出快捷菜单，在弹出的快捷菜单中单击【添加标记】命令，即可在"时间指示器"的位置添加一个标记点，如图 8.16 所示。

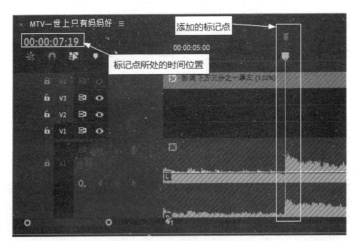

图 8.16　添加的第 1 个标记

步骤 04：继续按键盘上的"空格"键进行播放，在第 1 句歌词完成之后再按键盘上的"空格"键停止播放，在"MTV——世上只有妈妈好"序列窗口中的标尺上单击鼠标右键，弹出快捷菜单，在弹出的快捷菜单中单击【添加标记】命令，即可在"时间指示器"的位置添加一个标记点，如图 8.17 所示。

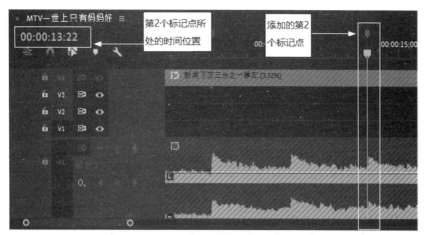

图 8.17　添加的第 2 个标记点

步骤 05：方法同上。继续给其他 23 句歌词添加标记点，最终的标记效果如图 8.18 所示。

图 8.18　添加的标记点

视频播放：具体介绍，请观看配套视频"任务四：给背景音乐添加标记.mp4"。

任务五：根据标记添加歌词字幕

本任务主要是根据任务四添加的标记点，将字幕添加到对应的视频轨道中，具体操作方法如下。

【任务五：根据标记添加歌词字幕】

步骤 01：将"歌词 01 上"字幕拖到"V3"轨道中与第 1 个标记点对齐，再将字幕拉长使字幕的出点与第 2 个标记点对齐，如图 8.19 所示。

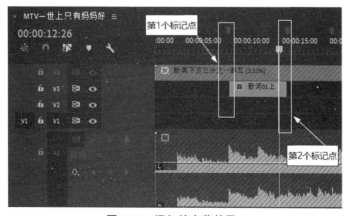

图 8.19　添加的字幕效果 1

步骤 02：将"歌词 01 下"字幕拖到"V2"轨道中与第 1 个标记点对齐，再将字幕拉长使字幕的出点与第 2 个标记点对齐，如图 8.20 所示。

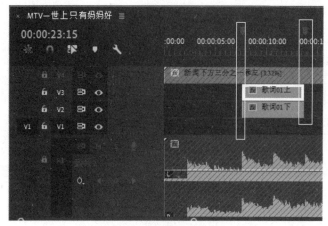

图 8.20　添加的字幕效果 2

步骤 03：方法同上，继续将其他字幕添加到相应的轨道中，最终效果如图 8.21 所示。

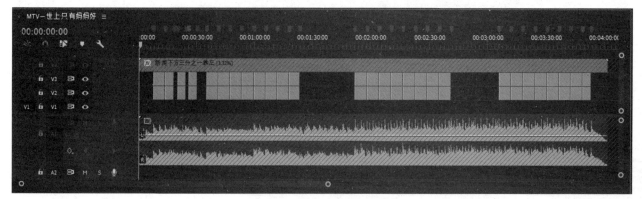

图 8.21　添加歌词字幕的效果

步骤 04：依次单击"V3"和"V2"标题的"切换轨道锁定"按钮🔒，将其轨道锁定，防止误操作。锁定之后的效果如图 8.22 所示。

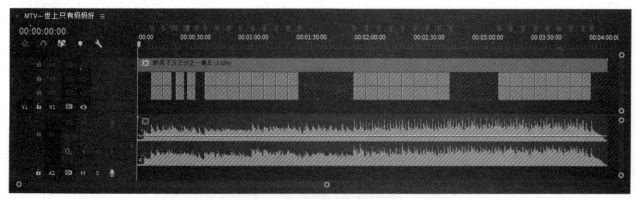

图 8.22　锁定之后的效果

视频播放：具体介绍，请观看配套视频"任务五：根据标记添加歌词字幕.mp4"。

任务六：根据标记、背景音乐和项目要求添加视频素材

在添加视频之前，需要将所有视频素材预览一次，做到心中有数，再根据项目要求和标记点对素材进行编辑与剪辑。具体操作方法如下。

【任务六：根据标记、背景音乐和项目要求添加视频素材】

步骤 01： 在【项目：世上只有妈妈好】窗口中双击需要添加的视频素材，使其在【源】窗口中显示。

步骤 02： 单击【源：MOV01850.MPG】窗口，使该窗口为当前窗口，按键盘上的"空格"键对素材进行预览，当"时间指示器"预览到需要设置入点的位置时，再按键盘上的"空格"键停止预览。单击"标记入点（I）"按钮，给素材设置入点，如图 8.23 所示。

图 8.23　素材的入点

步骤 03： 将鼠标光标移到【源：MOV01850.MPG】窗口，按住鼠标左键不放，将素材拖到"MTV——世上只有妈妈好"序列窗口中"V1"轨道上，使其与第 0 秒 0 帧位置对齐，添加的素材效果如图 8.24 所示。

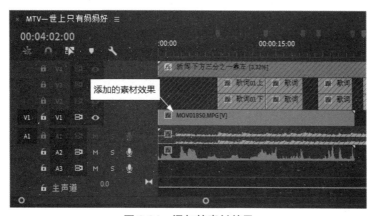

图 8.24　添加的素材效果

提示： 以上方法是将素材的视频和音频都添加到对应的轨道上，如果只需要视频的话，将鼠标光标移到"仅拖动视频"按钮上，按住鼠标左键不放拖动素材到视频轨道即可。如果只需要素材的音频的话，将鼠标光标移到"仅拖动音频"按钮上，按住鼠标左键不放拖动素材到音频轨道即可。

步骤 04： 将鼠标光标移到"V1"轨道素材上出点位置光标变成形态，按住鼠标左键不放的同时向左移动，使其与第一个标记点对齐，如图 8.25 所示，松开鼠标左键完成素材的剪辑，如图 8.26 所示。

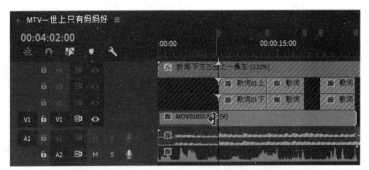

图 8.25　与第 1 个标记点对齐的效果

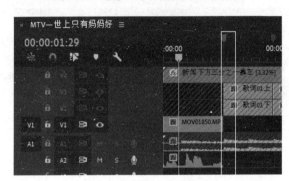

图 8.26　剪辑之后的效果

步骤 05：方法同上，继续添加视频，添加的视频效果如图 8.27 所示。

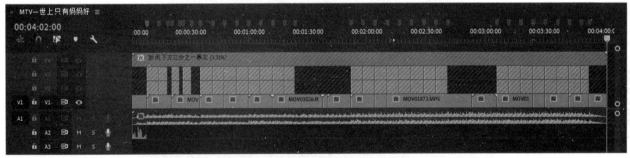

图 8.27　添加的视频素材的序列效果

提示：在制作过程中读者可以打开配套素材中的源文件，看最终剪辑的素材位置和长度。

视频播放：具体介绍，请观看配套视频"任务六：根据标记、背景音乐和项目要求添加视频素材.mp4"。

【任务七：根据项目要求给素材添加过渡效果】

任务七：根据项目要求给素材添加过渡效果

在添加视频过渡效果的时候，需要根据项目需求添加视频过渡效果，而不是在每一个相邻位置添加视频过渡效果。视频过渡效果添加的具体操作如下。

在此，以给视频添加"交叉溶解"视频过渡效果为例。

步骤 01：将鼠标移到【效果】窗口"交叉溶解"视频过渡效果命令上，按住鼠标左键不放拖到需要添加视频过渡效果的两段相邻素材的中间，此时，鼠标变成■形态，如图 8.28 所示，松开鼠标左键完成"交叉溶解"视频过渡效果的添加。

步骤 02：单选添加的"交叉溶解"视频过渡效果，在【效果控件】面板中调整参数，具体调节如图 8.29 所示，调整参数之后的效果如图 8.30 所示。

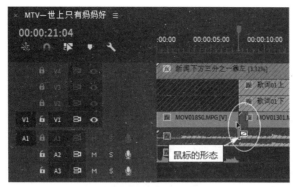

图 8.28　鼠标形态

图 8.29　过渡效果参数

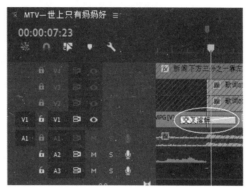

图 8.30　调整参数之后的效果

步骤 03： 方法同上。读者可以根据专题片的要求和自己的爱好添加视频过渡效果。

视频播放： 具体介绍，请观看配套视频"任务七：根据项目要求给素材添加过渡效果.mp4"。

任务八：对画面的亮度对比和色彩进行调节

根据预览可知，有一些镜头的画面亮度和色彩需要调节，调节的具体操作方法如下。

步骤 01： 在"界面编辑区"单击"颜色"标签，切换到"颜色"编辑界面。

步骤 02： 将"时间指示器"移到第 38 秒 16 帧的位置，画面效果如图 8.31 所示，在界面左侧的参数调整区调整参数，具体调整如图 8.32 所示，调整之后的效果如图 8.33 所示。

【任务八：对画面的亮度对比和色彩的调节】

图 8.31　画面调节前的效果

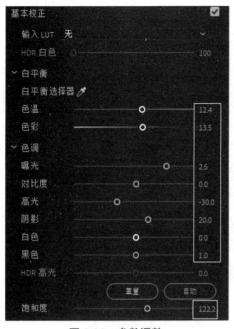

图 8.32　参数调整

图 8.33　参数调整之后的效果

步骤 03：方法同上。读者根据专题片的要求和自己的爱好，选择需要调节的视频素材，在界面右侧的参数调整区调整视频画面的"色调""创意""曲线""色轮和匹配""HLS 辅助"和"阴影"等相关参数，从而达到需要的画面效果。

视频播放：具体介绍，请观看配套视频"任务八：对画面的亮度对比和色彩进行调节.mp4"。

任务九：制作歌词字幕遮罩运动动画效果

【任务九：制作歌词字幕遮罩运动动画效果】

歌词字幕遮罩运动动画效果主要通过给歌词字幕添加"裁剪"视频效果来实现，在此，以"歌词 01 上"与"歌词 01 下"的运动过渡效果为例。具体操作方法如下。

步骤 01：单选"V3"轨道标题中的"切换轨道锁定"按钮🔒，解除轨道的锁定。

步骤 02：将"变换 / 裁剪"视频效果拖到"V3"轨道中"歌词 01 上"的字幕图片上。

步骤 03：将"时间指示器"移到"歌词 01 上"的入点位置，调整"裁剪"参数并添加关键帧，具体调整如图 8.34 所示。

步骤 04：将"时间指示器"移到"歌词 01 上"的出点位置，调整"裁剪"参数，系统自动添加关键帧，如图 8.35 所示，调整参数之后，在【项目：MTV——世上只有妈妈好】监视器中的效果如图 8.36 所示。

图 8.34　"裁剪"视频效果参数调整 1

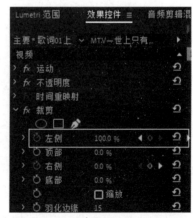

图 8.35　"裁剪"视频效果参数调整 2

图 8.36　在【项目：MTV——世上只有妈妈好】监视器中的效果

步骤 05：方法同上。读者可以给其他字幕添加"裁剪"视频效果，制作字幕运动动画效果。

视频播放：具体介绍，请观看配套视频"任务九：制作歌词字幕遮罩运动动画效果.mp4"。

【任务十：制作
片尾滚动字幕】

任务十：制作片尾滚动字幕

步骤 01：在菜单栏中单击【文件（F）】→【新建（N）】→【旧版标题（T）...】命令→弹出【新建字幕】对话框，具体设置如图 8.37 所示。

步骤 02：单击【确定】按钮，弹出【字幕编辑】对话框，在"字幕编辑区"输入文字，在"标题属性区"设置文字的属性，具体设置如图 8.38 所示，调整参数之后的效果如图 8.39 所示。

图 8.37　【新建字幕】对话框

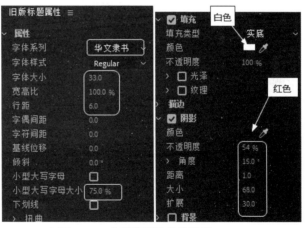

图 8.38　字幕的属性参数设置

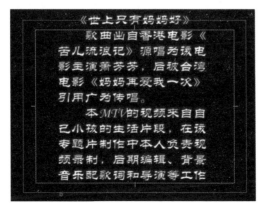

图 8.39　字幕文字效果

步骤 03：在【字幕编辑】窗口中单击"滚动／游动选项"按钮，弹出【滚动／游动选项】对话框，设置对话框参数，具体设置如图3.40所示。

步骤 04：单击【确定】按钮，完成片尾滚动字幕的制作。

步骤 05：将"片尾字幕"拖到"V3"轨道中，入点与"歌词24上"字幕的出点相接，出点拉长至与音频的出点对齐，如图8.41所示。

图8.40 【滚动／游动选项】对话框参数

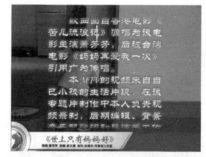

图8.41 拖到轨道中的"片尾字幕"效果

步骤 06：将"变换／裁剪"视频效果拖到"片尾字幕"素材上，在【效果控件】面板中调整"裁剪"视频效果参数，具体调整如图8.42所示，调整参数之后，在【项目：MTV——世上只有妈妈好】监视器中的效果如图8.43所示。

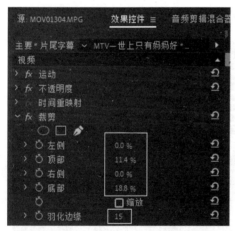

图8.42 "裁剪"视频效果参数

图8.43 在【项目：MTV——世上只有妈妈好】监视器中的效果

步骤 07：对制作完成的专题片进行预览，发现问题进行修改，没有问题之后保存。

视频播放：具体介绍，请观看配套视频"任务十：制作片尾滚动字幕.mp4"。

【任务十一：
输出文件】

任务十一：输出文件

整个专题片制作完成，最后对制作的专题片进行作品输出，具体操作方法如下。

步骤 01：在菜单栏中单击【文件（F）】→【导出（E）】→【媒体（M）...】命令或按键盘上的"Ctrl+M"组合键→弹出【导出设置】对话框。

步骤 02：设置【导出设置】对话框参数，具体设置如图8.44所示。

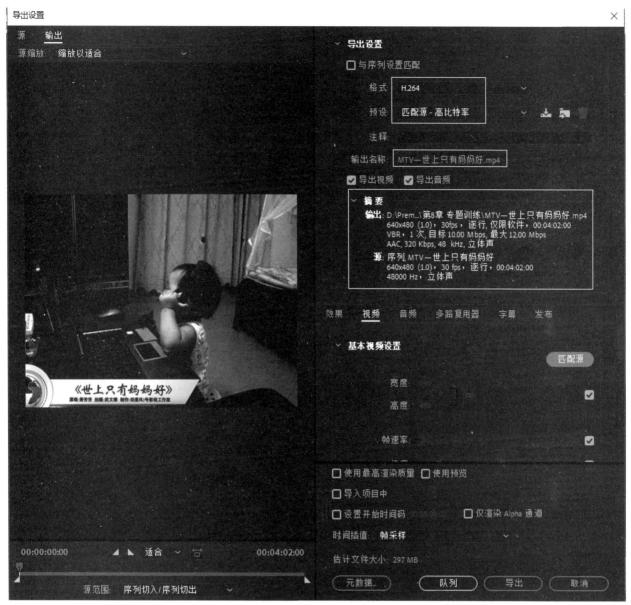

图 8.44 【导出设置】对话框参数设置

步骤 03：参数设置完毕，单击【导出】按钮完成作品输出。

　　视频播放：具体介绍，请观看配套视频"任务十一：输出文件.mp4"。

七、拓展训练

根据下面提供的解说文字，收集素材制作一个《美在桂林》的旅游专题片。
要求配音、背景音乐、旁白、节奏合理，镜头组接过渡流畅。

【案例 2：拓展训练】

《美在桂林》旁白
（1）人言桂林甲天下，我说桂林是我家。
（2）窗前一弯漓江月，屋后几束马樱花。
（3）人道桂林甲天下，我说桂林是我家。
（4）鱼鹰衔来竹筏影，露捧珍珠雾笼沙。
（5）走遍了天涯，走遍了天涯。

（6）你不到桂林，那就空负了大好年华。

（7）叫我怎能不爱她，叫我怎能不爱她。

（8）人言桂林甲天下，我说桂林是我家。

（9）迎宾请客歌先唱，待客喜品玉茗茶。

（10）走遍了天涯，走遍了天涯。

（11）你不到那桂林，那就空负了大好年华。

（12）叫我怎能不爱他，叫我怎能不爱她。

（13）走遍了天涯，走遍了天涯。

（14）你不到那桂林，那就空负了大好年华。

（15）叫我怎能不爱她，叫我怎能不爱她。

学习笔记：

参 考 文 献

向海涛，等，2001. 影视制作快手 Premiere Pro 6.0 完全自学手册 [M]. 北京：北京希望电子出版社 .

程明才，喇平，马呼和，2006. 典藏：Premiere Pro 2.0 视频编辑剪辑制作完美风暴 [M]. 北京：人民邮电出版社 .

陈明红，陈昌柱，2005. 中文 Premier Pro 影视动画非线性编辑 [M]. 北京：海洋出版社 .

赵前，丛琳玮，2007. 动画影片视听语言 [M]. 重庆：重庆大学出版社 .

龙马工作室，2008. 新编 Premiere Pro 2.0 影视制作从入门到精通 [M]. 北京：人民邮电出版社 .

彭宗勤，2008. Premiere Pro CS3 电脑美术基础与实用案例 [M]. 北京：清华大学出版社 .

刘国涛，等，2013. Premiere Pro CS6 从入门到精通 [M]. 北京：电子工业出版社 .

唯美世界，曹茂鹏，2020. 中文版 Premiere Pro 2020 完全案例教程 [M]. 北京：中国水利水电出版社 .